摩擦副动态强度设计理论

邵毅敏　宁克焱　徐保荣　曾　强　王利明◎著

DYNAMIC STRENGTH DESIGN THEORY OF FRICTION DISKS

北京理工大学出版社
BEIJING INSTITUTE OF TECHNOLOGY PRESS

图书在版编目（CIP）数据

摩擦副动态强度设计理论／邵毅敏等著．--北京：北京理工大学出版社，2022.6
ISBN 978-7-5763-1431-1

Ⅰ.①摩… Ⅱ.①邵… Ⅲ.①摩擦副—强度—设计 Ⅳ.①TH117.1

中国版本图书馆 CIP 数据核字（2022）第 106860 号

出版发行／北京理工大学出版社有限责任公司
社　　址／北京市海淀区中关村南大街 5 号
邮　　编／100081
电　　话／（010）68914775（总编室）
　　　　　（010）82562903（教材售后服务热线）
　　　　　（010）68944723（其他图书服务热线）
网　　址／http://www.bitpress.com.cn
经　　销／全国各地新华书店
印　　刷／三河市华骏印务包装有限公司
开　　本／710 毫米×1000 毫米　1/16
印　　张／12.75
彩　　插／3
字　　数／242 千字
版　　次／2022 年 6 月第 1 版　2022 年 6 月第 1 次印刷
定　　价／88.00 元

责任编辑／王梦春
文案编辑／闫小惠
责任校对／周瑞红
责任印制／李志强

前　言

摩擦副是动力传递中集车辆舰船等的安全性、操作性、舒适性于一体的关键核心基础件。早在 1904 年，离合及制动摩擦元件首先用于英国 Wilson Picher 变速器汽车上。随后的 100 多年里，离合及制动摩擦元件经过液力、电控、智能自动变速等阶段化发展，离合器也呈多样化发展，多片离合器由于其本身具有接合力矩大，工作可靠，控制简单等优点而在大功率车船中得到广泛应用。《中国制造 2025》文件指出：核心基础零部件等“四基”工业基础能力薄弱是制约我国制造业创新发展和质量提升的症结所在；《国家中长期科学和技术发展规划纲要（2006—2020 年）》将基础件和通用部件列为制造业技术突破的首位。

我国新一代海上船舶与陆基平台用传动系统摩擦元件存在大功率（>10 000 kW）、高动载（冲击 >1 000 *g*）、高线速度（60 ~ 110 m/s）、强瞬态（激振频率 >200 Hz）等技术挑战，长期依赖国外技术和进口，存在重大安全隐患。本文研究开始前国产离合及制动摩擦副寿命与服役性能无法应对大功率高动载传动系统的挑战，国内原有摩擦元件开发理论和产品无法适应大功率的车船需求，原国产离合传动组件浮动支撑条件下动态冲击寿命低于国际先进水平。

浮动支撑状态下，即离合器分离状态，摩擦片和齿圈处于高速不规则运动之中，表现为动态随机冲击碰撞过程，且每次冲击碰撞都是在不同的碰撞位置，蓄积不同的碰撞能量，带来碰撞齿数、碰撞深度、碰撞相位上的变化。传统有限元方法模拟浮动支撑摩擦片随机碰撞冲击过程耗时数月且不易收敛，制约了摩擦副的优化与迭代设计。因此，如何创建浮动支撑摩擦片动力学模型并快速精准地模拟动态随机碰撞过程，揭示工况、摩擦片设计等参数与随机碰撞力、疲劳寿命的映射关系，提升摩擦片预期疲劳寿命与服役性能，是大功率高动载传动系统摩擦基础件研制的重点与难点。

针对以上关键科学问题，作者们经过了15年的技术攻关，其间承担相关国家自然科学基金重点项目2项（51035008、52035002）、国家自然科学基金面上项目2项（50675232、51475053）、973课题2项，科工局基础研究项目3项，国家重大科学仪器开发项目1项（2011YQ13001906）；首次提出了摩擦片高频冲击计算方法，建立了浮动支撑摩擦片平－扭耦合二质量动力学模型，探明了随机冲击碰撞的产生机理及影响规律；创建了浮动支撑摩擦片非线性冲击疲劳理论，定量分析了齿部塑性变形和冲击疲劳损伤，获得了齿部累积损伤变形量演变曲线；提出了摩擦副动态强化技术，通过控制冲击力与齿部表面强化提升了摩擦片动态强度，并形成了相关试验验证平台及专用软件。

本书共8章。第1章绪论主要介绍了摩擦副动态强度设计理论的研究背景、研究思路、研究内容及方法等。第2～3章主要概述了摩擦副操纵原理、主要失效形式及设计方法。第4～6章主要阐述了摩擦副随机冲击碰撞的动力学建模，非线性冲击疲劳损伤及塑性变形的累计计算方法，并提出了基于齿部表面强化及冲击力控制的摩擦片动态强度强化方法。第7～8章主要阐述了摩擦片动态强度设计的试验方法及专用软件。

本书由邵毅敏负责策划与统稿。第1章由邵毅敏、曾强撰写；第2章由宁克焱、邵毅敏、徐保荣撰写；第3章由宁克焱、王利明撰写；第4章由邵毅敏、宁克焱、徐保荣撰写；第5章由邵毅敏、宁克焱、徐保荣撰写；第6章由宁克焱、王利明撰写；第7章由邵毅敏、宁克焱、徐保荣撰写；第8章由邵毅敏、曾强撰写。还要特别感谢陈再刚、张珂铭、王玉、殷雷、章朝栋、段林涛、李子贤、肖嘉伟、杨兰涛、潘文超、韩志勇、宋贞贞、邹德升、岳坤、陈市等研究生在本书撰写过程中给予的协助。

由于作者水平有限，写作过程中难免存在不足之处，敬请读者批评指正。

目　录

第 1 章 绪 论

摩擦元件是动力传递中集车辆舰船等的安全性、操作性、舒适性于一体的关键核心基础件。我国高端重要装备亟须的大直径窄带高动载摩擦元件长期依赖国外技术和进口，存在重大安全隐患。它涉及传动系统的设计、制造、运行阶段的动力学指标预测、运行阶段的安全保证等方面。浮动支撑条件下摩擦片随机冲击碰撞如何产生、如何影响摩擦片疲劳寿命及服役平顺性？其研究思路是什么？研究内容及研究方法又包含哪些？本章将对以上问题一一予以阐述。

1.1 大功率高动载摩擦副动态设计的研究背景

摩擦片是车辆舰船等装备动力传递的关键核心基础件。我国新一代海上船舶与陆基平台用传动系统摩擦元件存在大功率（>10 000 kW）、高动载（冲击 >1 000 g）、高线速度（60~110 m/s）、强瞬态（激振频率 >200 Hz）等技术挑战，长期依赖国外技术和进口，存在重大安全隐患，大功率高动载车船用摩擦片关键技术是制约重大高端装备发展的“卡脖子”技术。《中国制造 2025》文件指出：核心基础零部件等“四基”工业基础能力薄弱是制约我国制造业创新发展和质量提升的症结所在；《国家中长期科学和技术发展规划纲要（2006—2020年）》将基础件和通用部件列为制造业技术突破的首位。

大功率高动载车船用摩擦片集机、热、能、控于一体，其设计是机械工程学科的一个世界性难题。早在1904年，出现了离合器和制动器等摩擦元件操纵变速换挡的行星齿轮机构，该机构首先用于英国 Wilson Picher 变速器汽车上。随后的100多年，经过液力、电控、智能自动变速等阶段化发展，离合器也呈多样化发展，多片离合器由于其本身具有接合力矩大，工作可靠，控制简单等优点而在大功率车船中得到广泛应用。但是，高性能的摩擦元件的开发在理论和工程实际上仍然无法适应大功率的车船需求。比如俄国联布洛瓦雷公司的湿式摩擦片耐热系数为4 752 JW/cm^4，国内离合传动组件动态冲击寿命最高为2.2E5次，满足不了大功率离合器长期服役需求，造成某船舶齿轮箱离合器的“搅油”、摩擦片“异常磨损”和“烧蚀”等问题[1]，而能满足条件的大功率车船用摩擦元件基本被国外垄断[2]。

20世纪末，重型特种车辆传动进入湿式摩擦组/部件换代的新时代，但由于之前没有相关基础研究支撑，离合器摩擦片存在齿部塑性变形与径向断裂等机理不明、摩擦件工作载荷不清，国内加工产品性能差等问题，关键装备不得不依靠进口摩擦件，成为新型高机动特种平台动力系统研制的瓶颈，且国内关于高性能离合器/摩擦片技术/产品/标准均处于空白。为此，国家从“十五”开始，在各渠道开始传动摩擦的基础与探索研究，重点探明高频冲击等动态载荷，形成适合我国工业基础的摩擦元件强化工艺方法和设计评估能力，支撑高性能离合传动组件研发，以提高重大装备的服役性能和运行安全性。高性能的摩擦元件的开发在理论和工程实际上均面临巨大挑战，主要体现在：

大功率高动载摩擦元件存在大冲击、高瞬态、强耦合，工况突发多变等技术难题，其塑性变形和断裂机理不明。摩擦片分离状态下，即摩擦片浮动支撑条件下，摩擦片和齿圈处于高速不规则运动之中，表现为动态随机碰撞过程，摩擦片齿部冲击载荷大，且每次冲击碰撞都是在不同的碰撞位置，蓄积不同的碰撞能量，带来碰撞齿数、碰撞深度、碰撞相位上的变化，存在摩擦片轮齿的齿面与齿根损伤的特有失效形式，严重影响摩擦片寿命和工作稳定性，导致离合器、制动器的工作性能下降，制约了装备整体性能的提升的同时，还有可能导致恶性事故发生，造成巨大的财产损失和人员伤亡。如何模拟动态随机碰撞过程、预估随机性非线性冲击力下摩擦片的疲劳寿命是大功率高动载摩擦片动态设计的难点。

1.2 大功率高动载摩擦副动态设计的研究思路

大功率高动载摩擦元件动态设计的研究指导思想是：针对浮动支撑的大冲击、高瞬态、强耦合，工况突发多变条件下摩擦片、内毂相互作用过程，考量摩擦元件分离状态的动态行为、摩擦片/内毂齿部冲击特征、摩擦片偏载等，对大功率高动载摩擦元件在浮动支撑条件下相互碰撞产生的动态激励机理、冲击力特征规律、轴系固有特性、非线性疲劳寿命预测及疲劳寿命强化等进行研究，重点突破载荷准、设计精、品质高、寿命长的关键设计技术，为大功率高动载摩擦元件设计阶段的系统匹配及参数选取、制造阶段的装配及产品质量评价、服役阶段的状态监测及故障定位溯源等提供理论指导[3]，实现高品质机械传动系统的整体服役性能及可靠性提升[4]。

传动系统摩擦元件工作涉及了摩擦元件的接合、分离与滑磨，是一个复杂的动力学过程。大功率高动载传动系统摩擦元件工作在大冲击、高瞬态、强耦合、工况多变等条件下，摩擦元件的可靠性是动力能否平稳传递的关键。离合器如图1.1所示，压盘3与承压盘6之间为从动盘总成件，通过对偶片4与摩擦片5之间的摩擦传递输入轴1及主动件的转速及转矩至输出轴8。离合器工作状态可分为：

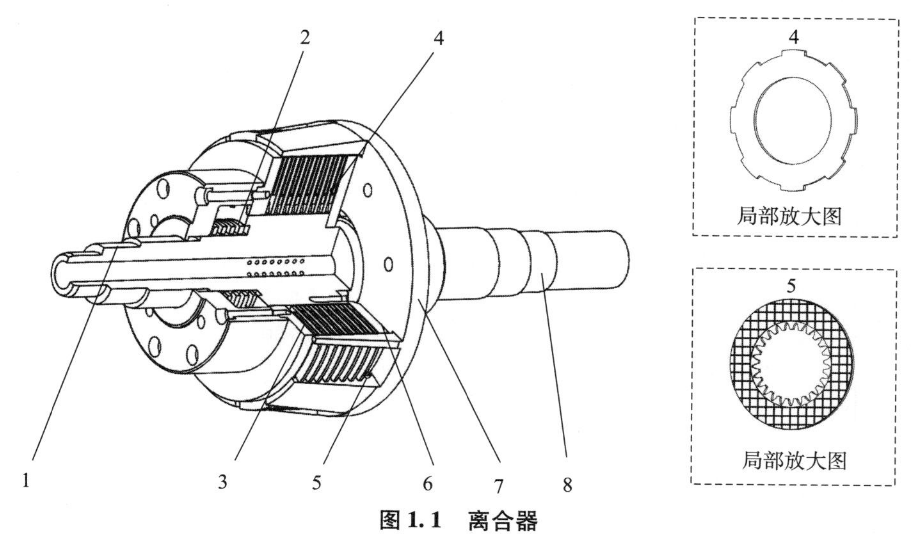

图1.1 离合器

1—输入轴；2—回位弹簧；3—压盘；4—对偶片；5—摩擦片；
6—承压盘；7—从动盘毂；8—输出轴

1. 分离状态

摩擦元件未接合，传动系统不传递扭矩及转速，存在空转转矩，即带排转矩。该状态下，压盘3受回位弹簧2的作用力，使得对偶片4与摩擦片5分离，从动部件分离，中断动力传动。

2. 滑磨状态

摩擦元件接合，传动系统传递扭矩及转速，但由于摩擦元件存在相对滑动，实际输出的转矩小于理论转矩。该状态下，受外力压盘3与回位弹簧2处于压紧状态，对偶片4与摩擦片5接合，但存在相对滑动。

3. 接合状态

摩擦元件接合，不存在相对滑动，实现传动系统转速与扭矩的传动。该状态下，离合器的主动从部件作为整体一起旋转，离合器的主、从动件没有相对运动。摩擦片5与对偶片4相对静止，摩擦力带动从动盘总成旋转，完成转矩的输出，实际输出转矩等于理论转矩。

大功率高动载摩擦元件动态设计的研究思路，如图1.2所示。摩擦副浮动支撑状态下，摩擦片轴向不与对偶片结合，径向仅受内毂约束。然而，浮动状态下，摩擦片运动不规则，摩擦片与内毂发生随机碰撞，即存在冲击碰撞的位置、能量、齿数、深度与相位随机变化。基于传统有限元方法技术的浮动支撑摩擦副冲击碰撞仿真效率低耗时长，本书主要研究基于动力学建模及数值求解对摩擦片

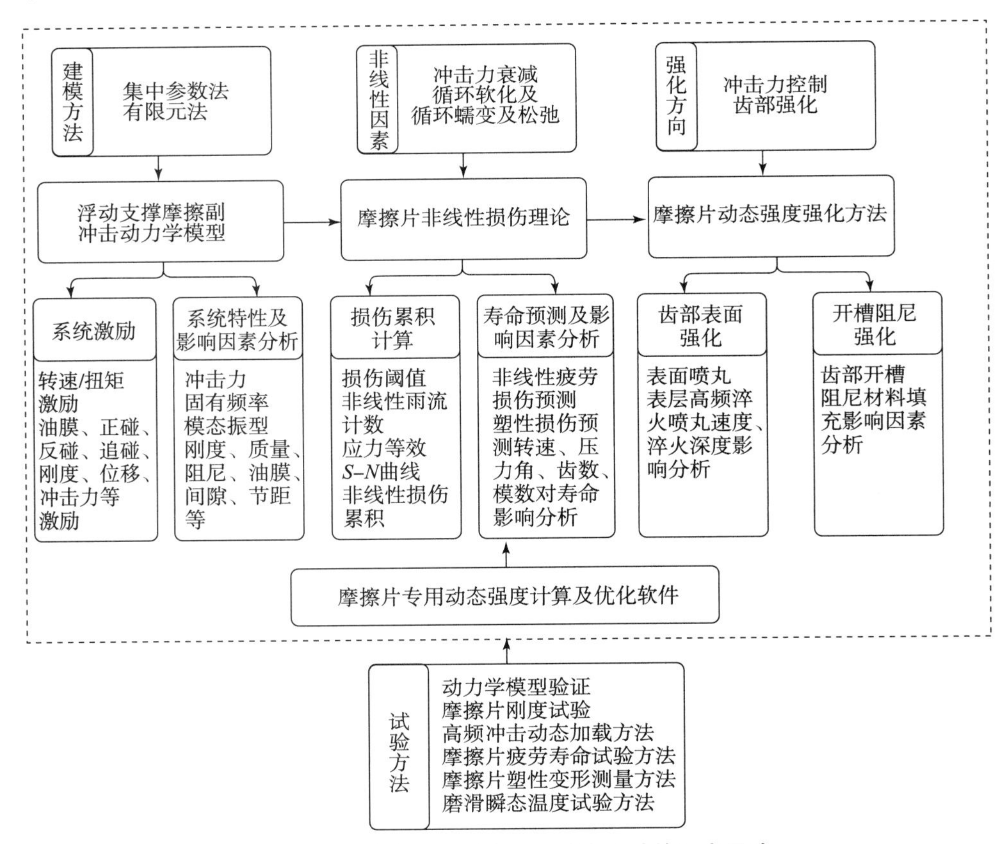

图1.2　大功率高动载摩擦副动态设计的研究思路

动态特性分析，具有计算开销小、耗时短、参数化、迭代快等优点。本书从摩擦片浮动支撑冲击碰撞机理、动力学建模、非线性疲劳损伤、摩擦片动态强度强化等多个方面展开，其中浮动支撑碰撞机理/动力学模型与非线性疲劳寿命是大功率高动载摩擦元件动态设计研究的关键。考虑浮动支撑摩擦片运动特性、冲击载荷激励机理、动力学非线性因素等，建立摩擦片浮动支撑冲击动力学模型，输入系统激励求解摩擦元件冲击动态特征、动力响应与系统固有特征，探究摩擦片冲击力影响因素与分布特性；考虑浮动支撑摩擦片运动特性、材料特性、应力分布等，设置冲击损伤阈值，建立摩擦片非线性损伤模型，计算摩擦片齿部疲劳寿命及塑性变形，明确浮动支撑摩擦片冲击疲劳寿命与设计参数及工况参数的关系；通过齿部修形、强化及添加阻尼材料等方法，实现浮动支撑摩擦片冲击力控制与齿部强化，提升摩擦片动态强度及冲击疲劳寿命；通过应变测试、高速摄像、超景深测量、高频冲击试验方法、MTS 疲劳试验台、接触及红外温度测试等手段，实现大功率高动载摩擦片齿部冲击动态应力测试、滑磨过程结合面瞬态温度测试，验证动力学模型与非线性损伤机理；最终，形成摩擦片专用动态强度计算及优化软件，为大功率高动载摩擦片设计参数、几何尺寸、制造误差控制、服役性能预测、故障分析与诊断等提供理论指导，为摩擦元件数字化设计、虚拟样机、数字孪生、整体服役性能预测及可靠性评估提供算法与方法支撑[5]。

在摩擦副动力学方面，提出了浮动支撑状态下摩擦元件随机碰撞冲击力研究新思路。长期以来，研究均局限于摩擦元件接合与滑磨状态下热、力、液的作用，忽略了分离状态下摩擦副随机冲击过大导致的快速疲劳失效的问题，ISO（国际标准化组织）等国内外标准及著名大型商业软件仍缺乏摩擦片随机碰撞动态过程冲击力有效计算方法，存在摩擦元件随机碰撞齿数、位置与刚度激励机理不清的问题。本书考虑摩擦元件随机不规则运动特性、随机碰撞过程、摩擦片偏心及接触刚度等非线性因素，建立大功率高动载摩擦片激励模型；摩擦片高速不规则运动中，碰撞位置、齿数、摩擦片齿部接触刚度油膜等相互耦合。基于摩擦片运动学、接触刚度能量法等理论，本书提出了大功率高动载摩擦副浮动支撑随机碰撞的刚度激励机理研究新思路，建立摩擦片 - 内毂二质量动力学模型，计算浮动支撑状态下摩擦副随机碰撞过程的正碰—反碰—追碰及回弹过程的刚度激励，并获取冲击力响应。

在摩擦片疲劳损伤方面，提出了摩擦片浮动支撑冲击非线性损伤计算的研究新思路，为传动系统无动力输出时摩擦片损伤提供理论依据。浮动支撑状态下，摩擦片与内毂运动关系复杂且相互作用，存在接触刚度、冲击力位置和参与齿数时变的随机激励，大功率高动载摩擦片易产生齿部塑性变形与摩擦片断裂的损伤形式，严重影响重要装备的使用寿命和服役性能。针对大功率高动载传动系统无动力输出时摩擦元件损伤的问题，本书提出浮动支撑摩擦片非线性损伤预测新思路，研究外部输入激励、摩擦片设计参数对摩擦片冲击疲劳寿命及齿部塑性变形的影响规律，设置冲击损伤阈值并对实测及仿真应力结果进行雨流计数及应力等效，获取的浮动支撑摩擦片冲击载荷谱，通过疲劳损伤累积算法计算摩擦片疲劳寿命及塑性损伤，外部载荷特性、设计与安装参数等因素对摩擦片寿命的影响规律。

在摩擦片动态强化方面，目前研究主要针对结合及滑磨过程中动态特性的改善，而忽略了分离状态的力学性能、疲劳寿命及服役性能等动态特性的强化。本书在摩擦片动力学与疲劳寿命的研究可用于指导轴系参数匹配与摩擦片设计参数优化达到降低冲击载荷及延长摩擦片疲劳寿命的目标。本书还提出了齿面强化及冲击控制的动态强化新思路，即综合考虑系统参数、齿形参数齿部表面强化及添加阻尼材料等方法，为进一步提升浮动支撑状态摩擦片动态强度、疲劳寿命与服役性能等提供理论基础和工程指导。

大功率高动载摩擦副动态设计是在动力学、疲劳损伤理论、数值计算及计算机辅助计算技术等交叉领域发展起来的研究理论和仿真方法。随着科学技术的发展，辅助计算设备算力突飞猛进，传动系统向低碳、大功率密度、高动载、高可靠和低振动噪声等方向发展，摩擦副这一传动关键件的动态设计研究十分必要且可行。

1.3　大功率高动载摩擦副动态设计的研究内容

大功率高动载摩擦元件动态设计研究包括摩擦片冲击碰撞动力学、非线性损伤理论、动态强度强化方法等内容。浮动支撑状态下摩擦元件不规则运动及随机碰撞是大功率高动载摩擦元件动态设计研究的核心内容，有助于摩擦片随机碰撞及冲击过程的动力学描述、模型表征及动态响应等正问题的理解，及疲劳损伤和动态强化等反问题的推演[6]。

1.3.1　摩擦副冲击碰撞动力学

1. 冲击特征

摩擦元件的运动状态根据其接合与否可分为分离状态、滑磨状态和接合状态。摩擦元件的运动过程中受到的激励分为外部激励和内部激励，其中外部激励是指系统外部对系统的动态作用，包括驱动激励和负载激励，根据激励历程特性可分为周期性激励和随机性激励；系统的内部激励包括刚度激励、位移激励等。

分离状态不规则运动过程中，摩擦元件的接触刚度存在明显的随机性，主要与摩擦片设计参数、制造安装误差和运动状态等有关，具有多因素耦合及强非线性等特点；位移激励是由加工和安装误差引起的部件接触表面相偏离理想位置产生的激励，位移激励包括摩擦片齿节距与齿侧间隙齿，加工的误差引起的误差激励为前1～4阶[7]。

本书在摩擦片内激励及动力学方面，研究了浮动支撑状态下摩擦片偏心少齿接触、油膜、正碰、追碰、反碰及反弹等因素下摩擦片与内毂接触刚度—位移耦合的内部激励机理与碰撞冲击特征，分析研究了油膜厚度、齿侧间隙、齿节距等因素对摩擦片动态冲击力的影响规律。

2. 固有特性

固有频率和振型是动力学研究的基本问题之一。在设计过程中，为避免共振现象的发生，减小传动系统重量以及优化设计方案，需要研究传动系统及摩擦元件设计参数变化对固有频率和振型的影响，即研究固有频率和振型随着参数变化而变化的趋势。固有特性是研究系统的动态响应、动载荷的产生、传递及振动形式等问题的基础。

传动系统摩擦元件固有特性分析主要包括：①利用集中参数法研究齿轮传动系统的固有频率和振型；②利用有限元法计算轴系及箱体结构的固有频率和振型[8]；③利用灵敏度分析和动态优化设计方法研究系统结构参数、几何参数与固有频率和振型的关系，优化其动态特性。

本书研究传动系统摩擦元件的固有特性的方法为：首先，建立系统的参数动力学模型，将传动系统部件简化为集中质量，将传动轴简化为具有扭转变形和弯曲变形的弹性元件，驱动即负载考虑为转动惯量；然后，建立动力学方程，并由相应的无阻尼自由振动方程计算得到传动系统及摩擦元件的固有频率和振型，分析研究了传动系统及摩擦元件阻尼、刚度与质量等参数对传动系统固有频率及模态特征的影响。

1.3.2　摩擦片非线性损伤理论

大功率高动载摩擦元件的疲劳损伤和塑性变形直接决定其使用寿命。摩擦片非线性疲劳与塑性变形损伤累计计算主要包括：①利用雨流计数法统计摩擦片仿真及实测应力循环频次、均值、幅值等；②利用应变均值化零等效方法，如Goodman修正法则，均值处理雨流计数后应力频次，获取均值为零的等效载荷频次谱；③利用损伤累计方法，如Miner疲劳损伤累积理论，研究摩擦片冲击疲劳与塑性损伤寿命。

本书研究计算摩擦片疲劳的方法为：首先，基于摩擦元件随机冲击力衰减特征，设定损伤阈值，并对超过阈值的应力部分进行雨流计数，统计等效应力加载频次、均值与幅值信息；然后，结合材料特性与应变均值化零等效方法实现摩擦片应力载荷谱编制；最后，利用损伤累计理论与载荷谱，累计计算摩擦片疲劳与塑性寿命，分析研究了转速、压力角、齿数模数等外部激励特性与摩擦片设计参数对摩擦片冲击寿命的影响。

1.3.3 摩擦片动态强度强化方法

摩擦片动态强度，即动态冲击寿命，是制约国产摩擦元件在大功率陆基与海基平台传动系统中应用的关键因素。本书大功率高动载摩擦元件动态设计研究开展前，国产摩擦元件的动态冲击寿命不满足装备使用需求。本书从材质强度、残余应力等疲劳敏感属性改进和缓冲、均载等疲劳冲击力与应力结构性设计等方面开展研究，实现国产摩擦片冲击疲劳寿命倍增。

摩擦片动态强度强化方法主要包括：①基于摩擦片动力学模型与非线性损伤理论，优化设计传动系统匹配参数与摩擦片设计参数，如对传动系统部件质量—刚度匹配优化，摩擦片压力角、齿数、模数、油膜厚度等设计参数进行优化，摩擦片齿侧间隙、齿节距等加工及安装误差进行优化，实现浮动支撑状态下冲击力控制；②摩擦片齿部强化，齿部表层高频淬火与喷丸强化，提升齿部动态强度；③齿部开孔及阻尼材料填充，在不改变齿数模数的条件下，降低动态冲击载荷，实现摩擦片动态强度的提升。

1.4 大功率高动载摩擦副动态设计的研究方法

本书研究具有典型的多学科方向交叉属性，涉及材料力学、接触力学、动力学等，从理论模型、数值仿真及试验验证入手，进行摩擦副动态过程及强度的理论研究、数值仿真分析、试验验证、模型修正、疲劳寿命预测、动态强度强化及摩擦片强化专业软件开发等。传动系统的摩擦元件存在分离、滑磨、接合三种运动状态，滑磨与接合状态下，动力从输入轴通过摩擦元件传动至输入轴，摩擦片与对偶片接合，摩擦片与内毂啮合；分离状态下摩擦片与内毂的运动不规则，参与随机碰撞的齿数、位置与刚度不定，碰撞过程中非线性因素众多，是一个相互作用且耦合的复杂运动系统。摩擦元件的动力学分析，尤其是非线性随机碰撞及其动态分析，已超出理论解析的范畴，必须借助计算机对系统模型进行数值分析。大功率高动载摩擦元件动态设计研究采用了不同的研究方法。

大功率高动载摩擦副动态设计研究的关键点包括：①建立反应传动系统及浮动支撑摩擦元件的随机碰撞的力学模型，准确反映摩擦元件运动的物理本质，并进行高效且精确的数值建模及仿真求解，量化分析系统非线性，以冲击力为优化目标匹配传动系统参数与控制摩擦片制造及安装误差；②摩擦片疲劳与塑性损伤机理研究，计算摩擦片浮动支撑状态下摩擦片冲击疲劳寿命及齿部塑性变形量，指导摩擦片动态设计参数优化；③摩擦片动态强度强化方法，包括降低摩擦片齿部冲击力，提升齿部抗冲击强度；④试验测试。

本书针对具体研究对象和系统具有的特点，采用多种不同的研究方法，甚至还创新性地提出了一些新方法，具体方法介绍如下。

1.4.1 浮动支撑摩擦副动力学理论建模及研究方法

理论建模是大功率高动载摩擦片动力学分析与计算的基础，其精确程度直接决定系统动力学响应结果的准确性。理论建模方面采用集中参数法建立浮动支撑摩擦片动力学模型，计算摩擦片—内毂不规则运动造成的随机碰撞冲击过程，具有计算开销小、耗时短、参数化、迭代快等优点；动力学模型动态响应求解方面采用了 Runge - Kutta 法；摩擦片齿部应力分布采用了有限元法；系统响应信号处理与分析方面，本书采用了时域、频域、时—频联合、统计学等多种分析方法；此外，本书动力学模型修正及非线性参数表征方面，采用了多种方法。

在摩擦片非线性因素及内部动态激励参数计算方面，摩擦片与内毂啮合刚度存在强非线性且与摩擦片设计参数、摩擦片初始偏心量、参与碰撞齿数、加工安装误差等相关，本书提出了一种考虑摩擦片初始偏心及动态过程的接触齿数统计方法以获得随机碰撞过程中参与碰撞齿数、位置及更为精确的接触刚度内激励；摩擦元件的不规则运动及正碰、反碰、追碰等现象，碰撞位置与随机碰撞过程复杂，本书提出了摩擦片—内毂二质量动力学模型，计算复杂运动过程中摩擦片碰撞冲击力及动态响应；此外，摩擦片与内毂的碰撞为非弹性碰撞，即碰撞存在能量损失，本书提出一种基于高速摄像的摩擦片反弹系数计算方法，获取摩擦片真实碰撞反弹系数，修正动力学模型。

1.4.2 大功率摩擦片非线性损伤理论及疲劳寿命分析

摩擦片 - 内毂间的不规则随机碰撞冲击，齿根应力呈现高频冲击衰减特性，造成摩擦片的非线性损伤。采用有限元与试验测试相结合的方法，究明了不同接触状态下的冲击特征及齿根应力分布特性。由 Hertz 接触理论，判断弹塑性损伤情况，根据接触危险点的弹塑性应力应变历程，采用雨流计数法分析了不同压力角、齿数、模数、转速波动等因素影响下的损伤程度，并估算了结构疲劳寿命。为大功率高动载摩擦片结构设计与优化提供了理论与试验依据。

1.4.3 摩擦片动态强度强化方法

本书从齿部表面强化与冲击力控制两条路径对浮动支撑摩擦元件进行动态强度强化，提高摩擦片强度及其使用寿命。齿部表面强化的摩擦片动态强度强化方法方面，建立摩擦片冷处理及热处理过程的有限元模型，获取表面应力与喷丸速度及淬火深度的映射关系，为基于齿面强化的摩擦片动态强度强化提供理论依据；冲击力控制的摩擦片动态强度强化方法方面，基于本书第 3 章设计方法和本书第 4 章及第 5 章中关于转动惯量参数、齿形参数等的研究结果，获取摩擦片动力学参数、齿形参数与冲击力的映射关系，提出摩擦片开阻尼槽的冲击力控制方法，获取开槽形状、尺寸等与冲击力的映射关系，为基于冲击力控制的摩擦片动态强度强化提供理论依据。

1.4.4 试验测试方法

基于等效原理搭建摩擦片动载冲击试验台，通过变频电机、五点凸轮及冲击摆杆与芯板装置能够准确模拟摩擦片与内毂碰撞过程，实现冲击频率、冲击幅值、碰撞位置及齿侧间隙的按需调节，为理论模型验证与进一步优化设计工作奠定坚实的基础；构建大功率高动载摩擦片滑磨瞬态温度测试系统，通过接触式测温和非接触式测温方法分别获得摩擦片轴向及径向方向不同点的瞬态点温和线温数据，并基于实测温度数据研究摩擦片滑动摩擦过程中的温度分布情况，结合数值计算方法，建立摩擦片滑磨瞬态温度场分布；搭建摩擦片齿部塑性变形测试系统，通过高速摄影装置直接拍摄摩擦片和制动器内毂之间的冲击过程，观测不同频率、不同能量与冲击变形之间的变化关系，准确获得摩擦片与内毂间的变形大小、冲击位置以及边界条件等重要冲击信息，并利用图像处理方法，提取摩擦片齿部变形的边缘轮廓，获得碰撞过程中齿部塑性变形量，研究摩擦片的塑性损伤。

参考文献

[1] 程志刚，费太军．某型船用齿轮箱倒车离合器故障分析与改进措施 [J]. 柴油机，2013，35 (6)：52 - 55.

[2] 宁克焱，李洪武，张洪彦．干片式制动器的研究与发展 [J]. 车辆与动力技术，2004 (1)：16 - 22.

[3] 张洪彦，周广明，宁克焱．综合传动装置状态监测与故障诊断系统的研究 [J]. 车辆与动力技术，2004 (3)：1 - 5.

[4] 韩明，宁克焱，汪建兵．摩擦片铆接工艺有限元分析 [J]. 车辆与动力技术，2011 (1)：35 - 38.

[5] 王延忠，吴向宇，魏彬，等．湿式摩擦元件接触性能影响因素分析 [J]. 新技术新工艺，2013 (12)：21 - 24.

[6] 宁克焱，韩明，兰海．宽闭锁系数多片式差速摩擦副研究 [J]. 机械传动，2011，35 (5)：1 - 5.

[7] WECK M，HURASKY - SCHONWERTH O，SCHAFER J. Influence of Different Gear Body Geometries on the Service Behaviour of Cylindrical Gears [J]. VDI - Berichte，2002，1665：881 - 896.

[8] 任毅如，马新星，杨玲玲，等．干片式制动器加压机构塑性变形有限元模拟 [J]. 塑性工程学报，2020，27 (11)：125 - 130.

第2章 摩擦副操纵原理及主要失效形式

摩擦片由芯片和摩擦衬片或摩擦材料层组成，属于盘式离合器元件，通过摩擦传递动力并吸收动能进行制动，保证机械设备与传动系统平稳起步，柔和地传递扭矩，避免强力冲击带来的损害，使系统安全可靠地工作，在刹车制动系统和离合传动系统领域发挥着重要的作用，广泛应用于机械工程、机械零件和离合器领域。摩擦片在工作过程中存在不同形式的损伤，摩擦片是靠摩擦传递动力，因此摩擦片的摩擦特性直接影响离合器与制动器的正常工作，摩擦片摩擦系数过高或过低都会影响离合器与制动器的性能。如果摩擦特性发生改变，比如摩擦系数下降到一定值，离合器与制动器正常工作所需的扭矩不足，将不能正常啮合，换挡时可能会出现打滑或者抖动的现象。摩擦系数过高不稳定，会产生冲击，使离合器不能稳定正常工作，严重时，将引发失效[1]。严重影响摩擦片的寿命和工作稳定性。了解摩擦片副操纵原理，对进一步提升摩擦片的性能与可靠性具有重要意义。

2.1 摩擦副组件操纵原理

机械传动系统和制动系统中，广泛采用离合器和制动器。根据摩擦原理，利用摩擦片与对偶片的接合和分离达到传递扭矩和中断动力的目的[2]，充分了解摩擦片的操纵原理对掌握离合器和制动器的工作过程具有重要意义。

2.1.1　制动器中摩擦副操纵原理

制动器由回位弹簧、活塞、缸体、制动外盘、制动内盘、离合外盘、离合内盘、制动器体、离合器外壳和离合器轴组成。制动器是制动系统中产生阻碍传动系统运动趋势的力的部件。对传动系统的制动起着非常重要的作用。传动系统中常用的制动器都是利用固定元件与旋转元件工作表面的摩擦而产生制动力矩。摩擦制动器的工作原理，是利用摩擦副相对运动时接触表面所产生的摩擦阻力来调节相对运动或停止运动，从而达到制动的目的。

摩擦片安装在内毂外部，连接形式类似于花键，可与对偶片摩擦接触，并通过摩擦力使存在相对滑动的摩擦副同步运动，产生的制动能量被对偶片、摩擦片所吸收。多片摩擦副件具有众多优点：重量轻，结构简单，占用空间小，整体布局容易，易于控制和可靠，形状易于改变，方便实现产品系列化，可以通过快速适应各种吨位的车辆来调节摩擦副数，摩擦材料比压小，摩擦力均匀合理，瞬间极限温升低，耐高负荷与耐高温的性能大大延长摩擦材料使用寿命，被广泛运用于各种车辆操纵件上[3]。

多片式摩擦副操纵件的摩擦部件安装在封闭的操纵件壳体内，如图 2.1 所示，具有安全性高和使用寿命长等优点[4]。沿轴向相互交错排列的若干对偶片和摩擦片安装在充有冷却油液的密封的制动操纵件壳体内，组成多片摩擦副操纵件的主要部件。对偶片通过外花键与制动操纵件的壳体相连接，保证其能够沿轴向

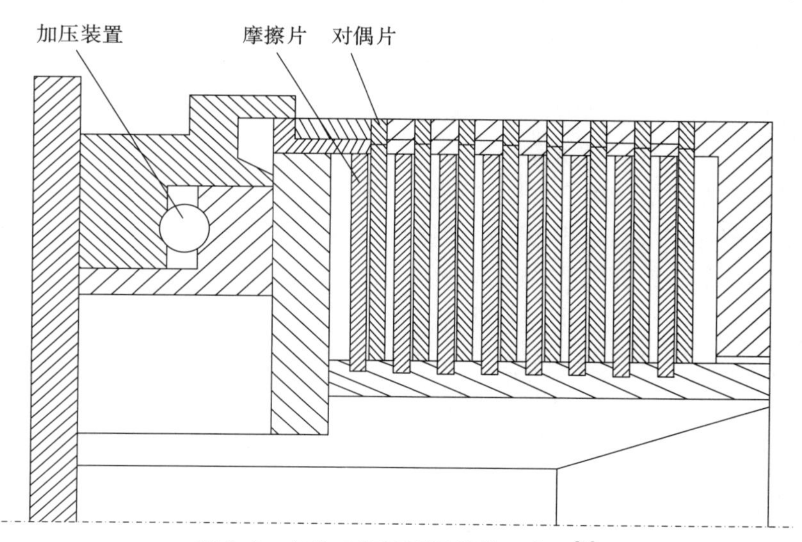

图 2.1　多片式摩擦副操纵件示意图[5]

运动，并以摩擦片接触或脱离；摩擦片通过内花键与内毂相连接，保证其随内毂旋转的同时也能够沿轴向运动。当制动器实施制动时，踩下制动踏板，制动系统的高压油进入制动器的活塞腔中，在油压作用下，回位弹簧被压缩，活塞移动将摩擦片与对偶片压紧，从而实施制动。当松开制动踏板后，活塞腔内的液压油回到液压油箱，活塞在回位弹簧的作用下复位摩擦片与对偶片分离，制动解除[4]。

2.1.2 离合器中摩擦副操纵原理

离合器包括同轴设置的离合器外毂、活塞、摩擦片、钢片和离合器挡板，摩擦片和钢片内套接有离合器内毂；摩擦片包括芯板和芯板内齿，芯板内齿上设有啮合齿，当离合器工作时，芯板与活塞相连。离合器工作时在油压的作用下，活塞压紧多个摩擦片和对偶片使其啮合，依靠摩擦片的摩擦力矩或传动元件进行刚性结合传递能量，实现输出不同扭矩和转速，回油压后则在弹簧力的作用下使摩擦片与对偶片分离，从而断开接合，使外壳和轴套分别以各自形式运转[1]。

离合器是把车辆或其他动力机械的引擎动力以开关的方式传递到轴上的装置，操纵离合器安装在发动机与变速器之间，是传动系统中直接与发动机相联系的总成件。通常离合器与动力或变速构件连接在一起，构成传动系统之间切断和传递动力的部件。传动系统从起步到正常运行的过程中，可根据需要操纵离合器，使发动机和传动系统暂时分离和逐渐接合，从而保证传动系统平稳运行；暂时切断发动机与变速器之间的联系，以便换挡和减少换挡时的冲击；在传动系统制动过程中，起到分离作用，阻止变速器等传动系统过载，具有一定的保护作用。操纵离合器工作时，通过调节操纵离合器总成件中摩擦片的接合与分离来控制发动机是否将产生的动力传递到驱动轮上。操纵离合器分为机械离合器、电磁离合器、液压离合器、气压离合器四种。

片式离合器是机械离合器中的一种，分为干式离合器和湿式离合器。干式离合器是指摩擦片在滑磨过程中，摩擦接触表面表现为干摩擦的离合器，主要由主动部分、被动部分、分离装置三部分组成，主动部分与被动部分依靠摩擦片之间的摩擦力连接起来[7]，其优点为结构简单、价格便宜；缺点为长时间使用会存在摩擦系数不稳定、使用寿命较短、磨损比较严重[8]。湿式离合器，如图 2.2 所示，其摩擦形式为液体摩擦和半液体界面摩擦，摩擦面峰值和峰谷（大小取决于其粗糙度）需相互接触，但油分子层使其无法相互接触。油分子层和摩擦面之间的附着力应大于活动产生的剪切力。摩擦面和润滑介质之间产生的作用也影响着附着力，其有效性取决于温度和压力。较干式离合器而言，显著的优点是无磨损。啮合时有油的冷却作用，散热性能好，在啮合和脱开频率较高的情况下尤其明显，摩擦功较干式离合器更大，工作更可靠，摩擦系数更稳定，同时具有较强的起步能力，寿命更长（一般使用寿命是干式离合操纵件的 3 ~4 倍）。

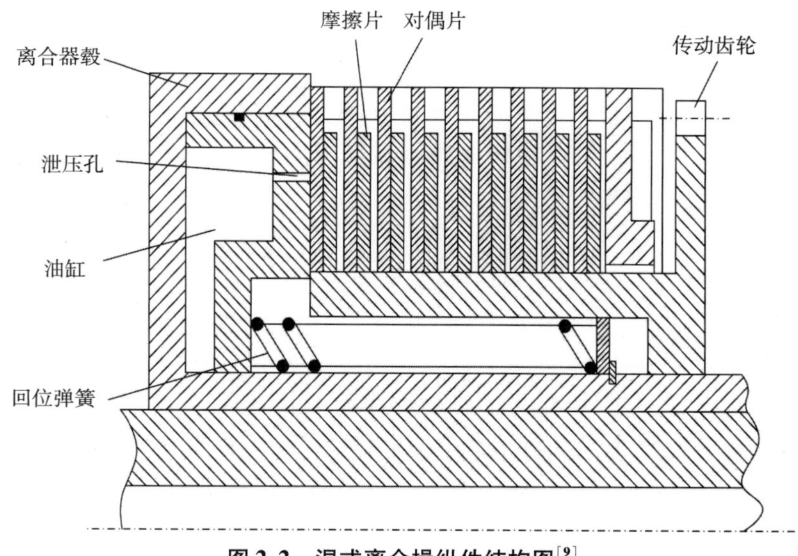

图 2.2　湿式离合操纵件结构图[9]

湿式离合器又可分为湿式单片离合器、湿式双片离合器、湿式多片离合器以及倒顺湿式多片离合器。其中湿式多片离合器主要由若干片相间排列的摩擦片和对偶片组成，当离合器需要接合时，摩擦副的主、从动部件在外界工作油压控制作用下接合在一起，通过二者的摩擦来实现动力的传递。湿式多片离合器在接合初期通过摩擦副间液体的摩擦传递转矩，这与干式离合操纵件不同。在接合过程中，由于滑磨产生的热量一部分传递给离合操纵件结构元件，使结构元件升温；另一部分则随着冷却油进入冷却系统进行冷却。当离合操纵件需要分离时，消除工作油压，在回位弹簧的作用下使离合操纵件的摩擦片和对偶片分离，从而切断动力的传递。湿式离合器中的油液不仅能带走大量摩擦热，还可以使离合操纵件在接合的过程中更加平稳，减小冲击[10]。

2.2　摩擦副的主要失效形式

以车辆传动系统为例，摩擦副在接合、分离过程中，摩擦片内齿与内毂外齿存在多齿啮合，离合器在啮合过程中油压过大将导致摩擦材料的接触面压力过大、啮合时间过长、啮合次数过多、位置或形状等设计不当或者加工精度和刚性不能满足，都可能造成摩擦元件的失效[1]。由于摩擦片元件存在不同的失效形式，导致动力输出不平稳，产生非线性高频振动冲击，降低摩擦片的工作稳定性和使用寿命，严重影响传动系统整体性能，甚至导致恶性事故，造成巨大的财产损失和人员伤亡。

摩擦副的主要失效形式为摩擦表面摩擦引起的磨损，摩擦升温引起的变形，与内毂之间冲击碰撞引起的断裂损伤、轮齿脱落、断裂等。

2.2.1 摩擦片磨损失效

离合器接合过程中，摩擦片与对偶片需要通过摩擦来实现动力传递。摩擦过程中，摩擦片和对偶片都会产生磨损，导致摩擦材料减少。如果选材不当或者控制不良，摩擦表面会发生劣化、磨耗，严重甚至会出现碳化、剥离的现象，称为磨损失效。根据磨损情形不同，分为热磨损和机械磨损。热磨损主要由于离合器工作过程中产生的摩擦热量过大，导致摩擦材料中的化学物质逐渐分解、碳化，使摩擦材料表面油孔减少。随着散热能力的下降，磨损加剧，摩擦片与对偶片间摩擦会导致温度上升，造成功能失效，温度越高，损伤越严重[11]。机械磨损主要是由接触引起，摩擦片在承受较大压力情况下，负荷增加，在不断工作循环中摩擦材料厚度逐渐减少造成磨损失效[1]。当磨损到一定程度时，摩擦片与对偶片间摩擦系数降低，严重影响摩擦片性能，甚至无法接合等。

1. 热磨损

1）摩擦片收缩

收缩是损伤积累的一种特殊形式，表现为摩擦片尺寸逐渐减小。摩擦元件打滑过程中的热应力与变形是收缩的主要原因。摩擦片的收缩可能会使摩擦片与内毂之间的径向间隙消失，导致摩擦片卡住粘连，进而使离合器分离不良[7]。

2）摩擦片热裂纹

热裂纹产生的必要条件之一是摩擦片表面承受的热应力超过材料的屈服极限。在热负荷作用下，摩擦片表面及内部存在较大的温差，从而产生压缩应力。当摩擦片表面的压应力超过材料的屈服极限时，材料向表面移动；在冷却阶段，压应力变为拉应力，已发生塑性变形的材料不能恢复原状，导致摩擦片表面萌生裂纹。在热负荷的作用下，裂纹向宽度和深度方向延伸[14]。

3）摩擦片黏着损伤

黏着损伤是摩擦片主要的损伤形式之一。在黏着损伤发生前，摩擦片表面光滑平整。工作过程中，由于摩擦力的存在，大量的机械能转化为热能，摩擦片与对偶片的表面温度大幅度增加，两接触面产生黏着损伤，严重可导致摩擦片烧伤破坏。采用扫描电子显微镜（SEM）和能量色散光谱仪（EDS）观察摩擦片的表面形貌，如图 2.3 所示。在黏着损伤初期，摩擦片表面形成点状连续分布撕裂坑[12]；在黏着损伤进展期，摩擦片材料出现转移并粘附在对偶片上，形成明显的转移带；在黏着损伤失效期，摩擦片的芯板与对偶片直接接触，黏着咬合程度加剧，传递扭矩出现波动[13]，进而导致离合器工作产生异常。

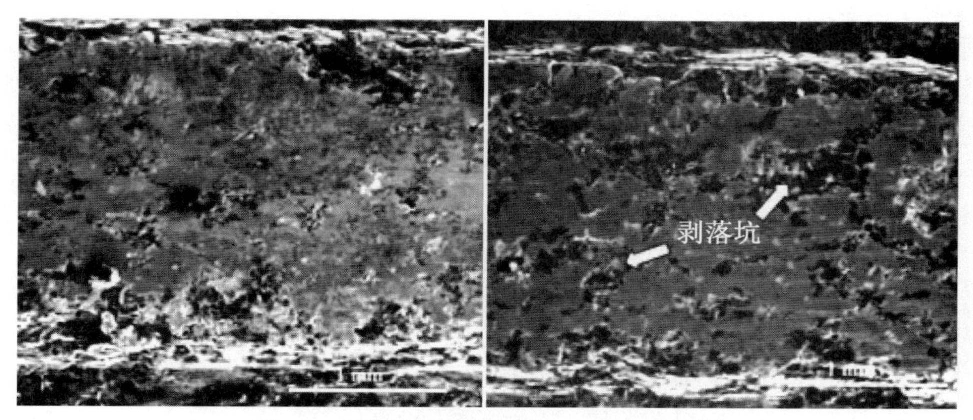

图 2.3　损伤前后摩擦表面形貌 SEM 照片[12]

4）摩擦片翘曲变形

摩擦片工作在临界摩擦区时，摩擦片与对偶片间的凸起相互碰撞，部分油膜被破坏，因相对速度产生的全部热量无法被润滑油带走，导致摩擦片的局部温度过高，产生不同程度的热膨胀。由于工作空间的限制以及各种约束的存在，热膨胀不能自由进行，导致摩擦片内部产生热应力，一旦热应力超过材料的屈服点，摩擦片便会丧失最初的稳定性而翘曲变形。翘曲变形主要分为蝶形翘曲和波浪形翘曲。蝶形翘曲是残余应力作用在对偶片内径处引起的，而波浪形翘曲则是作用在外径区域内。其中外齿片可成波浪形翘曲[15]。

2. 机械磨损

从摩擦片表面剥落的基本粒子钢纤维均可演变成磨粒，使摩擦片产生磨损。平行沟槽和犁沟状特征为磨粒磨损的主要特征。磨料颗粒对摩擦片主要起切削作用。如果磨料尖锐，会对摩擦片产生连续切割，使摩擦片表面呈现一条沟横；如果磨料颗粒较钝，易产生犁沟现象，即大部分金属向沟槽侧面隆起，而不是分离剥落。

2.2.2 摩擦片齿部塑性变形

翘曲变形是周向残余应力作用下平面形状失稳的结果。离合器工作过程中，由于内毂转速波动，摩擦片在浮动支撑条件下存在转速差，导致摩擦片与内毂间存在碰撞及追赶现象。大功率高动载条件下，浮动支撑摩擦片与内毂间碰撞冲击力大，摩擦片摩擦生热，使摩擦片产生热膨胀。由于各部分温度分布不均匀，产生内部约束，在内外部约束下。热膨胀受到约束，摩擦片内部产生热应力。随着温度和约束条件的变化热应力也发生变化，一旦热应力的值增加到超过材料的屈服点，摩擦片发生塑性变形，摩擦片齿部产生塑性变形，如图 2.4 所示。

图 2.4　摩擦片动态冲击塑性变形

2.2.3 摩擦片齿根微裂纹

摩擦片运行一段时间之后，多个齿根位置出现裂纹，裂纹方向均为径向，如图 2.5 所示。利用万能试验机将摩擦片从侧面弯折后，齿根处裂纹扩大后的宏观形貌如图 2.6 所示。可看出齿根处均存在一个小平台，微裂纹均起源于小平台两侧。从正面大范围的观察和统计事故中的齿根部位发现，事故盘几乎所有的齿根部位均存在小平台，在小平台两侧存在很多微裂纹。

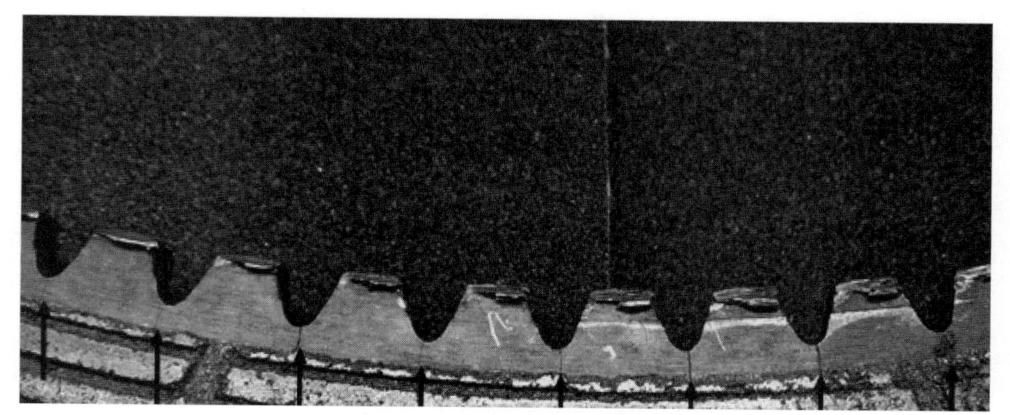

图 2.5　事故摩擦片盘面裂纹

图 2.6　事故摩擦片齿根平台放大图

事故盘片的金相组织如图 2.7 所示，事故盘片除去表层的粉末冶金层之后，心部的基体盘片组织为铁素体 + 珠光体组织，为非淬火件，材料为低碳钢。通过观察齿根裂纹附近的形貌，齿根处存在小平台，在小平台的两侧边缘部位各存在一条裂纹，如图 2.8 所示。齿根小平台与齿面交界处存在尖角和裂纹，如图 2.9 所示。裂纹两侧的金相组织与基体的金相组织相同，未见氧化脱碳等缺陷，齿根齿面表面也未见氧化脱碳等缺陷，如图 2.10 所示。

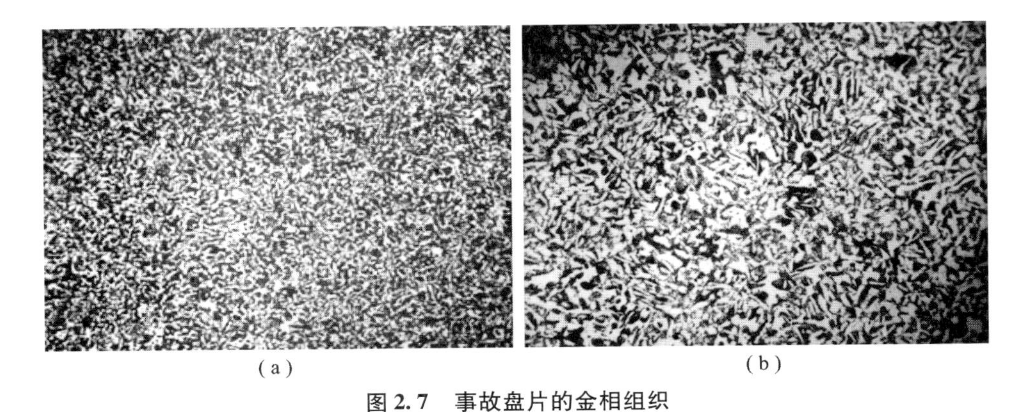

(a) (b)

图 2.7　事故盘片的金相组织

（a）事故盘片的金相组织 ×100；（b）内齿圈金相组织 ×200

图 2.8　齿根小平台两侧裂纹形貌

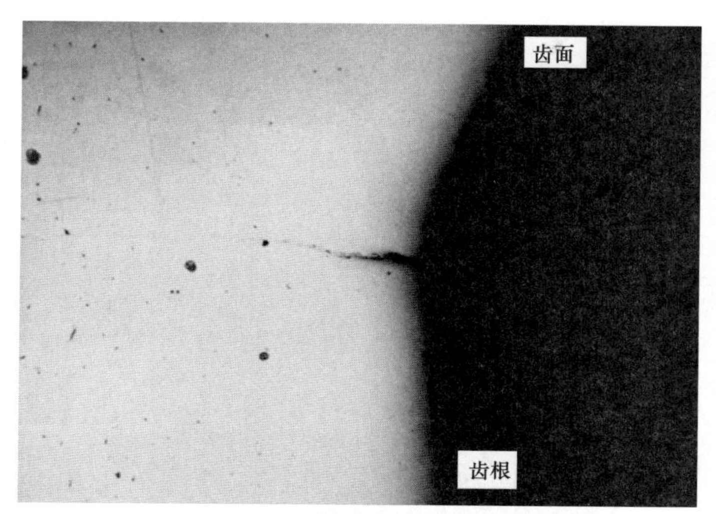

图 2.9　齿根小平台与齿面交界处尖角和裂纹形貌

图 2.10　齿根与裂纹两侧金相组织

将事故盘片的一些微裂纹压裂后，利用扫描电镜观察断口形貌，共观察两个断口试样，断口低倍微观形貌如图 2.11 所示。在两断口的上部均存在疲劳辉纹，齿根部位的微裂纹为疲劳断裂引起的，均从齿根表面开始萌生，经过长时间疲劳扩展而形成，齿面下部和齿根处粗糙，加工纹路明显；疲劳源区的微观形貌主要为磨损形貌，压裂区的微观形貌，图 2.12 所示为韧窝和解理形貌。

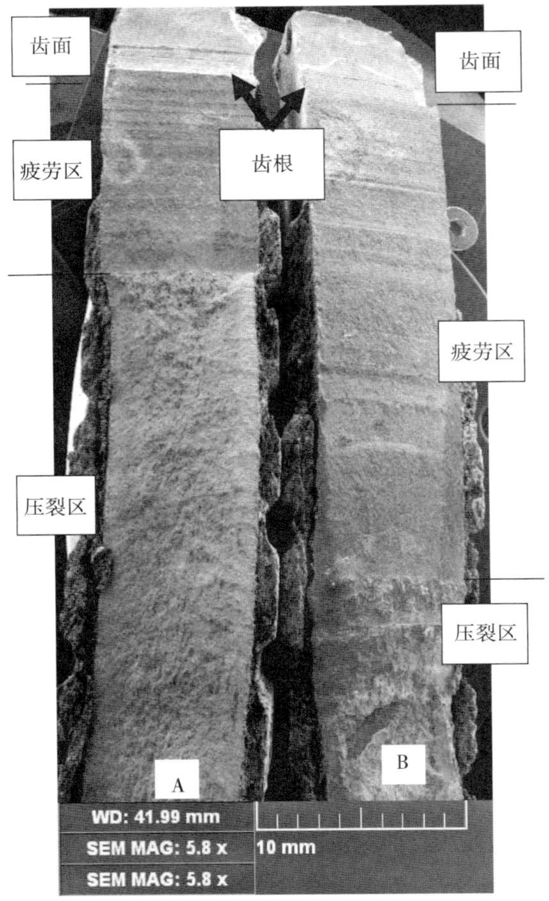

图 2. 11　断口的低倍和微观形貌

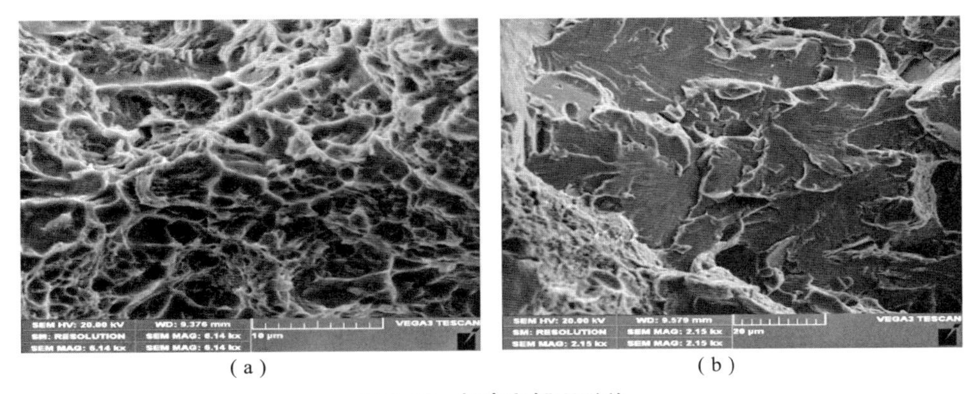

(a)　　　　　　　　　　(b)

图 2. 12　韧窝和解理形貌

(a) 压裂区韧窝形貌；(b) 压裂区解理形貌

2.2.4　摩擦片疲劳断裂

摩擦片疲劳断裂表现为摩擦片的芯板出现断裂，是摩擦片损伤形式之一。如图 2.11 所示，摩擦片在浮动支撑工况下发生了断裂，摩擦片芯板内圈齿上有多处微小裂纹，裂纹在齿根区域，且垂直于板面分布。通过分析断裂摩擦片化学成分、测试摩擦片材料硬度、对断口进行电镜扫描等研究发现摩擦片化学成分符合国家标准要求，但在试样断口处存在较多的二氧化硅夹杂物，残余元素铜、砷、锡含量偏高。铜、砷、锡元素在钢中主要是以偏析的形式存在，会引起晶界弱化，导致摩擦片脆性变大，冲击韧性耗散。大功率高动载摩擦片承受了较大的冲击力和剪切应力，最终导致摩擦片在浮动支撑工况下发生脆性断裂。

参 考 文 献

[1] 贾鹏. 自动变速器湿式离合器片的失效形式与原因分析 [J]. 时代汽车, 2018 (3): 102 - 104.

[2] 黄定国，曹金海. 离合器和制动器的摩擦片的设计 [J]. 煤矿机械，1986 (3): 2 - 6.

[3] HAMID M, STACHOWIAK G W. Effects of External Hard Particles on Brake Friction Characteristics During Hard Braking [J]. Jurnal Teknologi, 2012, 58 (2): 53 - 58.

[4] 巴茵，鲁显春，肖荣，等. 湿式摩擦片制动性能试验分析 [J]. 煤矿机械, 2012, 33 (5): 53 - 54.

[5] 宁克焱，李洪武，张洪彦. 干片式制动器的研究与发展 [J]. 车辆与动力技术, 2004, 1: 16 - 22.

[6] 代立明. 矿用湿式多盘制动器工作原理及温升特性 [J]. 凿岩机械气动工具, 2021 (1): 20 - 22.

[7] 郑毅，刘文宝. 干片式离合器摩擦片失效对机械性能的影响 [J]. 中国设备工程, 2004 (5): 36 - 37.

[8] ZHANG S, XIAO L, QIANG L, et al. Tribology Performance Testing and Fluid - solid - heat Coupling Simulation of Automotive Ventilated Disc Brake [J]. Automotive Engineering, 2017, 39 (6): 675 - 682.

[9] 王立勇，马彪，李和言，等. 湿式换挡离合器摩擦片磨损量计算方法的研究

[J]. 中国机构工程，2008，1：14－17.
[10] 倪春生，鲁统利，张建武. 摩擦片磨损对干式双离合器自动变速器换档特性的影响 [J]. 上海交通大学学报，2009（10）：1545－1549.
[11] 焦生炉，王年. 摩托车盘形制动器摩擦片材料磨损形貌分析 [J]. 机械管理开发，2012（5）：50－52.
[12] 韩明，杜建华，宁克焱，等. 湿式铜基粉末冶金摩擦材料黏着损伤研究 [J]. 摩擦学学报，2014，34（6）：623－630.
[13] WANG Y，SHAO Y M，XIAO H F. Non－linear impact damage accumulation and lifetime prediction of frictional plate [J]. Machine Tool & Hydraulics，2017，45（18）：23－26.
[14] 王涛，朱文坚. 摩擦制动器——原理、结构与设计 [M]. 广州：华南理工大学出版社，1992.
[15] 蔡丹，魏宸官，宋文悦. 湿式摩擦离合器片翘曲变形研究 [J]. 北京理工大学学报，2000，20（4）：449－451.

第3章 摩擦副设计理论

现有摩擦片（副）设计方法[1,2]，与高功率密度动力舱所需传动、制动的试验和高载荷工程设计应用的衔接较差，难以满足实际工程设计要求。为了便于相关研究、试验结果的应用、传承和提高，综合考虑摩擦磨损性能设计和机械强度设计两方面的内容—即摩擦片整体强度设计理念，研究形成了程序化的摩擦片设计方法和摩擦片设计参数库，为摩擦副精细化预测设计形成技术基础和前提。

3.1 摩擦副摩擦磨损性能设计

为了实现摩擦片的完整设计过程，摩擦副摩擦磨损性能设计是至关重要的一步，直接关系到摩擦片（副）的工作品质。实现摩擦副的参数化设计，需要对摩擦工作原理、摩擦副设计方法和摩擦副参数试验全过程进行研究、分析并总结，以最后形成完整的摩擦片设计数据库。摩擦副摩擦磨损性能设计包含转矩设计、热负荷设计、磨损寿命设计和摩擦片使用材料选择4部分内容，通过转矩设计就可以初步选出符合要求的摩擦片（副），再经过热负荷设计和磨损寿命设计的筛选，最后确定应用现有摩擦片设计数据库内容、符合实际摩擦磨损性能要求的摩擦片（副）。

3.1.1 转矩设计

离合器、制动器的主要功能是传递适当的转矩，实现相关部件的工况切换与改变。因此，摩擦片设计首先是转矩设计，通过下式可确定动转矩 M_D 和静转矩 M_S。

$$M_D = M_L + M_A \tag{3.1}$$

$$M_S = KM_T \tag{3.2}$$

$$M_A = I\omega = \frac{\pi}{30} I \frac{n_2 - n_1}{t_j} \tag{3.3}$$

式中，M_L 为持续负载转矩；M_A 为主被动惯量速度变化产生转矩；M_T 为摩擦片组工作中可能产生的最大（冲击）脱开转矩；K 为根据使用工况确定的安全系数，见表 3.1；I 为摩擦片组所连接的被动惯量；n_1 为摩擦片组所连接被动惯量的接合前的转速；n_2 为摩擦片组所连接被动惯量的接合后的转速；t_j 为摩擦片组的接合时间。

表 3.1 摩擦片组设计安全系数表示例[1]

负载类型	动力类型		
	电动机、液力变矩器 四缸以上内燃机	二缸内燃机	单缸内燃机
输送机…	1.5	2	2.5
…	…		

从摩擦片设计数据库中筛选符合设计约束条件的摩擦副设计参数，设计的摩擦片（副）所能够传递的转矩见下式 3.4 和 3.5，其计算结果需要满足式 3.6 和 3.7 要求，同时 MM_D 和 MM_S 也为设计输出数据。

$$MM_D = \eta \cdot \mu_D \cdot p \cdot S \cdot \lambda_S \cdot R \cdot n \tag{3.4}$$

$$MM_S = \eta \cdot \mu_S \cdot p \cdot S \cdot \lambda_S \cdot R \cdot n \tag{3.5}$$

$$0.98M_D \leqslant MM_D \leqslant 1.02M_D \tag{3.6}$$

$$MM_S \geqslant M_S \tag{3.7}$$

式中，μ_D 为动摩擦因数，源于摩擦片设计数据库；μ_S 为静摩擦因数，源于摩擦片设计数据库；p 为源摩擦面压（极限值源于摩擦片设计数据库，为变量）；S 为单个摩擦副的有效（毛）面积；数据库或约束参数；λ_S 为摩擦副接触面积百分比，源于摩擦片设计数据库或约束参数；R 为摩擦副等效半径；n 为摩

擦副数，从 2～20 的偶数中依次选取或来自约束参数；η 为多片效率，计算方法为

$$\eta = \frac{1}{2n\mu\mu'}\left[1 - \left(\frac{1 - \mu\mu'}{1 + \mu\mu'}\right)^{n}\right] \tag{3.8}$$

式中，μ'为摩擦片导向齿面摩擦因数，源于摩擦片设计数据库或约束参数。通过以上计算筛选，就可以得出多组符合设计约束条件的摩擦片（副），进入热负荷设计阶段。

3.1.2　热负荷设计

热量对摩擦片的损坏，可以用温度来标识，但现在实际设计、试验和使用中，温度确定难度较大，为此，通过试验等方式的研究，目前，可以用 $e \cdot \varepsilon$ 和 $k_f e$ 来标志摩擦片的热负荷。

$$e = (\eta \cdot \mu_D \cdot p \cdot \lambda_S \cdot R) \cdot \frac{\pi}{30} \cdot \frac{n_1 + n_2}{2} \cdot t_j \tag{3.9}$$

$$\xi = (\eta \cdot \mu_D \cdot p \cdot \lambda_S \cdot R) \cdot \frac{\pi}{30} \cdot \frac{n_1 + n_2}{2} \tag{3.10}$$

式中，e 为摩擦副单位面积的单次摩滑功,；ε 为摩擦副单位面积的单次摩滑平均功率；k_f为多次摩滑的累加影响系数。

为了真正实现摩擦片的热负荷设计，通过试验，确定各种摩擦片在多种使用参数下［e］对应的［$e \cdot \varepsilon$］和［$k_f e$］的极限值。

在设计中，验算 $e \cdot \varepsilon <$［$e \cdot \varepsilon$］和$f_{\max} e <$［$k_f e$］，则可保证摩擦片的热负荷安全，进一步筛选出符合设计要求的摩擦片（副），进入磨损寿命设计。

3.1.3　磨损寿命设计

摩擦片是磨损件，在使用过程中会不断磨损，一般定义磨损率 δ（mm^3/J）为

$$\delta = \frac{V}{E} \tag{3.11}$$

式中，V 为摩擦片工作过程中磨损的体积；E 为摩擦片工作过程中的总摩滑功。

因此，摩擦片第 n 种工况的磨损厚度

$$\Delta h_n = \frac{t \cdot \lambda_n \cdot f_n \cdot e_n \cdot \delta_n}{S \cdot \lambda_S} \tag{3.12}$$

所以，摩擦片的总磨损厚度满足下式，即

$$\Delta h = \sum \Delta h_n \leqslant h_0 - h_{\min} \tag{3.13}$$

式中，t 为摩擦片总工作寿命要求；λ_n为摩擦片第 n 种工况所占百分比；f_n为摩擦片第 n 种工况的平均工作频率；e_n为摩擦片第 n 种工况单次接合的摩滑功；δ_n为摩擦片第 n 种工况的磨损率，源于摩擦片设计数据库；h_0为摩擦片工作的初始厚度；$h_{\min}$为摩擦片正常工作最小厚度。

3.1.4 摩擦片使用材料选择

摩擦片是制动器和离合器的关键部件之一，其主要通过相互接合摩擦提供制动或传动力矩。摩擦片通常由两部分构成：钢片和烧结至钢片一侧表面的摩擦层，钢片作为摩擦片基底用于承受较高的压盘作用载荷，摩擦层则用于摩擦产生需求力。在制动器或离合器工作时，短时间内将产生较高温度，摩擦材料的选择直接对制动器或离合器性能产生影响[2]。

大功率高动载机械设备制动器或离合器所需摩擦片的摩擦材料通常满足以下基本性质：

1. 具有较高而稳定的摩擦系数

较高的摩擦系数是大功率高动载机械设备制动器或离合器提供较大的摩擦力的基础。然而，摩擦片工作产生的高温对实际使用性能产生影响，热衰退是使摩擦系数下降的主要原因，摩擦系数随温度变化规律如图 3.1 所示。因此，摩擦片在选取过程中应具有较高而稳定的摩擦系数。

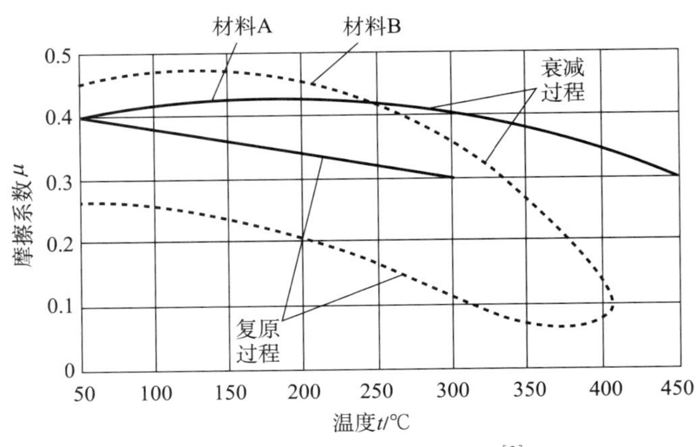

图 3.1 摩擦材料的恢复性能[3]

2. 具有较好耐磨性

大功率高动载机械设备摩擦力需求大、摩擦片损耗快，且摩擦过程产生的高温会进一步加速摩擦材料的分解速度。因此，在选取摩擦片摩擦材料时，应选用具有耐高温、耐磨性质的材料[4]。

3. 具有较高机械强度

大功率高动载机械设备制动器、离合器在工作时，需要加压系统推进摩擦片相互接合，在该过程中会产生较高的压盘作用载荷，且离合器为传递转矩需有足够的剪切强度。

4. 具有良好耐油、抗胶合性能

摩擦片工作过程中，需要油液来传递转矩并带走部分摩擦产生的温度，摩擦片摩擦材料的选择需要一定耐油的特性。同时，选取材料还要具有一定抗胶合能力，防止摩擦升温后产生胶合现象令摩擦副难分离。

5. 具有良好工艺性、较低原材料与环境成本

摩擦片摩擦材料的选取还需要易加工实现，且需要综合考虑使用原材料成本价格及损坏后的回收问题，提高成品性价比，走可持续发展路线。

基于上述性质，常用的摩擦片摩擦材料有以下几种：

1）金属摩擦材料

金属摩擦材料作为摩擦片摩擦层，其强度较其他材料高，更易承受接合摩擦时产生的冲击力，且与水、油等常用液体不反应，并能够更迅速的散去摩擦时产生的热量，但在高温下更易产生胶合现象。用于摩擦片的金属摩擦材料通常有：

（1）粉末冶金摩擦材料。粉末冶金摩擦材料主要分为铜基及铁基两种，铜基粉末冶金材料多用于湿式，铁基粉末冶金材料多用于干式，该类摩擦材料散热快、摩擦系数高，在高温下摩擦稳定性更好，极其适用于大功率高动载机械设备。但在轻载条件下，粉末冶金摩擦材料耐磨性不如石棉基等非金属摩擦材料。该材料常用性能及使用场合情况如表 3.2 和表 3.3 所示。

表 3.2　粉末冶金摩擦材料的技术性能[3]

种类	铜基	铁基
密度/$g \cdot cm^{-3}$	6 ~ 6.5	5 ~ 6.5

续表

种类		铜基	铁基
硬度/HWB	20 ℃时	18 ~ 20	50 ~ 150
	60 ℃时	25 ~ 28	
	500 ℃时	10 ~ 12	
抗剪强度/MPa		93 ~ 117.6	
抗压强度/MPa		245 ~ 274.4	294 ~ 686
抗拉强度/MPa	20 ℃	19.6 ~ 39.2	78.4 ~ 98
	60 ℃	73.5 ~ 83.3	
	500 ℃	5.88 ~ 6.86	
断裂强度/MPa		98 ~ 117.6	
摩擦系数	干	0.25 ~ 0.35	0.2 ~ 0.6
	湿	0.09 ~ 0.12	
线胀系数	20 ~ 500 ℃	$17.6\times10^{-6}\sim22\times10^{-6}$	

表 3.3　常用粉末冶金摩擦材料的摩擦因数及其应用[3]

基别	牌号	摩擦因数	应用场合
铁基	FM69 - 45 FM73 - 25	0.4 ~ 0.5 >0.14	（干）重型汽车制动器闸瓦 （湿）重型自卸汽车离合器片
铜基	CM75 - 30 CM64 - 20 CM69 - 25	0.13 0.25 ~ 0.3 0.08 ~ 0.12	（湿）重型矿车、工程机械、汽车离合器片 （干）机床离合器片、摩擦压力机离合器片 （湿）船、自卸汽车、机床及电梯离合器片

（2）其他金属摩擦材料。钢、铸铁、青铜同样是常用的金属摩擦材料[5]，这三类材料均具有较好的耐磨性和传热性能，但这些材料大都适宜于湿式制动器或离合器。其中，钢作为摩擦材料表面易划伤，铸铁则是材料强度较小。

2）金属陶瓷摩擦材料

金属陶瓷摩擦材料是一种以金属为基底，复合陶瓷与润滑剂而制成的材料。陶瓷与金属通过机械结合的方式连接，其中陶瓷主要用于摩擦制动，润滑剂用于调节材料的磨损情况。该类材料具有良好的综合性能，但实际选用时应考虑摩擦副接合时产生的冲击力影响。

目前在国内对于金属陶瓷摩擦材料的应用中，金属基底以铜、锡、铝、铁等金属的合金为主，占整体材料的 75% 左右，润滑剂则主要选用石墨，且占比率高于陶瓷。

3）其他常用摩擦材料

（1）芳纶摩擦材料。芳纶摩擦材料是一种由芳香族聚酰胺纤维派生出来的摩擦材料，属于高分子尼龙家族，其作为摩擦材料具有：材质轻、耐磨性高、接合性能好、高温摩擦性能稳定的特性。

（2）有机摩擦材料。常用有机摩擦材料有：皮革、橡胶和木材等，主要适用于低功率机械的制动。

（3）碳基摩擦材料。碳基摩擦材料作为新型摩擦材料之一，其摩擦系数随温度变化稳定，耐磨性优秀。

3.2　摩擦片机械强度设计

摩擦片的主要结构形式分为烧结式和铆接式，摩擦转矩和其他动态载荷均由摩擦片芯板承受。摩擦片静机械强度设计一般需对芯板和摩擦层的静态机械强度进行计算；如果实际使用工况中存在扭振等动态载荷，就需要进行摩擦片动态机械强度设计计算，计算对象主要是芯板和铆接零件。

3.2.1　摩擦片静机械强度设计

摩擦片静机械强度设计需要考虑的载荷是由于摩擦片摩擦产生的摩擦转矩，按照目前摩擦片的结构形式，主要需要设计计算摩擦片齿部强度，计算原始数据的载荷是 3.1.1 节中的 M_D和 M_S中相对较大的值，设计计算方法等同于可滑动渐开线花键。对于摩擦层，一般是对铆接摩擦快铆接强度进行挤压和剪切的强度验算，需要考虑热变形的影响。除此之外，还要对摩擦载荷作用下，齿根弯曲强度、齿根剪切强度两个方面进行校核分析[6]。

1. 摩擦片受力分析

摩擦片各强度的计算，需要知道摩擦片轮齿所受的作用力[7]。在实际工作中，内毂将动力传递给摩擦片，使得摩擦片承受转矩 T。在传递的转矩 T 的作用下，一侧的齿面彼此接触、侧隙相等。同时，由于摩擦片的自定心作用，内毂与摩擦片的两轴线仍是同轴的，如图 3.2 所示。所有摩擦片轮齿传递转矩，承受同样大小的载荷。

按照上述情况，根据机械原理，可得摩擦片所承受转矩为

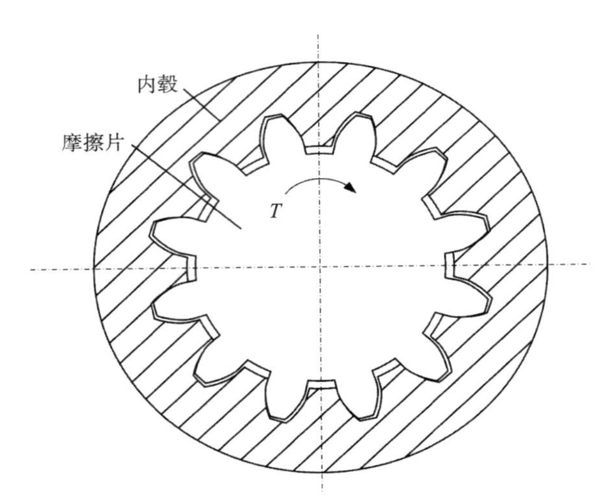

图 3.2　摩擦片与内毂的理论位置

$$T = \frac{T_e I_{\max} \eta}{2} \tag{3.14}$$

式中，T_e为发动机输出扭矩；η 为传动效率；$I_{\max}$为最大总速比。

根据计算得到的转矩，计算出名义切向力 F_t与单位载荷 W 为

$$F_t = \frac{2\,000T}{D} \tag{3.15}$$

$$W = \frac{F_t}{ZL\cos\alpha} \tag{3.16}$$

式中，D 为摩擦片分度圆直径；Z 为齿数；L 为接触有效长度；α 为压力角。

2. 齿根弯曲强度计算

齿根弯曲强度计算的目的是为了防止摩擦片轮齿折断失效[8]。摩擦片轮齿的折断与齿根弯曲应力有关，在进行齿根弯曲应力计算时，把摩擦片轮齿视为悬臂梁，从偏安全的观点考虑，假定全部载荷由一对摩擦片轮齿来承担，且载荷作用在齿顶，如图 3.3。

根据摩擦片轮齿参数以及单位载荷大小，可计算出齿根弯曲应力 σ_F[9]

$$\sigma_F = \frac{6hW\cos\alpha}{S_{Fn}} \tag{3.17}$$

式中，S_{Fn}为摩擦片轮齿齿根危险截面（即最大弯曲应力处）的玄齿厚[9]

$$S_{Fn} = D_{Fe} \times \left\{\frac{360^\circ}{2\pi} \times \left[\frac{S}{D} + \operatorname{inv}\alpha - \operatorname{inv}\left(\arccos\frac{D\cos\alpha}{D_{Fe}}\right)\right]\right\} \tag{3.18}$$

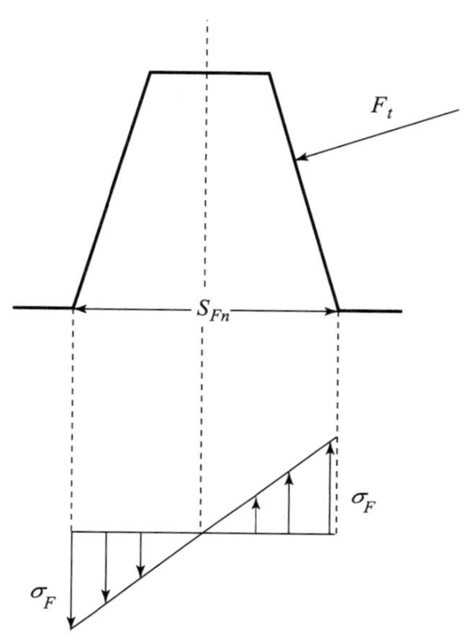

图 3.3　齿根的弯曲应力

$$h = \frac{D_{ee} - D_{ie}}{2};\ S = 0.5\pi m \tag{3.19}$$

根据花键承载能力计算方法[9]，可得齿根许用弯曲应力 $[\sigma_F]$ 为

$$[\sigma_F] = \frac{\sigma_b}{S_F K_1 K_2 K_3 K_4} \tag{3.20}$$

式中，S 为摩擦片分度圆齿厚；σ_b为摩擦片材料抗拉强度；S_F为弯曲强度的计算安全系数；D_{ee}为摩擦片大径；D_{ie}为摩擦片小径；D_{Fe}为起始圆直径；K_1为考虑由于传动系统外部因素而产生的动力过载影响系数；K_2为当摩擦片承受轴向力时，考虑摩擦片齿侧配合间隙对各轮齿上所受载荷影响的系数；K_3为考虑摩擦片的齿距累积误差影响各轮齿载荷分配不均的系数；K_4为考虑由于摩擦片的齿向误差和安装后的同轴度误差、以及受载后摩擦片扭转变形，影响各轮齿沿轴向受载不均匀的系数。

当计算结果满足

$$\sigma_F \leqslant [\sigma_F] \tag{3.21}$$

则判定摩擦片齿根弯曲强度符合强度要求。

3. 齿根剪切强度计算

摩擦片轮齿在实际工作中会承受剪切力作用，且在齿根处存在最大的剪切应力。为防止摩擦片受到剪切破坏，需对摩擦片进行齿根剪切强度的计算。

根据材料力学剪切应力的计算公式，可得齿根最大剪切应力 $\tau_{F\max}$[9] 为

$$\tau_{F\max} = \tau_{tn}\alpha_{tn} \tag{3.22}$$

其中，

$$\tau_{tn} = \frac{1\ 600T}{\pi d_h^3} \tag{3.23}$$

$$\alpha_{tn} = \frac{D_{ie}}{d_h}\left\{1 + 0.17\frac{h}{\rho}\left(1 + \frac{3.94}{0.1 + h/\rho}\right) + \frac{6.38(1 + 0.1h/\rho)}{[2.38 + D_{ie}(h/\rho + 0.04)^{1/3}/2h]}\right\} \tag{3.24}$$

$$d_h = D_{ie} + \frac{0.3D_{ie}(D_{ee} - D_{ie})}{D_{ee}} \tag{3.25}$$

式中，ρ 为摩擦片齿根圆半径，即摩擦片齿根圆弧最小曲率半径。

当计算结果满足

$$\tau_{F\max} \leqslant [\tau_F] = [\sigma_F]/2 \tag{3.26}$$

则判定摩擦片齿根剪切强度符合强度要求。

3.2.2 摩擦片动态强度设计

所谓摩擦片动态强度，是由于摩擦片工作在存在振动的传动轴系中，尤其是对于高功率密度的车辆，由于扭振、配合间隙等因素的影响，带来了摩擦片动态疲劳应力引发的机械强度问题，常见损坏形式为断裂、塑性变形等。

通过已经完成的跑车试验和初步的台架试验，可知目前这方面的问题在车辆上不容忽视。作为摩擦片摩擦转矩传递的载体，高功率密度摩擦片（副）的工况更为苛刻。因为摩擦材料制造工艺等原因制约，摩擦片芯板的动态机械强度不容易得到保证，需要采用针对性设计方法，使用特殊的强化工艺，设计计算模型引入“摩擦片芯板动态强度因子”（动态强度因子幅值计算见下式），考虑裂纹不扩展（Ⅰ）区和裂纹扩展（Ⅱ）区，应用正态分布架设和蒙特卡罗模拟法经过多次随机模拟，计算得到摩擦片芯板动态强度可靠度 R（N）。

$$\Delta k = k_{\max} - k_{\min} = \alpha\Delta\sigma\sqrt{\pi a_0} < \Delta k_{th} \tag{3.27}$$

式中，α 为修正系数；a_0 为裂纹长度；$\Delta\sigma$ 为应力幅值；Δk_{th} 为动态强度因子门槛值；Δk_c 为动态强度因子极限值（断裂韧性）；$k_{\max}$、$k_{\min}$ 分别为应力强度因子的最大、最小值。

如果不能在设计阶段确定摩擦片的动态载荷，按目前工程经验，可以根据实际使用的损坏形式，调整摩擦片齿部的间隙，通过机械、热处理等方式强化摩擦

片芯板动态强度，按照相关规范进行试验台架的模拟考核，逐步改善、解决已经发生的摩擦片动态机械强度不足的问题。

3.2.3　摩擦副齿形设计

1. 渐开线齿形的设计

摩擦片渐开线齿形受载时齿上有径向分力，能起自动定心作用，有利于保证与内毂或外毂连接的同心度。该齿形齿根部较厚，具有强度高、承载能力强、寿命长的特点。

摩擦片齿型的渐开线如图 3.4 所示，假设直线 $n-n$ 以 A 点为起始点，沿圆周做滚动至 B 点，则该滚动过程中的轨迹$\widehat{AK}$即为渐开线，当圆为摩擦片内圈齿或外圈齿的基圆时，渐开线$\widehat{AK}$即为摩擦片齿型的渐开线。其中，直线 $n-n$ 被称为渐开线的发生线。

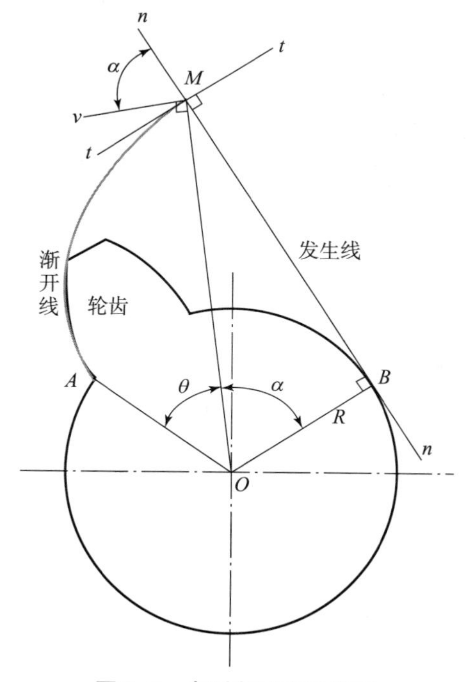

图 3.4　齿型渐开线示意图

摩擦片渐开线齿廓在与内毂或外毂齿相连接时，接触点位于渐开线上，假设接触点为 M，摩擦片内圈齿或外圈齿的基圆半径为 R，圆心为 O，接触点 M 处的

速度应于直线 OM 相垂直，则接触点 M 处的速度与发生线 $n-n$ 间的夹角被称为压力角 α，其大小等于 $\angle MOB$。摩擦片渐开线齿廓的压力角可以表示为

$$\cos\alpha = \frac{R}{\overline{OM}} \tag{3.28}$$

因此，当摩擦片尺寸固定时，其内圈齿或外圈齿得压力角与齿廓上各点距基圆的距离有关，当与基圆距离越远时压力角越大。根据图 3.4 所示的齿型渐开线示意图可知：

$$\tan\alpha = \frac{\overline{BM}}{\overline{OB}} = \frac{\overset{\frown}{AB}}{R} = \frac{R(\alpha+\theta)}{R} = \alpha+\theta \tag{3.29}$$

则经变换后，展角 θ 可以变换为：

$$\theta = \tan\alpha - \alpha \tag{3.30}$$

因此，展角 θ 可以看做是压力角 α 的函数，该函数即为展开线函数，通常以 $\mathrm{inv}\ \alpha$ 来表示。以矢径 $\overrightarrow{MB}$ 为极轴，渐开线的极坐标参数方程式为：

$$\begin{cases} r_K = \dfrac{r_b}{\cos\alpha_K} \\ \theta_K = inv\ \alpha_K = \tan\alpha_K - \alpha_K \end{cases} \tag{3.31}$$

2. 摩擦片齿连接强度计算

齿连接可以分为静连接和动连接。摩擦片齿的连接形式为动连接，考虑工作齿面磨损为主的失效，摩擦片齿的连接压力条件性强度校核计算应满足下式

$$P = \frac{2T}{\psi zhld_m} \leqslant [P] \tag{3.32}$$

式中，T 是设备的转矩；ψ 是齿间载荷分配不均匀系数；z 是摩擦片齿的齿数；h 是摩擦片齿高，其与齿形的模数相等；l 是摩擦片齿长；d_m 是摩擦片内齿圈或外齿圈所对应分度圆的直径；[P] 为许用压强，摩擦片由于需要周向固定且轴向频繁移动，因此制造材料的抗拉强度极限不低于 600 MPa，并通过热处理的方式增加硬度来抗磨损，摩擦片齿的许用压强可参考渐开线花键齿的连接，常用许用压强如表 3.4 所示。

表 3.4　摩擦片渐开线齿连接的许用压强 [P][3]

连接形式	工作条件	许用压强 [P]	
		齿面未经热处理	齿面经过热处理
动连接 [P] （空载下移动）	不良 中等 良好	15～20 20～30 25～40	20～35 30～60 40～70

续表

连接形式	工作条件	许用压强［P］	
		齿面未经热处理	齿面经过热处理
动连接［P］ （载荷作用下移动）	不良 中等 良好	— — —	3～10 5～15 10～20

3.3　摩擦副动态强度设计通用分析方法

摩擦片的设计离不开结构或动力学的仿真分析，随着各类 CAE 软件的出现，令摩擦片的动、静力学仿真分析更为便捷，较为常用的软件有：ANSYS、ABAQUS、MSC Adams 等，本章节将对最为经典的 ANSYS 和 MSC Adams 两款软件进行简要介绍。

3.3.1　ANSYS 有限元仿真分析

ANSYS 是一款经典的 CAE 软件，该软件基于 R. Courant 于 1943 年提出的有限元法进行分析计算。当用于制动器或离合器摩擦片分析时：首先将摩擦片几何模型离散为分散且数量有限的单元，然后根据摩擦片结构特点将分散单元合成组合体，此时分析将既可同时得到整体响应与各单元响应[10]。

ANSYS 软件仿真流程主要分为：前处理、求解、后处理 3 个步骤。其中，前处理主要用于几何模型的建立、材料参数设置、单元类型的定义，以及网格划分。对于摩擦片的有限元分析，常使用 SOLID185 单元对摩擦片有限元模型进行离散。实际建立的摩擦片有限元模型如图 3.5 所示。

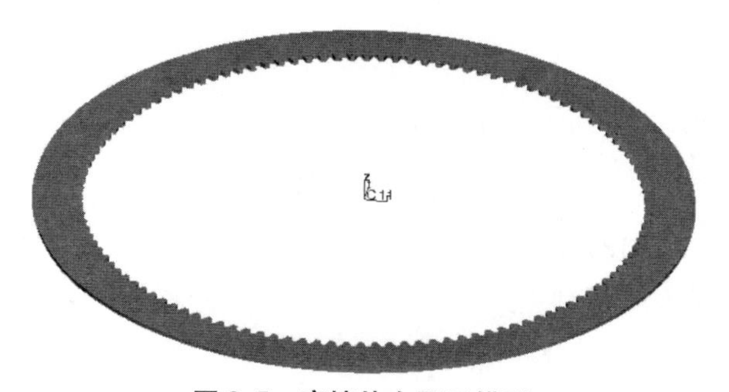

图 3.5　摩擦片有限元模型

求解流程是 ANSYS 软件的核心操作，该流程可以对摩擦片建立以 x 方向为径向，y 方向为周向，z 方向为轴向的圆柱坐标系，通过加入与实际情况相符的载荷及约束条件后进行求解计算。对于摩擦片的瞬态动力学分析需求，常用的求解方法有：完全法、缩减法、模态叠加法。其中，完全法采用完整的系统矩阵进行计算响应；缩减法则将主自由度位移扩展至完整自由度上，缩减了矩阵及数据规模；模态叠加法通过振型与因子乘积后的和来计算响应。三种瞬态分析方法的优缺点比较如表 3.5 所示。

表 3.5　三种瞬态分析方法优缺点对比[11]

方法	优点	缺点
完全法	1）没有矩阵缩减，功能最强； 2）一次分析就能得到所有的位移和应力； 3）允许施加所有类型的载荷：节点力、位移和单元载荷	1）开销大
模态叠加法	1）对于许多问题，比缩减法或完全法更快开销更小	1）整个瞬态分析过程中时间步长必须保持恒定，不允许采用自动时间步长； 2）唯一允许的非线性是简单的点点接触； 3）不能施加强制非零位移
缩减法	2）比完全法快且开销小	1）初始解只计算主自由度的位移，再进行扩展计算，得到完整空间上的位移、应力和力； 2）整个瞬态分析过程中时间步长必须保持恒定，不允许用自动时间步长；唯一允许的非线性是简单的点—点接触

3.3.2　MSC Adams 动力学仿真分析

1. 机械系统动力方程原理与方法

根据动力学系统的输入，系统的参数与系统的状态，建立对应的机械系统动力学方程，将三者之间的关系形象的展现出来。机械系统动力学方程的一般形式是微分方程，主要依据牛顿第二定律、达朗贝尔原理、拉格朗日方程等建立动力学方程。

1）牛顿第二定律

根据牛顿第二定律，建立平面运动的刚体运动和受力满足方程

$$\begin{cases}\overrightarrow{F} = m\overrightarrow{a_s} \\ M = J_s\varepsilon\end{cases} \tag{3.33}$$

式中，m 为刚体质量；$\overrightarrow{a_s}$ 为刚体质心加速度；J_s 为刚体沿质心轴的转动惯量；$\overrightarrow{F}$ 为刚体所受外力；M 为刚体所受外力矩；ε 为刚体角加速度。外力提供刚体沿各方向的平移加速度，外力矩提供刚体沿各方向的转动加速度。

2）达朗贝尔原理[12]

$$\begin{cases}\overrightarrow{F} + (-m\overrightarrow{a_s}) = 0 \\ M + (-J_s\varepsilon) = 0\end{cases} \tag{3.34}$$

或

$$\begin{cases}\sum \overrightarrow{F} = 0 \\ \sum M = 0\end{cases} \tag{3.35}$$

根据以上公式可知，刚体在外力矩、外力矩与惯性力、惯性力矩作用下处于平衡状态。

3）拉格朗日方程[12]

$$\frac{\mathrm{d}}{\mathrm{d}t}\left(\frac{\partial E}{\partial \dot{q}_r}\right) - \frac{\partial E}{\partial q_r} + \frac{\partial U}{\partial q_r} = Q_r \tag{3.36}$$

式中，E 为系统动能；U 为系统势能；q_r为第 r 个广义坐标；Q_r为第 r 个广义坐标的广义力；t 为时间。

为了得到构件的位移、速度、加速度等运动特征和作用力、反作用力等力学特征，可以利用 MSC Adams 软件对机械系统进行静力学、运动学和动力学分析。此外，MSC Adams 软件在其他领域也得到了广泛应用，比如农业[13]，航空航天[14]，汽车[15]，常用构件、零件[16-18]，船舶[19]等研究领域。

2. MSC Adams 动力学分析

MSC Adams 软件仿真流程主要分为前处理、求解计算两个步骤。前处理主要通过 CAXA 软件构建摩擦片和内毂的二维 CAD 模型，再利用 SOLIDWORKS 三维建模软件生成摩擦片和内毂的三维模型，最后将生成的三维实体模型导入至 MSC Adams/View，并对摩擦片和内毂的材料进行定义。

求解流程同样也是 MSC Adams 软件的核心操作。首先需要建立内毂与固定基础之间的旋转副约束，限制内毂除绕轴线方向的旋转自由度以外的其他方向的自由度。接着需要对旋转副约束施加 MOTION，完成对内毂运动速度的定义。再利用接触力对摩擦板与内轮毂之间的相互作用进行描述[20]，通过静态有限元分析获取摩擦片与内毂的接触刚度，最后对由内毂速度波动产生的碰撞力进行仿真

计算。摩擦片 - 内毂多体动力学模型如图 3.6 所示。

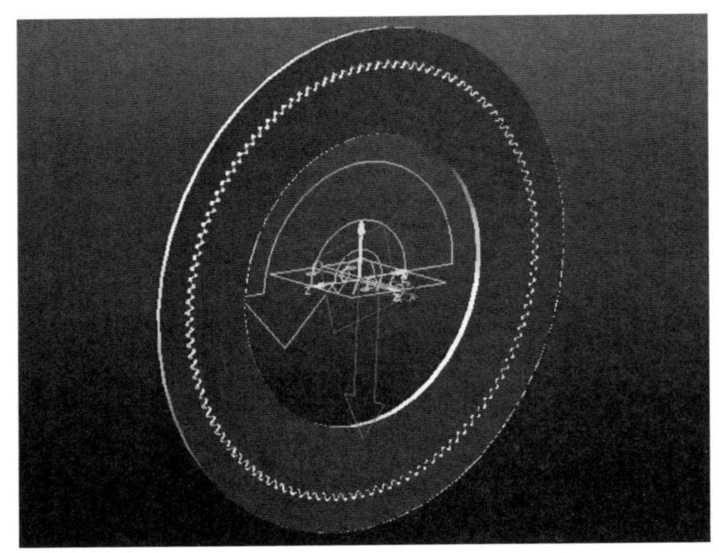

图 3.6　摩擦片—内毂多体动力学模型示意图

参考文献

[1] 宁克焱，宋文悦，韩明，等．大冲击履带车辆摩擦副摩擦性能与动态强度创新设计方法［J］．机械传动，2015，39（9）：66 - 69.

[2] WANG Y，WEI B，NING K，et al. Friction mechanism and lock - up friction coefficient prediction for sinter bronze friction materials［J］. Industrial Lubrication & Tribology，2014，66（2）：306 - 313.

[3] 闻邦椿．机械设计手册（第 5 版・第 3 卷）：机械零部件设计（轴系、支承与其他）［M］．北京：机械工业出版社，2010.

[4] BIAO M A. Effect of Friction Material Properties on Thermoelastic Instability of Clutches［J］. Journal of Mechanical Engineering，2014，50（8）：111 - 118.

[5] 王延忠，郭超，宁克焱，等．Cu 基粉末冶金摩擦元件接触压力仿真与试验［J］．哈尔滨工业大学学报，2018，50（1）：134 - 140.

[6] 李慎龙，刘树成，邢庆坤，等．基于 LBM - LES 模拟的离合器摩擦副流致运动效应［J］．吉林大学学报：工学版，2017，47（2）：490 - 497.

[7] 葛振斌．无级变速器金属带摩擦片的磨损及疲劳寿命研究［D］．湘潭：湘

潭大学，2017.

[8] WANG Y，SHAO Y M，XIAO H F. Non – linear impact damage accumulation and lifetime prediction of frictional plate [J]. Machine Tool & Hydraulics，2017，45（18）：23 –26.

[9] 明翠新，王晓凌，李海斌，等. 花键承载能力计算方法 [S]. 北京：中国标准出版社，2017.

[10] 李慎龙，赵恩乐. 基于 ANSYS 的汽车膜片弹簧参数化建模 [J]. 机械工程师，2016（8）：170 –172.

[11] NING K，WANG Y，HUANG D，et al. Impacting load control of floating supported friction plate and its experimental verification [J]. Journal of Physics Conference Series，2017，842：10 –12.

[12] 邵忍平. 机械系统动力学 [M]. 北京：机械工业出版社，2005.

[13] 毛文. 基于 ADAMS 仿真技术在农业机械手设计中的应用 [J]. 农机化研究，2009，31（5）：202 –203.

[14] 梁磊，顾强康，刘国栋，等. 基于 ADAMS 仿真确定飞机着陆道面动荷载 [J]. 西南交通大学学报，2012，47（3）：502 –508.

[15] 董明明，顾亮. 履带车辆非线性悬挂系统的 ADAMS 仿真 [J]. 北京理工大学学报，2005（8）：670 –673.

[16] 申兆亮. 基于 ADAMS 仿真新型滚子链链轮齿形的研究 [D]. 济南：山东大学，2010.

[17] 田林，徐世杰. 谐波齿轮几何模型参数优化及 ADAMS 仿真研究 [J]. 工程图学学报，2011，32（6）：57 –61.

[18] 姚建雄，谭建平，杨斌. 圆柱滚子轴承磨损失效的 ADAMS 仿真及实验 [J]. 中国机械工程，2014，25（17）：2327 –2330.

[19] 卢成委. 船用大功率离合器接合过程仿真研究 [D]. 上海：上海交通大学，2003.

[20] NING K，ZHANG K，YU D，et al. Investigation of a control method of impact forces for a floated support friction plate；Proceedings of the Power Transmissions：Proceedings of the International Conference on Power Transmissions 2016（ICPI2016），Chongqing，PR China，27 –30 October 2016，F，2016 [C]. Florida：CRC Press.

第4章 大功率高动载浮动支撑摩擦副冲击动力学模型

摩擦副广泛应用于旋转机械，是传动系统的基础部件，不仅与传动装置的性能、使用寿命以及可靠性密切相关，而且对整个设备的服役性能和使用寿命起决定性作用。随着机械设备系统向着大功率、高动载等方向发展，对浮动支撑摩擦片的寿命与可靠性提出了越来越高的要求。由于摩擦片的浮动支撑特点，在高速旋转过程中，摩擦片与内毂轮齿接触边界条件时刻发生变化，具有激励源多变、载荷冲击大和高度非线性等特点，在强冲击载荷作用下，浮动支撑摩擦片易发生疲劳断裂失效，该破坏形式用第 3 章所论述的传统载荷与强度计算理论无法解释，而与转速波动及浮动支撑条件下的冲击动载相关。本章主要从浮动支撑摩擦片工作特点出发，重点对浮动支撑摩擦片的非线性内激励[1]进行了分析，笔者提出了浮动支撑摩擦片齿部冲击动载的详细计算方法。

4.1 大功率高动载浮动支撑摩擦副工作特点

4.1.1 摩擦片齿部结构形状特征

摩擦副联接由内毂与摩擦片上的多个键齿组成，齿廓为渐开线，受载时齿上有径向分力，能起自动定心作用，使各齿承载均匀。摩擦片轮齿与齿轮相似，均为渐开线齿廓。齿轮副与摩擦副啮合接触状态如图 4.1 所示，沿渐开线方向齿轮副为点接触，摩擦副为线接触。

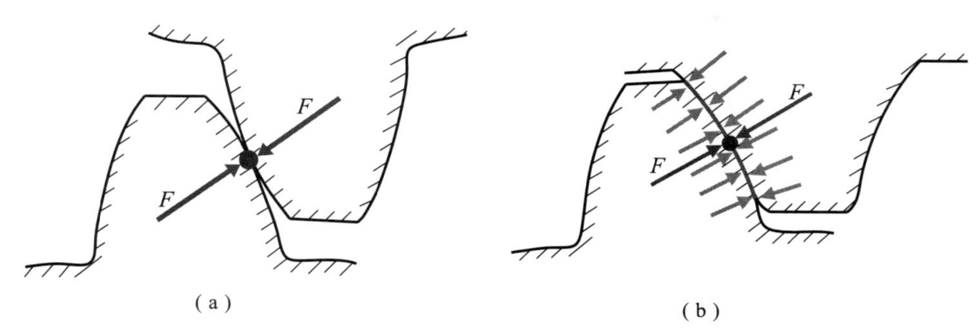

图 4.1　轮齿接触副及受力

（a）齿轮副接触及受力；（b）花键副接触及受力

摩擦片与内毂的轮齿在加工和安装时均会存在误差，导致轮齿之间存在齿侧间隙，如图 4.2 所示。随着扭矩的增加，摩擦副间隙小的齿先啮合，随着变形的增加，更多的齿参与啮合，存在部分齿接触现象。

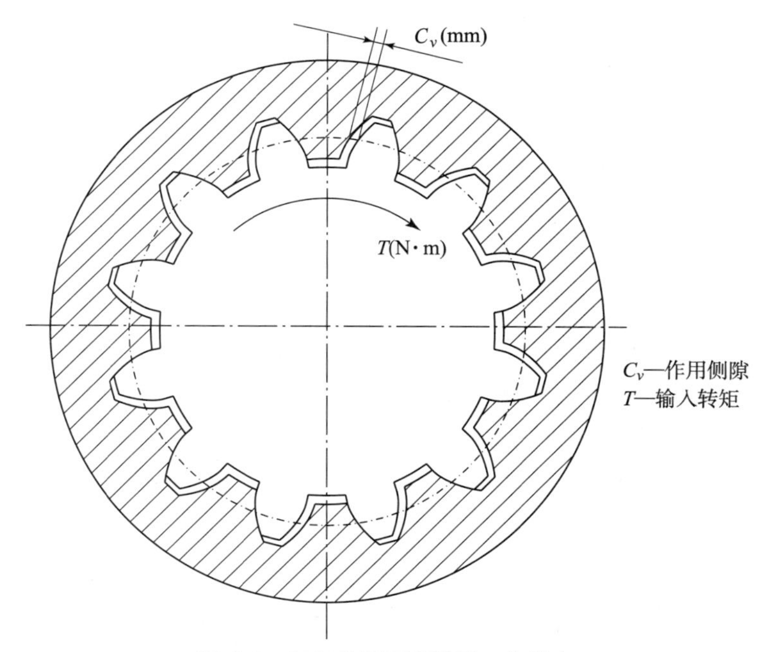

图 4.2　扭矩作用下摩擦副工作特点

4.1.2 浮动支撑摩擦副运动学特性

浮动支撑条件下，由于间隙、重力及径向力等因素的影响，摩擦片和内毂存在相对运动，导致摩擦片和内毂几何中心和运动中心不重合，导致摩擦片与内毂齿部分接触，如图 4.3 所示。

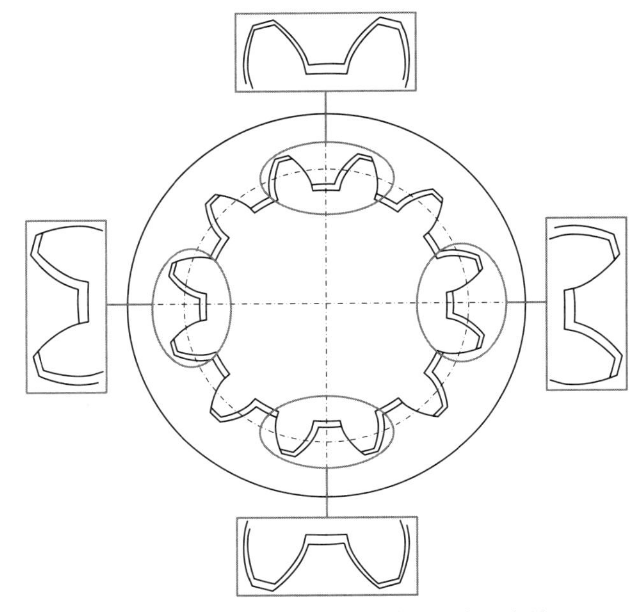

图 4.3 存在偏心距的内毂和摩擦片的齿啮合情况图

浮动状态下，摩擦片碰撞齿位置呈现强非线性和随机性，齿部冲击力也呈现出高频的强非线性，引起摩擦片轮齿的疲劳失效，严重影响离合器和传动系统的使用寿命，因此，准确掌握浮动支撑摩擦片与内毂之间冲击碰撞力的产生和变化机理，对于控制破坏性的冲击动载，改善摩擦片的工作性能和使用寿命等具有重要的理论意义和工程实际应用价值。

4.2 大功率高动载浮动支撑摩擦副的激励计算

动力学分析中，系统的激励研究是进行系统动力学分析的前提条件。激励是系统的输入，可分为外部激励和内部激励，外部激励是指系统外部产生的激励，如主动力矩和负载阻尼等；内部激励是指系统内部产生的激励，简称内激励。对浮动支撑摩擦副的系统而言，内激励的研究是首要问题。浮动支撑摩擦副的内部激励可分为刚度激励、位移激励和冲击碰撞力激励[2]。因此，本节将从以上三个内激励进行详细的介绍[1]。

4.2.1　刚度激励的计算

刚度激励是指通过刚度的改变对浮动支撑摩擦副系统造成影响的激励，如摩擦片与内毂轮齿之间的接触刚度、油膜刚度等。

1. 接触刚度

根据弹性势能法原理，将支撑在轮体上的轮齿视为变截面悬臂梁，计算内毂轮齿和摩擦片轮齿的刚度[3]，此处主要介绍内毂轮齿的刚度计算方法，摩擦片轮齿的刚度计算流程类似于内毂轮齿。建立内毂轮齿和摩擦片轮齿的悬臂梁模型分别如图 4.4 和图 4.5 所示。

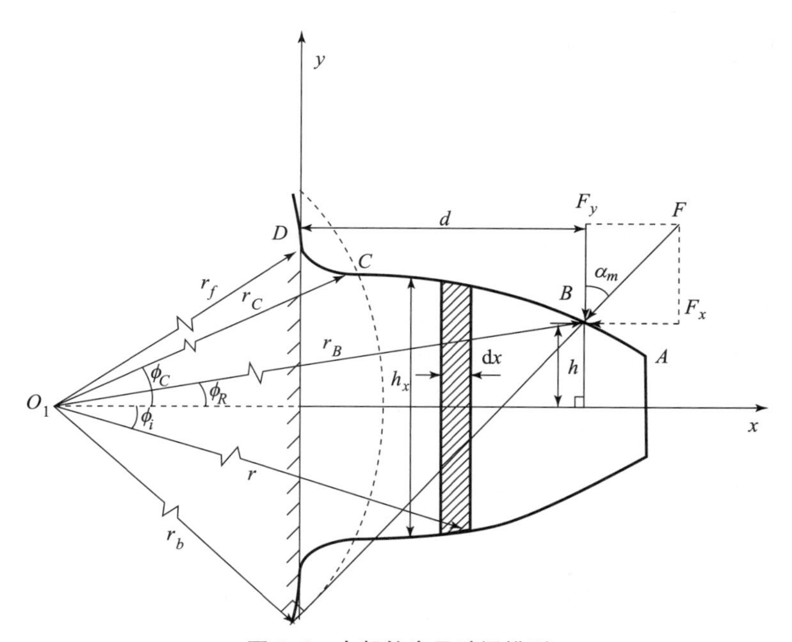

图 4.4　内毂轮齿悬臂梁模型

内毂轮齿变截面悬臂梁模型如图 4.4 所示，假设悬臂梁内部的弹性势能由剪切能 U_s、轴向压缩能 U_a 以及弯曲势能 U_b组成，则内毂轮齿悬臂梁内部因弹性变

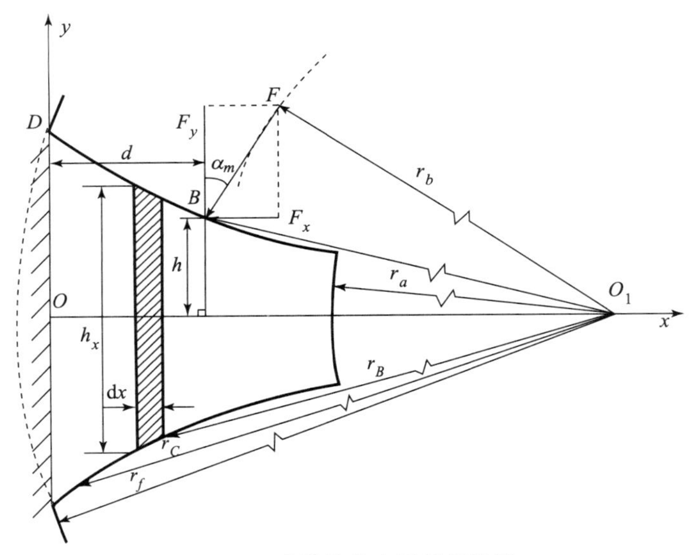

图 4.5　摩擦片轮齿悬臂梁模型

形而产生的总弹性势能 U_{tooth} 为[4,5]

$$U_{\text{tooth}} = U_{\text{s}} + U_{\text{a}} + U_{\text{b}} \tag{4.1}$$

其中

$$U_{\text{s}} = \frac{F^2}{2k_{\text{s}}}, U_{\text{a}} = \frac{F^2}{2k_{\text{a}}}, U_{\text{b}} = \frac{F^2}{2k_{\text{b}}} \tag{4.2}$$

式中，K_{b}、K_{s}、K_{a} 分别表示沿啮合线方向对应轮齿弯曲、剪切、轴向压缩变形的等效弹簧刚度。

基于梁变形理论，由摩擦片与内毂轮齿啮合力 F 引起的轮齿弯曲、剪切以及轴向压缩变形所产生的势能可表示为[4,6]

$$U_{\text{b}} = \int_0^d \frac{M^2}{2EI_x}\text{d}x, U_s = \int_0^d \frac{1.2F_{\text{b}}^2}{2GA_x}\text{d}x, U_a = \int_0^d \frac{F_{\text{a}}^2}{2EA_x}\text{d}x \tag{4.3}$$

式中，啮合力 F 分解为沿轮齿齿厚方向的分力 F_{b}，与齿厚方向垂直的分力 F_{a}，以及相对于宽度为 $\text{d}x$ 的微截面力矩 M 的计算式分别表示为

$$F_{\text{b}} = F\cos\alpha_m, F_{\text{a}} = F\sin\alpha_m, M = F_{\text{b}}x - F_{\text{a}}h \tag{4.4}$$

结合式（4.1）~式（4.3）可获得弯曲刚度 K_{b} 的计算表达式为

$$\frac{1}{K_{\text{b}}} = \int_0^d \frac{[(d-x)\cos\alpha_m - h\sin\alpha_m]^2}{EI_x}\text{d}x \tag{4.5}$$

弯曲刚度 K_{s} 的计算表达式为

$$\frac{1}{K_s} = \int_0^d \frac{1.2\cos^2\alpha_m}{GA_x}\mathrm{d}x \tag{4.6}$$

轴向压缩刚度 K_a 的计算表达式为

$$\frac{1}{K_a} = \int_0^d \frac{\sin^2\alpha_m}{EA_x}\mathrm{d}x \tag{4.7}$$

式（4.2）~式（4.7）中，E 和 G 分别为轮齿材料的弹性模量和剪切模量；F 为垂直于齿面啮合点的作用力；h 为轮齿啮合力作用位置处齿厚的一半；α_m 为啮合力作用线与齿厚方向的夹角；d 为有效作用长度，即啮合点作用位置至齿根圆固定部分的距离；$\mathrm{d}x$ 表示距啮合力作用位置为 x 的微截面宽度；I_x 和 A_x 分别表示与啮合点距离为 x 处齿厚的截面惯性矩和截面面积，其计算公式分别为

$$\begin{cases} G = E/[2(1+\nu)] \\ I_x = \dfrac{2}{3}h_x^3 W \\ A_x = 2h_x W \end{cases} \tag{4.8}$$

式中，ν 为泊松比；W 为齿接触宽度；zh_x 表示距啮合力作用位置为 x 的微截面长度。

与内毂轮齿的弯曲刚度、剪切刚度和轴向压缩刚度的计算方式类似，将摩擦片轮齿看作变截面悬臂梁，如图 4.5 所示，利用势能原理，结合式（4.1）~式（4.8），可推导摩擦片轮齿刚度计算表达式。

谢重阳等人基于弹性圆环理论，在 Sainsot 等人的基础上，将切向抛物线应力分布和正向三次方应力分布作用于齿根圆弧上，推导了内啮合齿和外啮合齿的基体刚度表达式，摩擦片与内毂的基体刚度的计算表达式为[7]

$$\frac{1}{k_f} = \frac{\cos^2\alpha_m}{EW}\left[L_i^*\left(\frac{u_1}{S_f}\right)^2 + M_i^*\left(\frac{u_1}{S_f}\right) + P_i^*\left[1 + Q_i^*\tan^2\alpha_m\right]\right] \tag{4.9}$$

式中，变量 u_1、S_f 和 L^*、M^*、P^*、Q^* 的含义及参数可参考文献［7］。

由于内毂与摩擦片轮齿的曲率半径相等，轮齿啮合时接触区域宽度是渐开线齿廓的整个长度，接触区域面积大，其赫兹接触变形远小于齿轮副轮齿的赫兹接触变形，因此内毂与摩擦片接触副轮齿的变形中不考虑赫兹接触变形的影响。

内毂与摩擦片接触副轮齿的齿面分布载荷近似的将力作用于节圆位置[8,9]，即式（4.5）、式（4.7）中，$\alpha_m = \alpha$，$d = R$；其中，α 为节圆位置压力角；R 为节圆半径，内毂与摩擦片的一对轮齿的刚度（即静刚度）可表示为

$$\frac{1}{K_e} = \frac{1}{k_{a1}} + \frac{1}{k_{b1}} + \frac{1}{k_{s1}} + \frac{1}{k_{f1}} + \frac{1}{k_{a2}} + \frac{1}{k_{b2}} + \frac{1}{k_{s2}} + \frac{1}{k_{f2}} \tag{4.10}$$

式中，下标 1 和 2 分别表示内毂与摩擦片。

内毂与摩擦片的轮齿在变工况条件下使齿部产生高频非线性冲击碰撞，使轮

齿的碰撞位置和碰撞齿数存在强非线性和随机性，因此操纵件接触副轮齿的等效刚度是由每一时刻碰撞的齿数 N 决定的，即为时变动刚度，内毂与摩擦片接触副的总刚度可表示为

$$K_{tot} = K_e^1 + K_e^2 + \cdots + K_e^N = \sum_{n=1}^{N} K_e^n \tag{4.11}$$

式中，N 为内毂与摩擦片碰撞的齿数；K_e^n为第 n 对啮合轮齿的接触刚度，可由式（4.10）获得。

假设每个齿对的刚度相同，则总刚度可表示为

$$K_{tot} = N \times K_e \tag{4.12}$$

2. 接触表面油膜刚度

当内毂与摩擦片轮齿间存在润滑介质时，综合刚度将由接触刚度和油膜刚度组成。摩擦片与内毂接触齿间存在厚度为 h 的油膜，根据挤压润滑理论，接触齿相互靠近时的挤压力为[10]

$$W = -\beta \frac{\eta B^3 L}{h^3} \cdot \frac{\mathrm{d}h}{\mathrm{d}t} \tag{4.13}$$

式中，L 为接触区径向长度；B 为接触区轴向长度；η 为黏度；h 为油膜厚度；$\mathrm{d}h/\mathrm{d}t$ 为油膜压缩速度，即上下齿间的速度差 $\Delta\nu$；β 为端泄系数，数值取决于 B/L 比值，由 Cameron 提出的 β 取值表，如表 4.1 所示。

表 4.1　β 取值

B/L	1	5/6	2/3	1/2	2/5	1/3	1/4	1/5	1/10
β	0.421	0.498	0.58	0.633	0.748	0.79	0.845	0.874	0.937

挤压力与油膜厚度的关系曲线上每一个点的斜率可近似为是该点处油膜厚度值对应的油膜刚度为

$$K_o = 3\beta \frac{\eta B^3 L}{h^4} \Delta\nu \tag{4.14}$$

依据 Dowson 理论，接触区油膜厚度为[11]

$$h = 3.533 \frac{\alpha^{0.54} (\eta_0 u)^{0.7} R^{0.34} l^{0.13}}{E_0^{0.03} Q^{0.13}} \tag{4.15}$$

式中，h 为中心油膜厚度；α 为润滑剂黏压系数；η_0为润滑剂动力黏度；R 为综合曲率半径；l 为有效接触长度；E_0为材料的当量弹性模量；Q 为接触负荷；u 为 x 方向的速度。

$$\mu = \Delta\nu \times \sin\alpha \tag{4.16}$$

式中，Δv 为接触副轮齿的相对线速度；α 为压力角。

当内毂与摩擦片轮齿间存在润滑油膜时，齿部接触的等效刚度为

$$K = \left(\frac{1}{K_e} + \frac{1}{K_o}\right)^{-1} \tag{4.17}$$

4.2.2　位移激励的计算

位移激励是通过内毂与摩擦片轮齿间位移的改变对系统造成影响的激励，如内毂与摩擦片轮齿的加工误差、轴心偏移等。内毂与摩擦片的运行存在正常运行状态和轴心偏移状态的两种基本运行状态。

1. 正常运行状态

内毂与摩擦片接触副在制造、加工、安装等的误差和使用过程中的磨损，导致啮合轮齿间存在法向齿侧间隙[12]。在正常平稳运动状态下，内毂与摩擦片所有轮齿都会发生接触，且接触变形相同。在非线性载荷作用下齿侧间隙的存在会使轮齿产生接触、脱啮、在接触的反复冲击现象。内毂与摩擦片正常运行状态示意图如图 4.6 所示，正常运行状态下，内毂中心与摩擦片中心同轴。内毂与摩擦片第 n 个轮齿沿啮合线方向上的相对变形可表示为

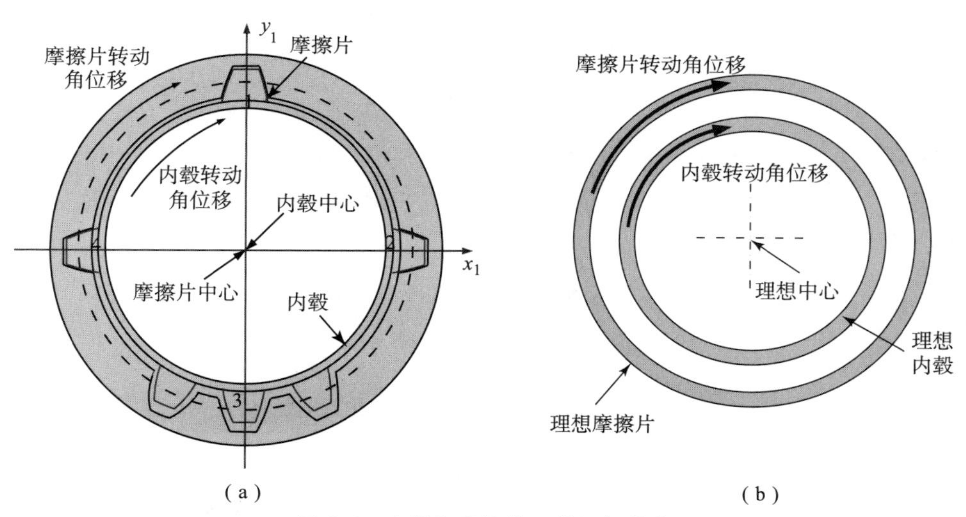

(a)　(b)

图 4.6　内毂和摩擦片正常运行状态

(a) 示意图；(b) 简化图

$$\delta_n = \begin{cases} (\theta_1 R - \theta_2 R) - c, & (\theta_1 R - \theta_2 R) > c \\ 0, & 其他 \\ (\theta_1 R - \theta_2 R) + c, & (\theta_1 R - \theta_2 R) < -c \end{cases} \tag{4.18}$$

式中，θ_1为内毂的转动角位移；θ_2为摩擦片的转动角位移；c 为内毂与摩擦片轮齿单侧齿侧间隙；R 为分度圆半径。

2. 轴心偏移状态

初始状态，摩擦片由于重力或径向力作用产生轴心偏移，如图 4.7 所示，此时的偏心距 a 为摩擦片与内毂的最大偏移量，为齿顶间隙和单侧齿侧间隙中的较小值，可表示为

$$a = \begin{cases} c, c < d \\ d, c \geqslant d \end{cases} \tag{4.19}$$

式中，d 为齿顶间隙。

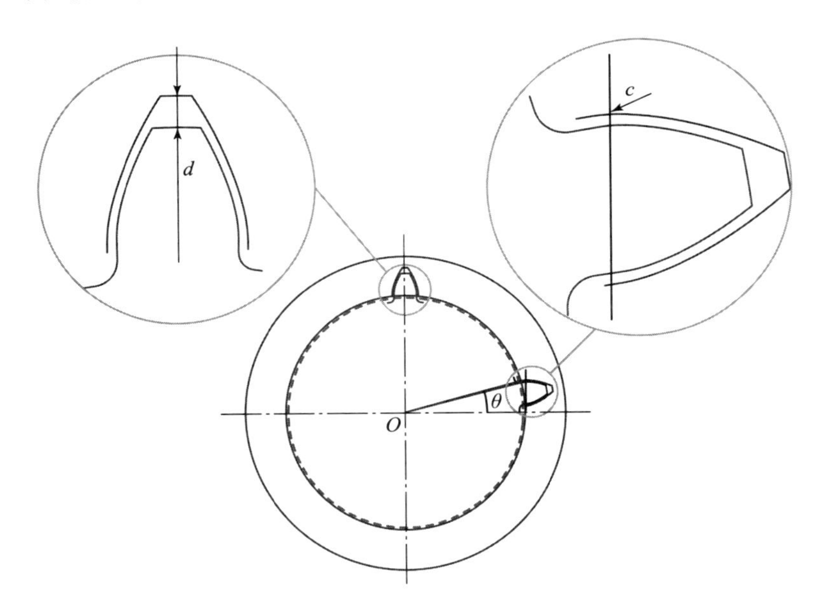

图 4.7　摩擦片与内毂的几何关系图

内毂和摩擦片轴心偏移状态简化示意图如图 4.8 所示，当内毂与摩擦片产生偏心距后，内毂与摩擦片第 n 个齿在工作齿面和非工作齿面的实际齿侧间隙可计算如下

$$\begin{cases} c_{\mathrm{R}n} = c + a\cos\left(\dfrac{2\pi}{z}(n-1) + \omega t + \alpha_0\right) \\ c_{\mathrm{L}n} = c - a\cos\left(\dfrac{2\pi}{z}(n-1) + \omega t - \alpha_0\right) \end{cases} \tag{4.20}$$

式中，$c_{\mathrm{R}n}$为内毂与摩擦片第 n 个齿在工作齿面的齿侧间隙；$c_{\mathrm{L}n}$为内毂与摩擦片第 n 个齿在非工作齿面的齿侧间隙；ω 为输入角速度；z 为摩擦片与内毂的齿数，α_0为压力角；n 为内毂与摩擦片的齿序号，定义内毂水平方向上齿厚中心线为 x 轴，与重力相反的方向为 y 轴，x 轴正方向相交的齿为第 1 个齿，沿逆时针方向为第 n 个齿，如图 4.8 所示。

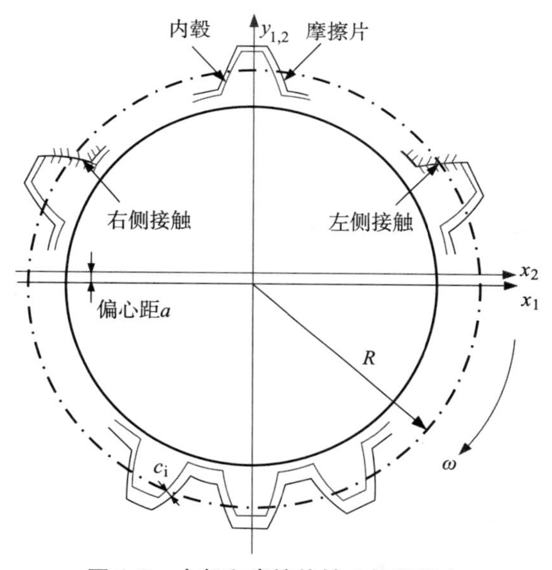

图 4.8　内毂和摩擦片轴心偏移状态

偏心状态下，内毂与摩擦片的两侧齿面的齿侧间隙不同，轮齿会发生部分齿接触，内毂与摩擦片第 n 轮齿沿工作齿面和非工作齿面的啮合线方向上的相对变形可表示为

$$\delta_n = \begin{cases} (\theta_1 R - \theta_2 R) - c_{\mathrm{R}n}, & (\theta_1 R - \theta_2 R) > c_{\mathrm{R}n} \\ 0, & \text{其他} \\ (\theta_1 R - \theta_2 R) + c_{\mathrm{L}n}, & (\theta_1 R - \theta_2 R) < -c_{\mathrm{L}n} \end{cases} \tag{4.21}$$

4.2.3　随机冲击过程动态碰撞齿数及碰撞位置的确定

1. 碰撞位置

根据式（4.18）和式（4.21）计算的内毂与摩擦片第 n 个齿的变形量可判

断碰撞齿的位置，判断准则为[13]

若 $\delta_n > 0$ 则摩擦片与内毂的第 n 个工作齿面发生碰撞（正向碰撞），记 $C_{Rn} = 1$。

若 $\delta_n < 0$ 则摩擦片与内毂的第 n 个非工作齿面发生碰撞（反向碰撞），记 $C_{Ln} = 1$。

若 $\delta_n = 0$ 则摩擦片与内毂的第 n 个齿不发生碰撞，记 $C_{Rn} = 0$ 或 $C_{Ln} = 0$。

2. 碰撞齿数

通过内毂与摩擦片碰撞齿位置的判断，可计算内毂与摩擦片轮齿发生正碰碰撞齿数 N_R、反碰碰撞齿数 N_L 和总碰撞齿数 N_T，即

$$N_{\mathrm{R}} = \sum_{n=1}^{z} C_{\mathrm{R}n}; N_{\mathrm{L}} = \sum_{n=1}^{z} C_{\mathrm{L}n}; N = N_{\mathrm{R}} + N_{\mathrm{L}} \tag{4.22}$$

4.2.4 动态随机冲击碰撞力的计算

1. 冲击碰撞力的推导

由于齿侧间隙、偏心距的存在，在变工况作用下内毂与摩擦片接触副的部分轮齿受到冲击碰撞力激励的影响，导致轮齿间出现正碰（工作齿面接触）、反碰（非工作齿面接触）、追碰（某一齿面连续碰撞）等冲击碰撞现象，冲击碰撞示意图如图 4.9 所示，由渐开线齿廓性质可知，齿部冲击碰撞力沿齿面法向与基圆相切，F 与 F是齿面碰撞的作用力与反作用力，大小相等，方向相反[14,15]。

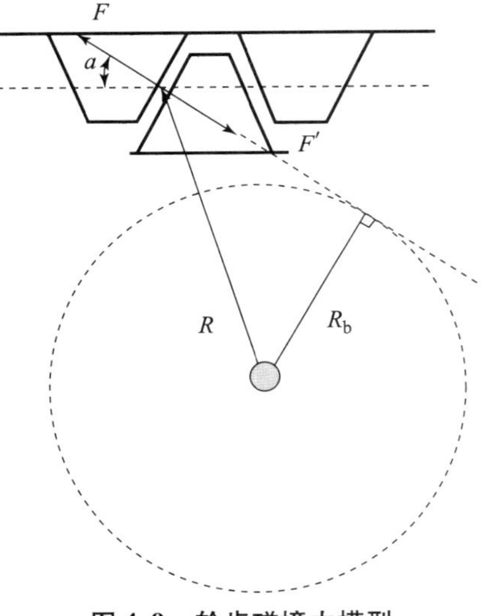

图 4.9　轮齿碰撞力模型

轮齿的接触冲击碰撞过程主要分为压缩变形阶段和恢复变形阶段，基于赫兹接触理论，单对轮齿的非线性冲击碰撞力可表示为[16]

$$F = K_e \delta^m + \mu \delta^m \dot{\delta} \tag{4.23}$$

式中，$K_e \delta^m$ 为弹性接触力部分；$\mu \delta^m \dot{\delta}$ 为冲击阻尼力部分；δ 为齿部法向相对变形量；$\dot{\delta}$ 为碰撞过程中相对速度；m 为非线性指数，$m = 1.5$；K_e 可由式（4.10）获

得；μ 为迟滞阻尼系数。

轮齿碰撞开始接触到碰撞结束分离时的能量损耗可表示为[16]

$$\Delta T = \frac{1}{2}\frac{m_1 m_2}{m_1 + m_2}(\dot{\delta}^{(-)})^2(1 - e^2) \tag{4.24}$$

式中，m_1和 m_2分别为内毂和摩擦片的质量；$\dot{\delta}^{(-)}$ 为碰撞前轮齿的相对速度；e 为反弹系数[13]。

当轮齿碰撞以阻尼力 $\mu\delta^m\dot{\delta}$ 形式做功的能量耗散 ΔT 根据 Lankarani 和 Nikravesh 模型[17]可表示为

$$\Delta T = \oint \mu\delta^m\dot{\delta}\mathrm{d}\delta \simeq 2\int_0^{\delta_0}\mu\delta^m\dot{\delta}\mathrm{d}\delta \simeq \frac{2}{3}\frac{\mu}{K_e}\frac{m_1 m_2}{m_1 + m_2}(\delta^{(-)})^3 \tag{4.25}$$

式中，δ_0为轮齿碰撞的最大变形量。

根据能量守恒定理，联立式（4.24）和式（4.25）可得到迟滞阻尼系数 μ

$$\mu = \frac{3(1 - e^2)K_e}{4\dot{\delta}^{(-)}} \tag{4.26}$$

将式（4.26）代入式（4.23）中可得内毂与摩擦片单对轮齿的冲击碰撞力为

$$F = K_e\delta^m\left(1 + \frac{3(1 - e^2)}{4}\frac{\dot{\delta}}{\dot{\delta}^{(-)}}\right) \tag{4.27}$$

令

$$p = \frac{3(1 - e^2)}{4\dot{\delta}^{(-)}}$$

则

$$F = K_e\delta^m(1 + p\dot{\delta}) \tag{4.28}$$

2. 反弹系数的计算

反弹系数 e，即碰撞结束分离时的相对速度与碰撞开始接触时的相对速度的比值，是反映碰撞时物体变形恢复能力的参数，它只与发生碰撞的物体的材料有关，是两个物体相互碰撞的特性，而不是单独物体的属性。在通常情况下，反弹系数取值于 0 到 1 之间，当反弹系数为 1，此时发生的碰撞为完全弹性碰撞；当反弹系数为 0，此时发生的碰撞为完全非弹性碰撞。

反弹系数 e 的表达式为

$$e = \frac{V_r}{V_i} = \frac{\dot{\theta}_1^{(+)} - \dot{\theta}_2^{(+)}}{\dot{\theta}_2^{(-)} - \dot{\theta}_1^{(-)}} \tag{4.29}$$

式中，V_i 为内毂与摩擦片碰撞前（碰撞开始接触）的相对速度；V_r 为内毂与摩擦片碰撞后（碰撞结束分离）的相对速度；$\dot{\theta}_1^{(+)}$ 为内毂轮齿碰撞结束分离时的速度；$\dot{\theta}_2^{(+)}$ 为摩擦片轮齿碰撞结束分离时的速度；$\dot{\theta}_1^{(-)}$ 为内毂轮齿碰撞开始接触时的速度；$\dot{\theta}_2^{(-)}$ 为摩擦片轮齿碰撞开始接触时的速度。

V_i和V_r也可通过实验获得，运用高速摄像机拍摄记录摩擦片与内毂的啮合过程，从而得到摩擦片的反弹系数，如图 4.10 所示，其中 x 是每一次碰撞齿的反弹位移，y 是反光标识宽度。求解原理如下：

根据相似性原理，不同物体在同一图像中的缩放比例一定，因此有

$$\frac{Y_a}{Y_p} = \frac{X_a}{X_p} \tag{4.30}$$

$$\frac{Y_a}{Y_p} = \frac{X_a}{X_p} \tag{4.31}$$

即

$$X_a = \frac{Y_a}{Y_p} \times X_p \tag{4.32}$$

因此有

$$V_i = \frac{X_{ai}}{T_i} \tag{4.33}$$

$$V_r = \frac{X_{ar}}{T_r} \tag{4.34}$$

式中，X_a 和 Y_a 分别为内毂与摩擦轮齿的实际距离；X_p和 Y_p为高速摄影拍摄后图中的距离；T_i和 T_r分别为内毂与摩擦片轮齿相对位移在冲击和反弹过程中变化 X_{ai}和 X_{ar}需要的时间。

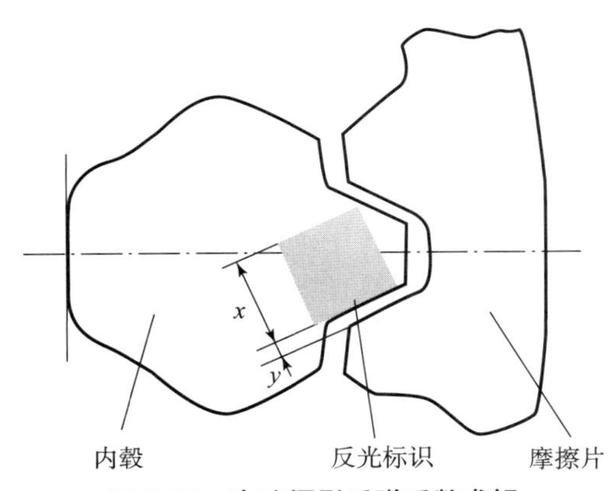

图 4.10　高速摄影反弹系数求解

3. 不同运行状态的随机冲击碰撞力计算

结合内毂与摩擦片轮齿间的接触刚度、反弹系数和三种运行状态的相对变形，可推导出正常运行状态和轴心偏移状态的内毂与摩擦片轮齿的冲击碰撞力。

将式（4.18）代入式（4.28）中可计算内毂与摩擦片正常运动状态的第 n 个轮齿冲击碰撞力，可表示为

$$F_n=\begin{cases}[1+p(\dot{\theta}_1-\dot{\theta}_2)R]K_e(\theta_1 R-\theta_2 R-c)^{3/2}, & (\theta_1 R-\theta_2 R)>c\\ 0, & 其他\\ -[1+p(\dot{\theta}_1-\dot{\theta}_2)R]K_e(\theta_1 R-\theta_2 R+c)^{3/2}, & (\theta_1 R-\theta_2 R)<-c\end{cases}\tag{4.35}$$

将式（4.21）代入式（4.28）中可计算内毂与摩擦片轴心偏移状态的第 n 个轮齿冲击碰撞力，可表示为

$$F_n=\begin{cases}[1+p(\dot{\theta}_1-\dot{\theta}_2)R]K_e(\theta_1 R-\theta_2 R-c_{Rn})^{3/2}, & (\theta_1 R-\theta_2 R)>c_{Rn}\\ 0, & 其他\\ -[1+p(\dot{\theta}_1-\dot{\theta}_2)R]K_e(\theta_1 R-\theta_2 R+c_{Ln})^{3/2}, & (\theta_1 R-\theta_2 R)<-c_{Ln}\end{cases}\tag{4.36}$$

式中，$\dot{\theta}_1$ 和 $\dot{\theta}_2$ 分别为内毂与摩擦片的转动角速度。

为毂与摩擦片第 n 个轮齿正碰和反碰的法向冲击碰撞力在 x 方向和 y 方向上碰撞力分量分别可表示为

$$F_{nx}=\begin{cases}F_n\cos\left(\frac{2\pi}{z}(n-1)+\omega t+\alpha_0+\frac{\pi}{2}\right)\delta_n>0\\ -F_n\cos\left(\frac{2\pi}{z}(n-1)+\omega t-\alpha_0-\frac{\pi}{2}\right)\delta_n<0\end{cases}\tag{4.37}$$

$$F_{ny}=\begin{cases}F_n\sin\left(\frac{2\pi}{z}(n-1)+\omega t+\alpha_0+\frac{\pi}{2}\right)\delta>0\\ -F_n\sin\left(\frac{2\pi}{z}(n-1)+\omega t-\alpha_0-\frac{\pi}{2}\right)\delta<0\end{cases}\tag{4.38}$$

根据内毂与摩擦片第 n 个齿的法向冲击碰撞力可获得所有轮齿总碰撞力 F_{total} 及总碰撞力矩 T_{m}，即

$$F_{\text{total}}=\sum_{n=1}^{z}F_n\tag{4.39}$$

$$T_{\text{m}}=\sum_{n=1}^{z}F_n\times R_{\text{b}}\tag{4.40}$$

式中，R_b 为内毂与摩擦片的基圆半径。

4.3 大功率高动载摩擦副冲击碰撞动力学模型及求解

4.3.1 发动机—摩擦副传动系统扭振模型

发动机—摩擦副传动系统可简化为由若干惯性元件及弹性元件组成的扭转当量模型，利用集中质量法建立某传动系统的纯扭转冲击碰撞动力学模型，如图 4.11 所示，图中集中质量盘 1 表示发动机输入轴，质量盘 2 ~ 5 表示各简化的部件，质量盘 7 为输出构件，质量盘 6 和 8 分别表示内毂和摩擦片。

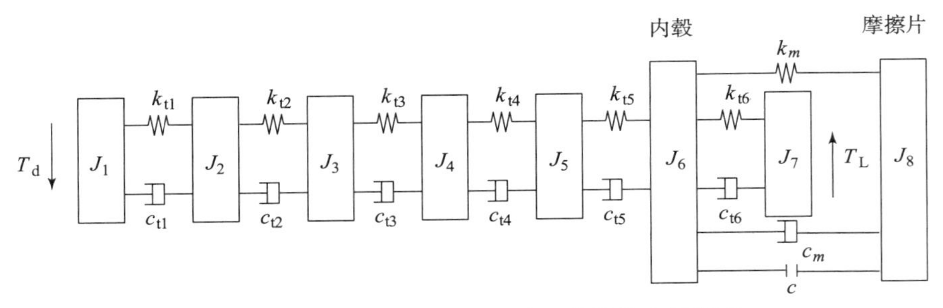

图 4.11 发动机 – 摩擦片传动系统简化当量模型

考虑内毂与摩擦片的冲击碰撞力的影响，建立发动机—摩擦副传动系统纯扭转动力学方程，可表示为

$$
\begin{cases}
J_1\ddot{\theta}_1 + k_{t1}(\theta_1 - \theta_2) + c_{t1}(\dot{\theta}_1 - \dot{\theta}_2) = T_d \\
J_2\ddot{\theta}_2 - k_{t1}(\theta_1 - \theta_2) - c_{t1}(\dot{\theta}_1 - \dot{\theta}_2) + k_{t2}(\theta_2 - \theta_3) + c_{t2}(\dot{\theta}_2 - \dot{\theta}_3) = 0 \\
J_3\ddot{\theta}_3 - k_{t2}(\theta_2 - \theta_3) - c_{t2}(\dot{\theta}_2 - \dot{\theta}_3) + k_{t3}(\theta_3 - \theta_4) + c_{t3}(\dot{\theta}_3 - \dot{\theta}_4) = 0 \\
J_4\ddot{\theta}_4 - k_{t3}(\theta_3 - \theta_4) - c_{t3}(\dot{\theta}_3 - \dot{\theta}_4) + k_{t4}(\theta_4 - \theta_5) + c_{t4}(\dot{\theta}_4 - \dot{\theta}_5) = 0 \\
J_5\ddot{\theta}_5 - k_{t4}(\theta_4 - \theta_5) - c_{t4}(\dot{\theta}_4 - \dot{\theta}_5) + k_{t5}(\theta_5 - \theta_6) + c_{t5}(\dot{\theta}_5 - \dot{\theta}_6) = 0 \\
J_6\ddot{\theta}_6 - k_{t5}(\theta_5 - \theta_6) - c_{t5}(\dot{\theta}_5 - \dot{\theta}_6) + k_{t6}(\theta_6 - \theta_7) + c_{t6}(\dot{\theta}_6 - \dot{\theta}_7) = \sum_{n=1}^{z} F_n \times R_b \\
J_7\ddot{\theta}_7 - k_{t6}(\theta_6 - \theta_7) - c_{t6}(\dot{\theta}_6 - \dot{\theta}_7) = T_L \\
J_8\ddot{\theta}_8 = -\sum_{n=1}^{z} F_n \times R_b
\end{cases}
\tag{4.41}
$$

式中，T_d和 T_L分别为发动机驱动扭矩和负载扭矩；J_1和 J_7分别为发动机输入轴和

输出构件的转动惯量；J_6和J_8分别为内毂和摩擦片的转动惯量；$J_2 \sim J_5$分别为各简化的部件转动惯量；k_{t1}，k_{t2}，…，k_{t6}为各连接件的扭转刚度；c_{t1}，c_{t2}，…，c_{t6}为各连接件的扭转阻尼。

将运动方程式（4.41）改写成矩阵形式：

$$[J]\{\ddot{\theta}\} + [C]\{\dot{\theta}\} + [K]\{\theta\} = [T_{ext}] + [T_{int}] \tag{4.42}$$

位移向量$\boldsymbol{\theta}$可表示为

$$\boldsymbol{\theta} = [\theta_1, \theta_2, \theta_3, \theta_4, \theta_5, \theta_6, \theta_7, \theta_8] \tag{4.43}$$

其中，转动惯量矩阵［J］为

$$[J] = \mathrm{diag}([J_1, J_2, J_3, J_4, J_5, J_6, J_7, J_8]) \tag{4.44}$$

扭转刚度矩阵［K］为

$$[K] = \begin{bmatrix} k_{t1} & -k_{t1} & & & & & & \\ -k_{t1} & k_{t1}+k_{t2} & -k_{t2} & & & & & \\ & -k_{t2} & k_{t2}+k_{t3} & -k_{t3} & & & & \\ & & -k_{t3} & k_{t3}+k_{t4} & -k_{t4} & & & \\ & & & -k_{t4} & k_{t4}+k_{t5} & -k_{t5} & & \\ & & & & -k_{t5} & k_{t5}+k_{t6} & -k_{t6} & \\ & & & & & -k_{t6} & k_{t6} & \\ & & & & & & & 0 \end{bmatrix} \tag{4.45}$$

扭转阻尼矩阵［C］为

$$[C] = \begin{bmatrix} c_{t1} & -c_{t1} & & & & & & \\ -c_{t1} & c_{t1}+c_{t2} & -c_{t2} & & & & & \\ & -c_{t2} & c_{t2}+c_{t3} & -c_{t3} & & & & \\ & & -c_{t3} & c_{t3}+c_{t4} & -c_{t4} & & & \\ & & & -c_{t4} & c_{t4}+c_{t5} & -c_{t5} & & \\ & & & & -c_{t5} & c_{t5}+c_{t6} & -c_{t6} & \\ & & & & & -c_{t6} & c_{t6} & \\ & & & & & & & 0 \end{bmatrix} \tag{4.46}$$

冲击碰撞激励力矩阵［T_{imp}］为

$$[T_{imp}] = \mathrm{diag}\left(\left[0,0,0,0,0, \sum_{n=1}^{z} F_n \times R_b, 0, -\sum_{n=1}^{z} F_n \times R_b\right]\right) \tag{4.47}$$

外界激励矩阵［T_{ext}］为

$$[T_{ext}] = \mathrm{diag}([T_d, 0, 0, 0, 0, 0, T_L, 0]) \tag{4.48}$$

利用龙格库塔等方法求解发动机—摩擦副传动系统 8 自由度纯扭转动力学方程，可获得传动系统各部件的振动响应及内毂与摩擦片的冲击碰撞力。如果不考虑内毂与摩擦片冲击碰撞力的影响，则式（4.41）中的内毂与摩擦片冲击碰撞力 $F_n=0$ 和转动惯量 $J_8=0$，即可获得传动系统 7 自由度的纯扭转动力学方程。

4.3.2 二质量摩擦副随机冲击碰撞动力学模型

将浮动支撑摩擦副系统简化为集中弹簧—质量模型，基于集中质量法，建立内毂与摩擦片 6 自由度的平动—扭转二质量冲击碰撞动力学模型，如图 4.12 所示。

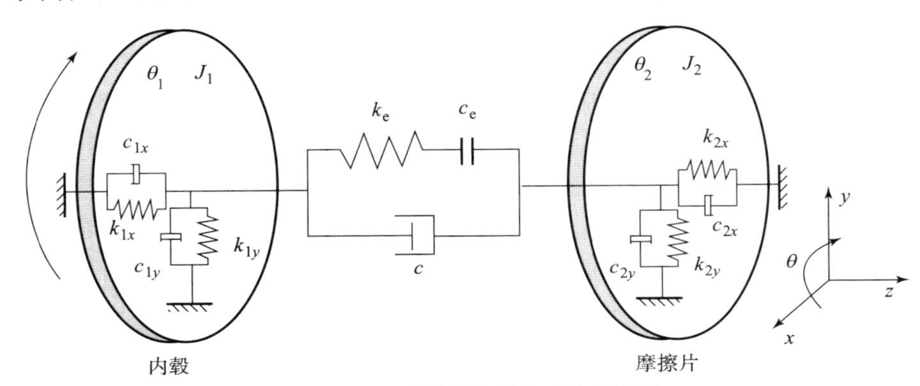

图 4.12 二质量冲击碰撞动力学模型

传动系统的扭转振动引起内毂的转速波动可由系统输入，此处定义内毂输入转速为正弦波动，即

$$\omega = \omega_0 + A\sin(2\pi f t) \tag{4.49}$$

式中，ω_0为恒定转速；A 为转速波动幅值；f 为转速波动频率。

内毂平动—扭转动力学方程为

$$\begin{cases} m_1\ddot{x}_1 + k_{1x}x_1 + c_{1x}\dot{x}_1 = -\sum\limits_{n=1}^{z} F_{nx} \\ m_1\ddot{y}_1 + k_{1y}y_1 + c_{1y}\dot{y}_1 = -\sum\limits_{n=1}^{z} F_{ny} \\ J_1\ddot{\theta}_1 = J_1\alpha - \sum\limits_{n=1}^{z} F_n R_b \end{cases} \tag{4.50}$$

摩擦片平动—扭转动力学方程为

$$
\begin{cases}
m_2\ddot{x}_2 + k_{2x}x_2 + c_{2x}\dot{x}_2 = \sum_{n=1}^{z} F_{nx} \\
m_2\ddot{y}_2 + k_{2y}y_2 + c_{2y}\dot{y}_2 = \sum_{n=1}^{z} F_{ny} \\
J_2\ddot{\theta}_2 = \sum_{n=1}^{z} F_n R_{\mathrm{b}}
\end{cases}
\tag{4.51}
$$

式中，J_1和J_2分别为内毂和摩擦片的转动惯量；m_1和m_2分别为内毂和摩擦片的质量；k_{1x}和k_{1y}分别为内毂在x与y方向的支撑刚度；k_{2x}和k_{2y}分别为摩擦片在x与y方向的支撑刚度；c_{1x}和c_{1y}分别为内毂在x与y方向的支撑阻尼；c_{2x}和c_{2y}分别为摩擦片在x与y方向的支撑阻尼；α为内毂输入角加速度，可由式（4.49）的一阶导求得。

将运动方程式（4.50）和式（4.51）改写成矩阵形式：

$$
[M]\{\ddot{\theta}\} + [C]\{\dot{\theta}\} + [K]\{\theta\} = [F_{\mathrm{ext}}] + [F_{\mathrm{imp}}]
\tag{4.52}
$$

位移向量$\boldsymbol{\theta}$可表示为

$$
\boldsymbol{\theta} = [x_1, y_1, \theta_1, x_2, y_2, \theta_2]
\tag{4.53}
$$

其中，质量矩阵［M］为

$$
[M] = \mathrm{diag}([m_1, m_1, J_1, m_2, m_2, J_2])
\tag{4.54}
$$

支撑刚度矩阵［K］为

$$
[K] = \mathrm{diag}([k_{1x}, k_{1y}, 0, k_{2x}, k_{2y}, 0])
\tag{4.55}
$$

支撑阻尼矩阵［C］为

$$
[C] = \mathrm{diag}([c_{1x}, c_{1y}, 0, c_{2x}, c_{2y}, 0])
\tag{4.56}
$$

冲击碰撞激励力矩阵［F_{imp}］为

$$
[F_{\mathrm{imp}}] = \mathrm{diag}\left(\left[-\sum_{n=1}^{z} F_{nx}, -\sum_{n=1}^{z} F_{ny}, \sum_{n=1}^{z} F_n R_{\mathrm{b}}, \sum_{n=1}^{z} F_{nx}, \sum_{n=1}^{z} F_{ny}, \sum_{n=1}^{z} F_n R_{\mathrm{b}}\right]\right)
\tag{4.57}
$$

外界激励矩阵［F_{ext}］为

$$
[F_{\mathrm{ext}}] = \mathrm{diag}([0, 0, J_1\alpha, 0, 0, 0])
\tag{4.58}
$$

摩擦副二质量冲击碰撞动力学方程为常微分方程，可通过龙格库塔法等方法进行微分方程迭代求解，从而获得内毂与摩擦片的冲击碰撞力及振动响应。

4.3.3　随机冲击碰撞动力学模型求解

建立大功率高动载浮动支撑摩擦副系统包含了刚度激励、位移激励和冲击碰撞力激励等非线性因素，综合考虑微分方程数值解法的精度和效率，本书采用四阶龙格库塔（Runge - Kutta）数值解法求解动力学模型，计算流程如图 4.13 所示。

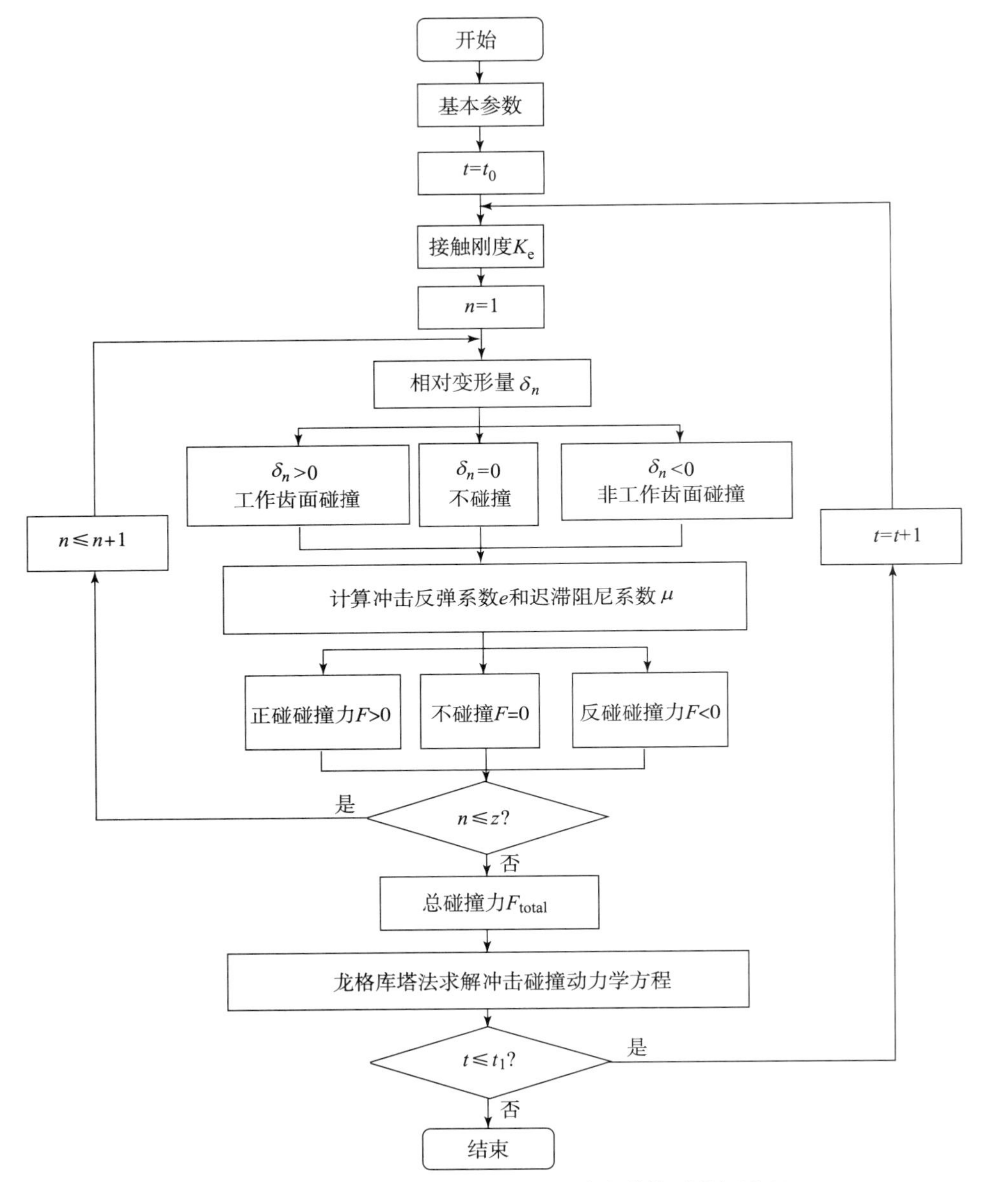

图 4.13　浮动支撑摩擦副冲击碰撞动力学模型求解流程

如果 $y(x)$ 在 $[a, b]$ 上存在 $P+1$ 阶连续导数，则由泰勒级数展开：

$$y(x_{k+1}) = y(x_k) + hy'(x_k) + \cdots + \frac{h^p}{p!}y^{(p)}(x_k) + \frac{h^{(p+1)}}{(p+1)!}y^{(p+1)}(s) \tag{4.59}$$

其中，$x_k < \xi < x_{k+1}$。利用近似值 $y_k^{(j)}$（$j=0, 1, 2, \cdots, p$）代替真实值 $y^{(j)}$（x_k），且略去泰勒展开式的截断误差项，有

$$y_{k+1} = y_k + hy'_k + \frac{h^2}{2!}y''_k + \cdots + \frac{h^p}{(p)!k} \tag{4.60}$$

泰勒级数法可以用来求解常微分方程，但由于计算过程烦琐，一般只用于最初几个点的数值解。龙格库塔法实际上是间接使用泰勒级数法的一种算法。常用的龙格库塔法是四阶龙格库塔方法，其公式如下[18]。

$$y_{k+1} = y_k + \frac{h}{6}(k_1 + 2k_2 + 2k_3 + k_4) \tag{4.61}$$

$$\begin{cases} k_1 = f(x_k, y_k) \\ k_2 = f\left(x_k + \frac{h}{2}, y_k + \frac{h}{2}k_1\right) \\ k_3 = f\left(x_k + \frac{h}{2}, y_k + \frac{h}{2}k_2\right) \\ k_4 = f(x_k + h, y_k + hk_3) \end{cases} \tag{4.62}$$

采用龙格库塔法求解时选择的步长会影响求解结果，步长过大，每步计算产生的局部截断误差也较大，步长取得较小，虽然每步计算的截断误差较小，但在求解范围确定时，需要完成的计算步骤就较多，不仅增加了计算量，而且还造成计算误差的累积。因此，在满足精度要求的前提下选择合适的步长非常重要。

对于求解高阶微分方程（或方程组）的数值解，一般将其进行降阶处理，归结为求解一阶微分方程（或方程组）。

$$\begin{cases} y^{(n)} = f(x, y, y', \cdots, y^{(n-1)}) \\ y(x_0) = y_0, y'(x_0) = y'_0, \cdots, y^{(n-1)}(x_0) = y_0^{(n-1)} \end{cases} \tag{4.63}$$

引入新变量 $y=z_1$，$y'=z_2$，…，$y^{(n-1)}=z_n$，则 n 阶微分方程的初值问题转化为求解如下一阶方程组。

$$\begin{cases} z'_1 = z_2, z'_2 = z_3, \cdots, z'_{n-1} = z_n \\ z'_n = f(x, y_1, y_2, \cdots, y_n) \\ z_1(x_0) = y_0, z_2(x_0) = y'_0, \cdots, z_2(x_0) = y_0^{(n-1)} \end{cases} \tag{4.64}$$

4.4　摩擦副随机冲击碰撞动力学分析算例

4.4.1　发动机—摩擦副传动系统扭振动力学分析算例

1. 不考虑浮动支撑摩擦片时传动系统扭振动力学响应

以某发动机传动系统为例，对不考虑浮动支撑摩擦片时的传动系统进行模拟仿真，传动系统为7自由度纯扭转动力学模型（不包括摩擦片），如图4.12所示，不考虑图中摩擦片的影响时，内毂与摩擦片的碰撞力 $F_n=0$。某传动系统的几何参数如表4.2所示，仿真结果如图4.14所示。

表4.2　某传动系统几何参数

符号	名称	数值	单位
ω_0	输入转速	2 300	r/min
T_d	驱动力矩	500	N · m
T_L	负载扭矩	500	N · m
$J_1 \sim J_5$，J_7	转动惯量 $J_1 \sim J_5$，J_7	0.2	kg · m^2
J_6	转动惯量 J_6	0.118	kg · m^2

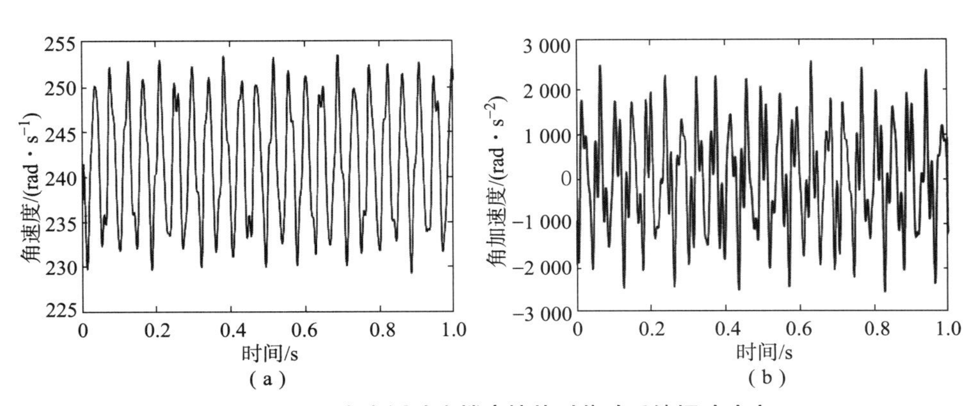

图4.14　不考虑浮动支撑摩擦片时传动系统振动响应

（a）内毂的扭转角速度；（b）内毂的扭转加速度

根据式（4.46），传动系统转动惯量矩阵为

$$[J] = \mathrm{diag}([0.2,0.2,0.2,0.2,0.2,0.118,0.2]) \tag{4.65}$$

由有限元软件获取轴段扭转刚度值，根据式（4.45），传动系统扭转刚度矩阵为

$$[K] = \begin{bmatrix} 1\times10^4 & -1\times10^4 & & & & & \\ -1\times10^4 & 6\times10^4 & -5\times10^4 & & & & \\ & -5\times10^4 & 8\times10^4 & -3\times10^4 & & & \\ & & -3\times10^4 & 7\times10^4 & -4\times10^4 & & \\ & & & -4\times10^4 & 5\times10^4 & -1\times10^4 & \\ & & & & -1\times10^4 & 2\times10^4 & -1\times10^4 \\ & & & & & -1\times10^4 & 1\times10^4 \end{bmatrix} \tag{4.66}$$

根据式（4.48），传动系统扭转阻尼矩阵为

$$[C] = \begin{bmatrix} 0.05 & -0.05 & & & & & \\ -0.05 & 0.30 & -0.25 & & & & \\ & -0.25 & 0.40 & -0.15 & & & \\ & & -0.15 & 0.35 & -0.20 & & \\ & & & -0.20 & 0.25 & -0.05 & \\ & & & & -0.05 & 0.10 & -0.05 \\ & & & & & -0.05 & 0.10 \end{bmatrix} \tag{4.67}$$

根据式（4.48），外界激励矩阵为

$$[T_{\mathrm{ext}}] = \mathrm{diag}([500,0,0,0,0,0,500]) \tag{4.68}$$

考虑某发动机传动系统的纯扭转方向的自由度，利用龙格库塔法对系统的动力学方程进行求解，仿真过程中，采样频率为 10 kHz，采样时间为 1 s，求解方程得到系统的振动响应，如图 4.14 所示。

图 4.14 为不考虑浮动支撑摩擦片时传动系统振动响应，内毂的扭转角速度在 228 ~ 253 rad/s 之间震荡，均方根值为 240.8 rad/s，扭转加速度在 −2 580 ~ 2 637 rad/s^2之间震荡，均方根值为 1 134 rad/s^2，振动响应为非周期性波形，这主要是由于传动系统质量盘之间的扭转刚度和扭转阻尼共同作用导致的。

2. 考虑浮动支撑摩擦片时传动系统扭振动力学响应

以某发动机—摩擦副传动系统为例，对考虑浮动支撑摩擦片时的传动系统进行模拟仿真，此时传动系统考虑了内毂与摩擦片的冲击碰撞特性的影响，为

8 自由度纯扭转动力学模型，如图 4. 12 所示。某传动系统的几何参数如表 4. 2 所示，内毂与摩擦片的几何参数如表 4. 3 所示，仿真结果如图 4. 15 和图 4. 16 所示。

表 4. 3　内毂与摩擦片的几何参数

符号	名称	数值	单位
z	齿数	80	—
m	模数	3	mm
R	分度圆半径	120	mm
R_b	基圆半径	112. 76	mm
α_0	压力角	20	(°)
W	接触齿宽	4	mm
c_b	单边齿侧间隙	0. 4	mm
a	偏心距	0. 2	mm
J_6	外毂转动惯量	0. 118 0	kg · m^2
J_8	摩擦片转动惯量	0. 252 0	kg · m^2
E	弹性模量	210	GPa
ν	泊松比	0. 3	—

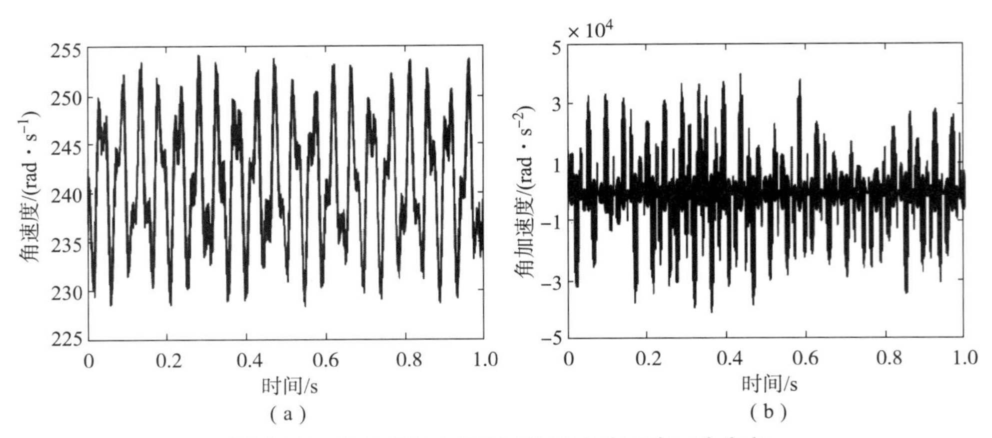

图 4. 15　考虑浮动支撑摩擦片时传动系统振动响应

（a） 内毂的扭转角速度；（b） 内毂的扭转加速度

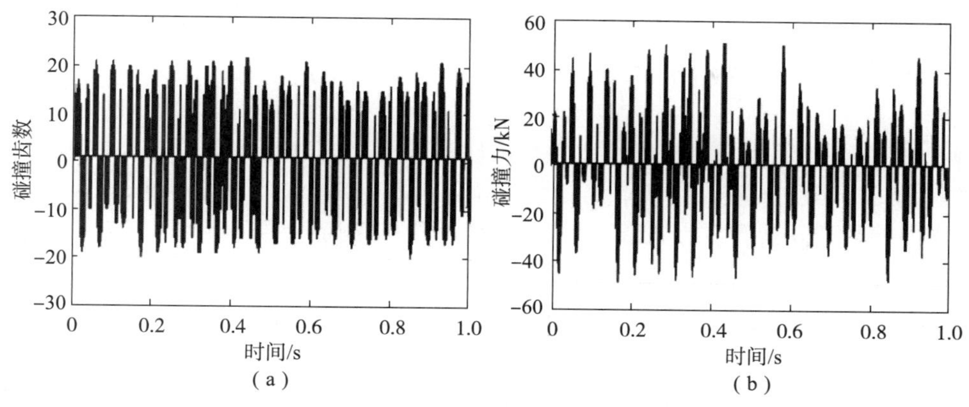

图 4.16　内毂与摩擦片的冲击碰撞特性

(a) 碰撞齿数；(b) 碰撞力

根据式（4.1）~式（4.9），内毂与摩擦片的弯曲刚度、扭转刚度、轴向压缩刚度和基体刚度为

$$
\begin{aligned}
&k_{a1}=6.39\times10^{9}\ \text{N/m},\ k_{b1}=2.37\times10^{8}\ \text{N/m}\\
&k_{s1}=2.71\times10^{8}\ \text{N/m},\ k_{f1}=2.72\times10^{8}\ \text{N/m}
\end{aligned}
\tag{4.69}
$$

$$
\begin{aligned}
&k_{a2}=1.79\times10^{10}\ \text{N/m},\ k_{b2}=4.90\times10^{9}\ \text{N/m}\\
&k_{s2}=7.62\times10^{8}\ \text{N/m},\ k_{f2}=3.00\times10^{8}\ \text{N/m}
\end{aligned}
\tag{4.70}
$$

根据式（4.10）内毂与摩擦片单对齿的综合刚度为

$$K_e=6.00\times10^{7}\ \text{N/m} \tag{4.71}$$

通过试验手段获取内毂与摩擦片轮齿碰撞的反弹系数，利用高速摄像机拍摄的照片观察内毂与摩擦片的啮合过程，如图 4.11 所示，根据式（4.33）~式（4.36），内毂与摩擦片轮齿的反弹系数为

$$e=\frac{V_r}{V_i}=\frac{0.075}{0.093\ 75}=0.80 \tag{4.72}$$

考虑内毂与摩擦片的冲击碰撞力，发动机—摩擦副传动系统的动力学方程表达式如式（4.41）所示，计算流程如图 4.14 所示。式（4.41）为常微分方程，通过龙格库塔法对动力学方程进行求解，仿真和求解过程中，采样频率为 10 kHz，采样时间为 1 s，求解方程得到系统的动态响应。

图 4.17 所示为考虑浮动支撑摩擦片时传动系统振动响应，考虑内毂与摩擦片的冲击碰撞的影响后，内毂的扭转角速度在 228 ~253.8 rad/s 震荡，均方根值为 240.8 rad/s，扭转加速度在 −40 874 ~ 40 819 rad/s^2 震荡，均方根值为 6 120 rad/s^2。与图 4.16 不考虑浮动支撑摩擦片时传动系统振动响应相比，考虑内毂与摩擦片的冲击碰撞特性后，内毂的扭转角速度的振动幅值和均方根值没有

发生变化，但扭转角速度的曲线震荡的非线性增强，内毂的扭转角加速度的振动幅值和均方根值均显著增大，这主要是由于内毂与摩擦片轮齿间的冲击碰撞导致的。

图4.18所示为内毂与摩擦片的冲击碰撞特性，内毂与摩擦片的碰撞齿数的幅值为21，均方根值为4.95，碰撞力的幅值为50.65 kN，均方根值6.99 kN，内毂与摩擦片的轮齿会发生正碰、反碰和追碰等冲击碰撞现象。

4.4.2　二质量摩擦副冲击碰撞动力学分析算例

以某摩擦片元件的内毂与摩擦片的二质量系统为例，建立内毂与摩擦片的6自由度平动—扭转动力学模型，对轮齿间的冲击碰撞特性进行模拟仿真，内毂的非线性转速波动由图4.16（a）的数据输入，内毂与摩擦片的几何参数如表4.3所示，内毂与摩擦片的其他输入参数如表4.4所示。

表4.4　内毂与摩擦片的其他输入参数

符号	名称	数值	单位
m_1	内毂质量	15.02	kg
m_2	摩擦片质量	9.61	kg
k_1	内毂支撑刚度	5×10^7	N/m
k_2	内毂支撑阻尼	250	N·s/m
c_1	摩擦片支撑刚度	5×10^7	N/m
c_2	摩擦片支撑阻尼	250	N·s/m
ω_0	输入转速	2 300	r/min
T_d	驱动力矩	500	N·m
T_L	负载扭矩	500	N·m

根据式（4.71），内毂与摩擦片单对齿的综合刚度为

$$K_e = 6.00\times10^7\ \text{N/m} \tag{4.73}$$

根据式（4.72），内毂与摩擦片轮齿的反弹系数为

$$e = 0.80 \tag{4.74}$$

根据式（4.54），二质量摩擦副系统转动惯量矩阵为

$$[M] = \text{diag}([15.02, 15.02, 0.118, 9.61, 9.61, 0.252]) \tag{4.75}$$

根据式（4.55），二质量摩擦副系统支撑刚度矩阵为

$$[K] = \text{diag}([5\times10^7, 5\times10^7, 0, 5\times10^7, 5\times10^7, 0]) \tag{4.76}$$

根据式（4.56），二质量摩擦副系统支撑阻尼矩阵为

$$[C] = \mathrm{diag}([250,250,0,250,250,0]) \tag{4.77}$$

某摩擦元件的内毂与摩擦片的 6 自由度平动扭转动力学方程利用龙格库塔法进行求解，求解流程如图 4.15 所示，仿真过程中，采样频率为 10 kHz，采样时间为 1 s，求解方程得到系统的动态响应，如图 4.17 和图 4.18 所示。

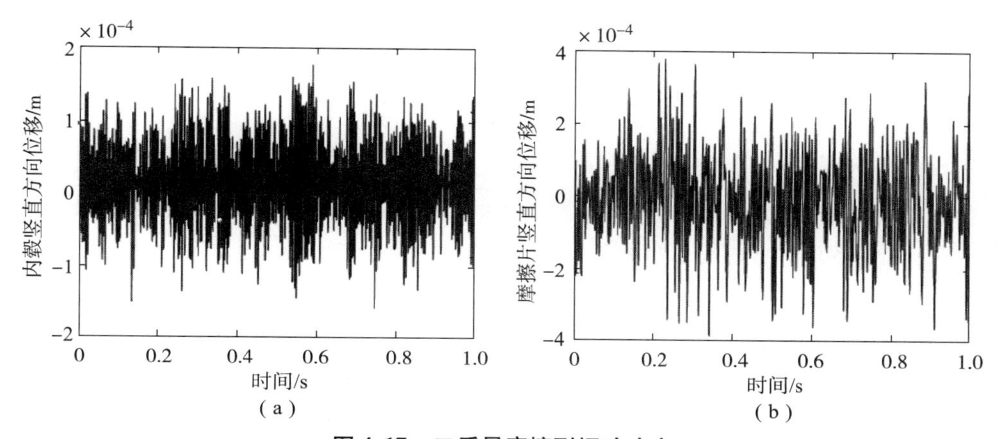

图 4.17　二质量摩擦副振动响应

（a）内毂竖直方向位移；（b）摩擦片竖直方向位移

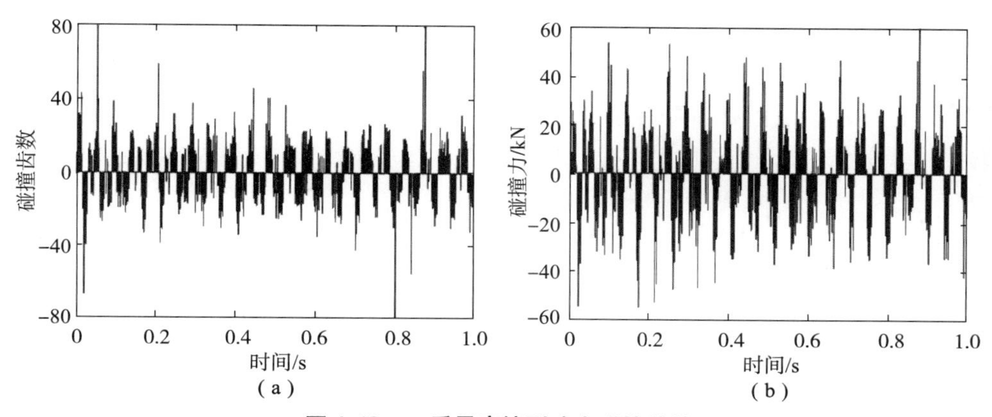

图 4.18　二质量摩擦副冲击碰撞特性

（a）碰撞齿数；（b）碰撞力

图 4.17 为二质量摩擦副冲击碰撞特性，内毂竖直方向上的位移在 $-1.732\times10^{-4}\sim1.633\times10^{-4}$ m 区间震荡，摩擦片竖直方向上的位移在 $-3.724\times10^{-4}\sim3.922\times10^{-4}$ m 区间震荡，这是由于内毂与摩擦片轮齿间的非线性碰撞力在水平与竖直方向的分力导致的。

图4.18为二质量摩擦副的内毂与摩擦片的冲击碰撞力和碰撞齿数随时间的变化曲线，内毂与摩擦片轮齿的碰撞齿数在某时刻的碰撞齿数为80，即全齿碰撞，这是由于模型中考虑了内毂与摩擦片的水平和竖直方向的自由度，摩擦片与内毂的相对偏心距是时变的，若某时刻相对偏心距为0则内毂与摩擦片的轮齿会发生全齿碰撞。内毂与摩擦片的冲击碰撞在 -55.7 ~61.8 kN 区间震荡，均方根值为5.78 kN。

4.5 影响因素分析

发动机—摩擦副传动系统以图4.13为例，参数设置见表4.3，分析不同的内毂转动惯量、齿侧间隙和偏心距等因素对内毂与摩擦片的齿部冲击碰撞特性的影响。

4.5.1 内毂转动惯量影响分析

不同的内毂转动惯量对内毂与摩擦片齿部碰撞力和碰撞齿数的影响如图4.19和图4.20所示，图4.19所示为随着内毂转动惯量的增加，碰撞力RMS值和碰撞齿数的平均值均减小，这是由于内毂的转动惯量增加降低了内毂的转速波动幅值引起的。图4.20是内毂转动惯量分别为0.1 $kg \cdot m^2$ 和0.3 $kg \cdot m^2$ 时的冲击碰撞力的时域图，为了阐明齿部碰撞特征，仅给出了0.6 s到0.8 s时间段的放大图，内毂转动惯量为0.1 $kg \cdot m^2$ 时齿部发生正碰、反碰和追碰等碰撞的频率比转动惯量为0.3 $kg \cdot m^2$ 时大，内毂转动惯量为0.1 $kg \cdot m^2$ 时的齿部碰撞力的幅值也比转动惯量为0.3 $kg \cdot m^2$ 时大。

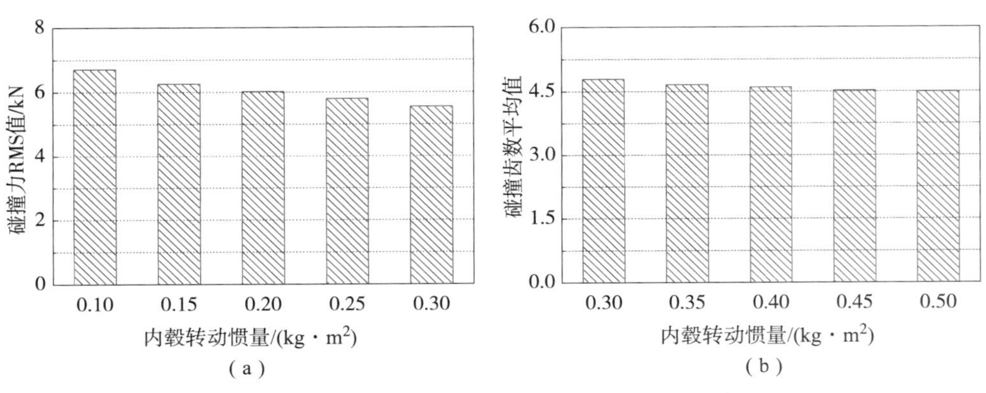

图4.19　内毂转动惯量对齿部冲击碰撞的影响

(a) 碰撞力RMS值；(b) 碰撞齿数平均值

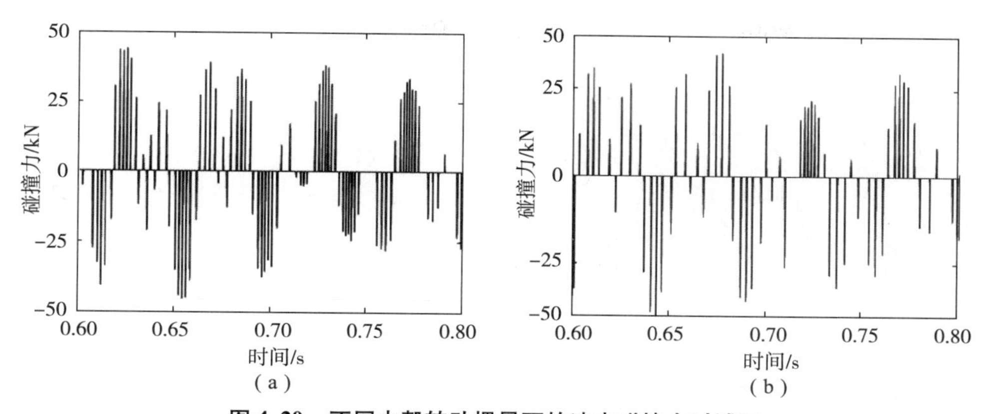

图 4.20　不同内毂转动惯量下的冲击碰撞力时域图

(a) 转动惯量 $J_6=0.1\ \mathrm{kg\cdot m^2}$；(b) 转动惯量 $J_6=0.3\ \mathrm{kg\cdot m^2}$

4.5.2　齿侧间隙影响分析

不同的内毂与摩擦片轮齿的齿侧间隙对齿部碰撞力和碰撞齿数的影响如图 4.21 和图 4.22 所示，图 4.21 明晰随齿侧间隙的增大，碰撞力 RMS 值增大而碰撞齿数的平均值减小。图 4.22 是内毂齿侧间隙分别为 0.3 mm 和 0.5 mm 时的冲击碰撞力的时域图，图中明晰齿侧间隙为 0.3 mm 时的碰撞力比齿侧间隙为 0.5 mm 的幅值小，齿侧间隙 0.3 mm 时内毂与摩擦片齿部冲击碰撞发生正碰、反碰和追碰等碰撞的频率比齿侧间隙 0.5 mm 的大。

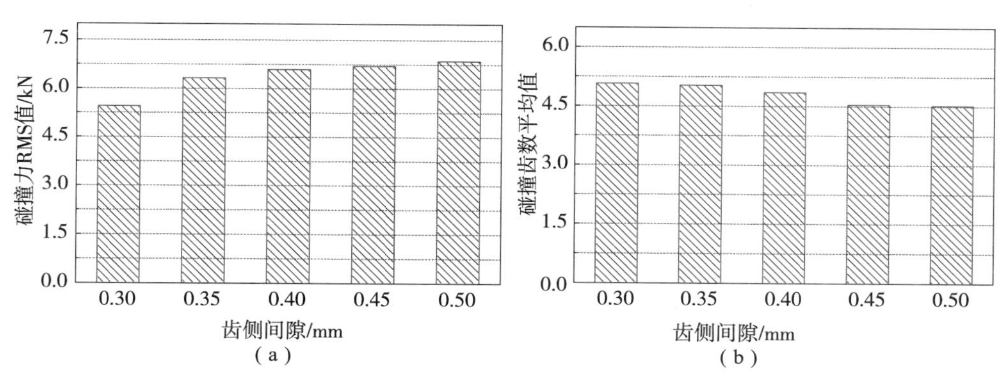

图 4.21　齿侧间隙对齿部冲击碰撞的影响

(a) 碰撞力 RMS 值；(b) 碰撞齿数平均值

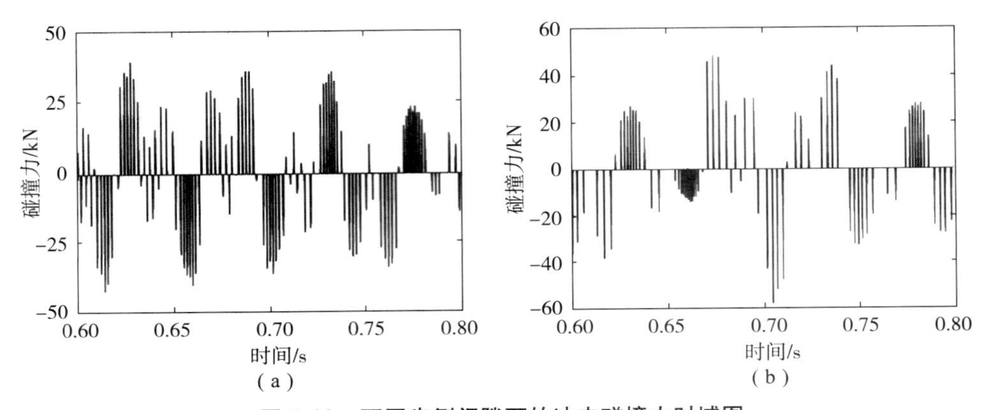

图 4.22　不同齿侧间隙下的冲击碰撞力时域图

(a) 齿侧间隙 c_b = 0.3 mm；(b) 齿侧间隙 c_b = 0.5 mm

4.5.3　摩擦片偏心距影响分析

不同的偏心距对内毂与摩擦片轮齿的齿部碰撞力和碰撞齿数的影响如图 4.23 和图 4.24 所示，图 4.23 为明晰随着偏心距的减小，碰撞力 RMS 值和碰撞齿数的平均值均呈增大趋势，当偏心距小于 0.1 mm 时会显著增加内毂与摩擦片的齿部碰撞力，这是因为偏心距越小，内毂与摩擦片发生全齿碰撞的概率越大。图 4.24 是偏心距分别为 0 mm 和 0.2 mm 时的冲击碰撞力的时域图，从图中看出偏心距为 0.2 mm 时的碰撞力幅值比偏心距为 0 mm 时小，偏心距为 0.2 mm 时齿部发生正碰、反碰和追碰等碰撞的频率变大。

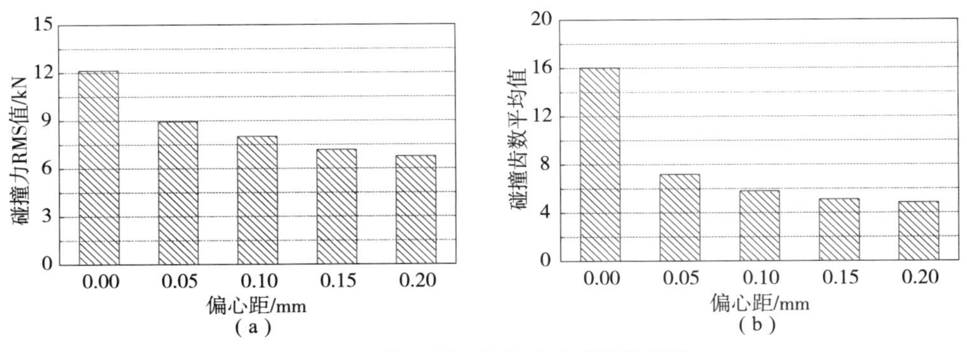

图 4.23　偏心距对齿部冲击碰撞的影响

(a) 碰撞力 RMS 值；(b) 碰撞齿数平均值

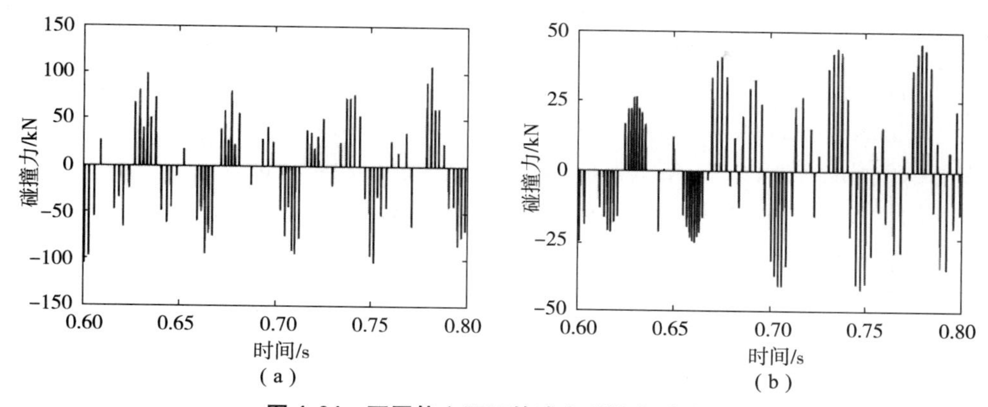

图 4.24　不同偏心距下的冲击碰撞力时域图

（a）偏心距 $a=0$ mm；（b）偏心距 $a=0.2$ mm

参考文献

[1] NING K Y, CHEN Z X, HAN M, et al. Colliding impact modelling and stress analysis of a floating—supported narrowband friction plate with Large Diameter [C]. Proceedings of the 14th IFTOMM World Congress, 2015: 45 – 51.

[2] NING K, WANG Y, HUANG D, et al. Impacting load control of floating supported friction plate and its experimental verification; Proceedings of the Journal of Physics: Conference Series, F, 2017 [C]. IOP Publishing.

[3] 陈再刚，智云胜，宁婕妤．齿根裂纹对齿轮轮体及齿间耦合刚度的影响研究 [J]. 机械传动，2022，46（5）：1 – 8.

[4] TIAN X. Dynamic simulation for system response of gearbox including localized gear faults [D]. Edmonton: University of Alberta, 2004.

[5] YANG D, LIN J. Hertzian damping, tooth friction and bending elasticity in gear impact dynamics [J]. Mechanisms, Transmissions and Automation in Design, 1987.

[6] WU S, ZUO M J, PAREY A. Simulation of spur gear dynamics and estimation of fault growth [J]. Journal of Sound and Vibration, 2008, 317 (3 – 5): 608 – 624.

[7] XIE C, HUA L, HAN X, et al. Analytical formulas for gear body – induced tooth deflections of spur gears considering structure coupling effect [J]. International

Journal of Mechanical Sciences, 2018, 148: 174 - 190.

[8] CHASE K W, SORENSEN C D, DECAIRES B J. Variation analysis of tooth engagement and loads in involute splines [J]. IEEE transactions on automation science and engineering, 2009, 7 (4): 746 - 754.

[9] CURà F, MURA A. Analysis of a load application point in spline coupling teeth [J]. Journal of Zhejiang University SCIENCE A, 2014, 15 (4): 302 - 308.

[10] DOWSON D, HIGGINSON G. A numerical solution to the elasto - hydrodynamic problem [J]. Journal of mechanical engineering science, 1959, 1 (1): 6 - 15.

[11] BHUSHAN B, KO P L. Introduction to tribology [J]. Appl. Mech. Rev., 2003, 56 (1): B6 - B7.

[12] 陈再刚，邵毅敏．行星轮系齿轮啮合非线性激励建模和振动特征研究 [J]. 机械工程学报，2015，51 (7)：23.

[13] LI S L, GAO L, ZHANG H. Research on the Optimization Method of the Friction Plate Backlash; Proceedings of the Key Engineering Materials, F, 2014 [C]. Trans Tech Publ.

[14] NING K, WANG Y, HUANG D, et al. Impacting load control of floating supported friction plate and its experimental verification [J]. Journal of Physics Conference Series, 2017, 842: 012070.

[15] 王金武．《花键承载能力计算方法》介绍 [J]．机械工业标准化与质量，1999 (9)：14 - 17.

[16] HU S, GUO X. A dissipative contact force model for impact analysis in multibody dynamics [J]. Multibody System Dynamics, 2015, 35 (2): 131 - 151.

[17] LANKARANI H M, NIKRAVESH P E. A contact force model with hysteresis damping for impact analysis of multibody systems; Proceedings of the International Design Engineering Technical Conferences and Computers and Information in Engineering Conference, F, 1989 [C]. American Society of Mechanical Engineers.

[18] LI S L, PAN J L, YIN H B. Analysis of vibration characteristics of friction plate based on rigid - flexible coupling model; Proceedings of the Key Engineering Materials, F, 2014 [C]. Trans Tech Publ.

第5章 摩擦片非线性损伤理论

5.1 引　　言

大功率高动载摩擦副工作条件恶劣，存在大功率、高动载、高线速度、强瞬态等工作特点。分离状态下，即摩擦片浮动支撑条件下，齿部冲击载荷大，存在摩擦片轮齿齿面和齿根损伤的特有失效形式，严重影响摩擦片寿命和工作稳定性，导致离合器、制动器的工作性能下降[1]，制约了装备整体性能的提升，还有可能导致事故的发生。

强度、刚度和疲劳寿命是对工程结构和机械使用的三个基本要求。疲劳破坏是工程结构和机械失效的主要原因之一，引起疲劳失效的循环载荷的峰值往往小于根据静态断裂分析估算出来的“安全”载荷。因此开展结构疲劳研究有着重要的意义。

第4章建立了摩擦副冲击动力学模型，获取了浮动状态下摩擦片齿部冲击特性。本章进一步对摩擦片受随机冲击碰撞产生的非线性疲劳损伤[2]进行了理论研究及影响因素分析。

5.2 基本概念

5.2.1 疲劳的定义

疲劳是指在循环载荷作用下，材料的性能产生永久性变化，并经一定循环周次后产生裂纹甚至完全断裂的现象[3]。常用一个循环过程中的最大应力 σ_{max} 和应力比 R（最小应力与最大应力之比，即 $R = \sigma_{min}/\sigma_{max}$）定义单轴加载过程。应注意区分应力幅 σ_a 和平均应力 σ_m，据此定义以下载荷形式（图 5.1 ~ 图 5.6[3,4]）：

对称拉/压循环载荷：$\sigma_m = 0$，$R = -1$

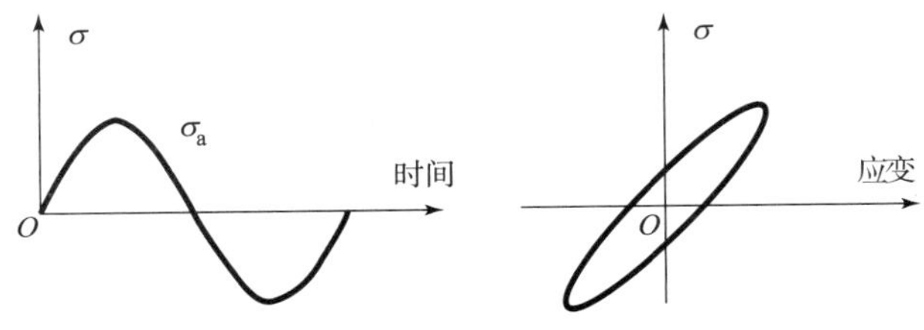

图 5.1　对称循环拉压

非对称拉/压循环载荷：$0 < \sigma_m < \sigma_a$，$-1 < R < 0$

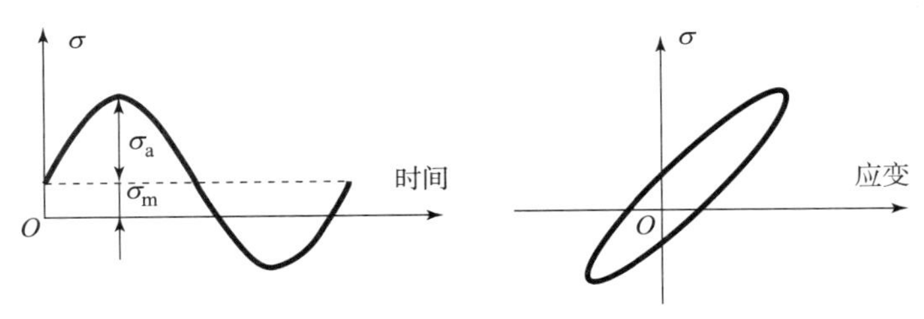

图 5.2　非对称循环拉压

重复拉/压循环载荷：$R = 0$

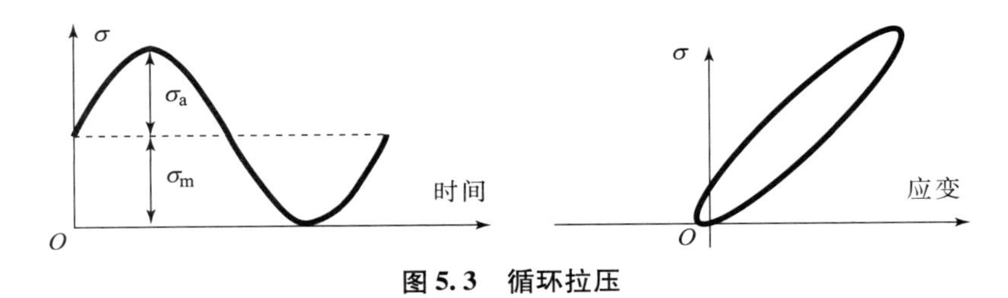

图 5.3　循环拉压

交变拉/拉循环载荷：$\sigma_m > \sigma_a, 0 < R < 1$

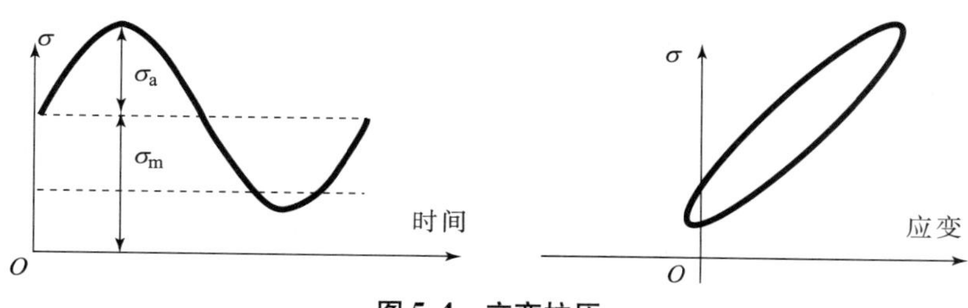

图5.4 交变拉压

一般把材料与结构发生疲劳损伤前的强度值定义为“疲劳极限”，一旦外加载荷随时间发生变化，就会发生疲劳损伤。多数情况下，材料与结构会在低于拉伸强度甚至低于弹性极限的低应力条件下发生断裂，因此疲劳破坏非常危险。

5.2.2 疲劳的分类及特点

在常温下工作的结构和机械的疲劳破坏取决于外载大小。从微观上看，疲劳裂纹的萌生都与局部微观塑性有关，但从宏观上看，在循环应力水平较低时，弹性应变起主导作用，此时疲劳寿命较长，称为应力疲劳或高周疲劳；在循环应力水平较高时，塑性应变起主导作用，此时疲劳寿命较短，称为应变疲劳或低周疲劳。不同的外部载荷造成不同的疲劳破坏形式，类型及特点见表5.1。

表5.1 疲劳类型及特点

类型	特点
机械疲劳	仅有外加应力或应变波动造成的疲劳失效
蠕变疲劳	循环载荷同高温联合作用引起的疲劳失效
热机械疲劳	循环载荷和循环温度同时作用引起的疲劳失效
腐蚀疲劳	在存在侵蚀性化学介质或致脆介质的环境中施加循环载荷引起的疲劳失效
滑动接触疲劳 滚动接触疲劳	载荷的反复作用与材料间的滑动和滚动接触相结合分别产生的疲劳失效
微动疲劳	脉动应力与表面间的来回相对运动和摩擦滑动共同作用产生的疲劳失效

5.2.3 金属材料的疲劳性能

金属材料的疲劳性能包括两部分，一是材料在循环加载下的应力—应变关系，即循环应力—应变曲线；二是材料的载荷寿命关系，这些是结构疲劳寿命分析的基本数据。

金属材料的拉伸特性通常用 $P-\delta$ 曲线描述。材料的机械性能，如屈服强度 σ_s、拉伸强度 σ_b、弹性模量 E 等参数由拉伸试验得到，且可由 $P-\delta$ 曲线获得。

材料的工程应力 S 和工程应变 e 定义为

$$S = \frac{P}{A_0} \tag{5.1}$$

$$e = \frac{L - L_0}{L_0} \tag{5.2}$$

式中，P 为载荷；A_0 为试件加载前的截面积；L 为瞬时长度；L_0 为试件标距原始长度。

由于拉伸过程中试件的长度和截面积都在不断地变化，故工程应力 S 和工程应变 e 不能精确地反映材料变形过程中的真实应力和应变情况，因此提出了真应力 σ 和真应变 ε 的概念。

$$\sigma = \frac{P}{A} \tag{5.3}$$

$$\varepsilon = \frac{\mathrm{d}L}{L} \tag{5.4}$$

$$\varepsilon = \int_{L_0}^{L} \mathrm{d}\varepsilon = \ln\left(\frac{L}{L_0}\right) \tag{5.5}$$

式中，A 为试件瞬时截面积；$\mathrm{d}L$ 为瞬时伸长量；L 为瞬时长度。

因为在变形过程中试件的体积保持不变，即 $A_0L_0 = AL$，则由式（5.3）和式（5.4）可得

$$\varepsilon = \ln(1 + e) \tag{5.6}$$

$$\sigma = S(1 + e) \tag{5.7}$$

由于绝大多数实际工程结构受载后所产生的应变不大于2%，所以工程应力、应变与真应力、真应变之间的差别不大，因此在本书以后的论述中除非必要时，一般不再区分工程应力与真应力和工程应变与真应变。

描述应力—应变曲线的模型有很多种，而工程结构材料一般为硬化材料，可用近似 Ramberg - Osgood 模型来描述[5]：

$$\varepsilon = \frac{\sigma}{E} + \left(\frac{\sigma}{K}\right)^{\frac{1}{n}} \tag{5.8}$$

式中, K 为强度系数; n 为应变硬化指数。

就绝大多数工程结构材料而言，对于单调拉伸的 $\sigma - \varepsilon$ 曲线可作如下假定:

（1）单调拉伸和单调压缩曲线关于原点 O 反对称;

（2）在屈服极限 A 点以内是直线，如图 5.5 所示。

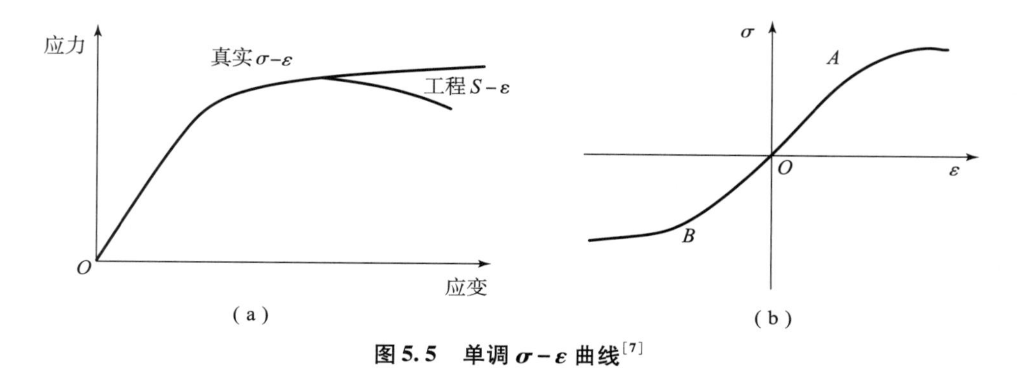

图 5.5　单调 $\sigma - \varepsilon$ 曲线[7]

5.2.4　金属材料的循环应力应变特性

金属材料在循环加载下的应力应变曲线叫作循环应力应变曲线，它与单调加载下的应力应变曲线有很大的不同，它对结构在循环加载下的应力应变状态的描述起着至关重要的作用。当材料所受到的外载荷处于材料的弹性范围内时，宏观上认为材料不产生塑性。但当承受的外载荷超过材料的比例极限时，就形成了迟滞回线，亦即滞后环，而产生塑性耗散，如图 5.6 所示。实际工程材料由于其瞬态特性不同，它们的循环应力—应变曲线的形状是很不同的。

当外加循环应力应变使材料进入塑性后，由于反复产生塑性变形，使金属的塑性流动特性改变，材料抵抗变形的能力增加或减小，这种现象称为循环硬化或循环软化。

循环加载有两种控制方式：应力控制和应变控制。在应力控制下，对循环硬化材料，其应变不断减小；对循环软化材料，其应变则不断增加，如图 5.7（a）、（b）所示。在应变控制下，对循环硬化材料，其应力不断增加；对循环软化材料，其应力则不断减小，如图 5.7（c）、（d）所示。

材料的循环硬化和循环软化行为在疲劳试验开始时表现得比较强烈，随后逐渐减弱，并趋于稳定。趋于稳定的快慢程度取决于材料本身。也有研究者在 LY12 - CZ 的疲劳试验中发现，其循环硬化是不稳定的，尽管在寿命后期其硬化量很小[6]。

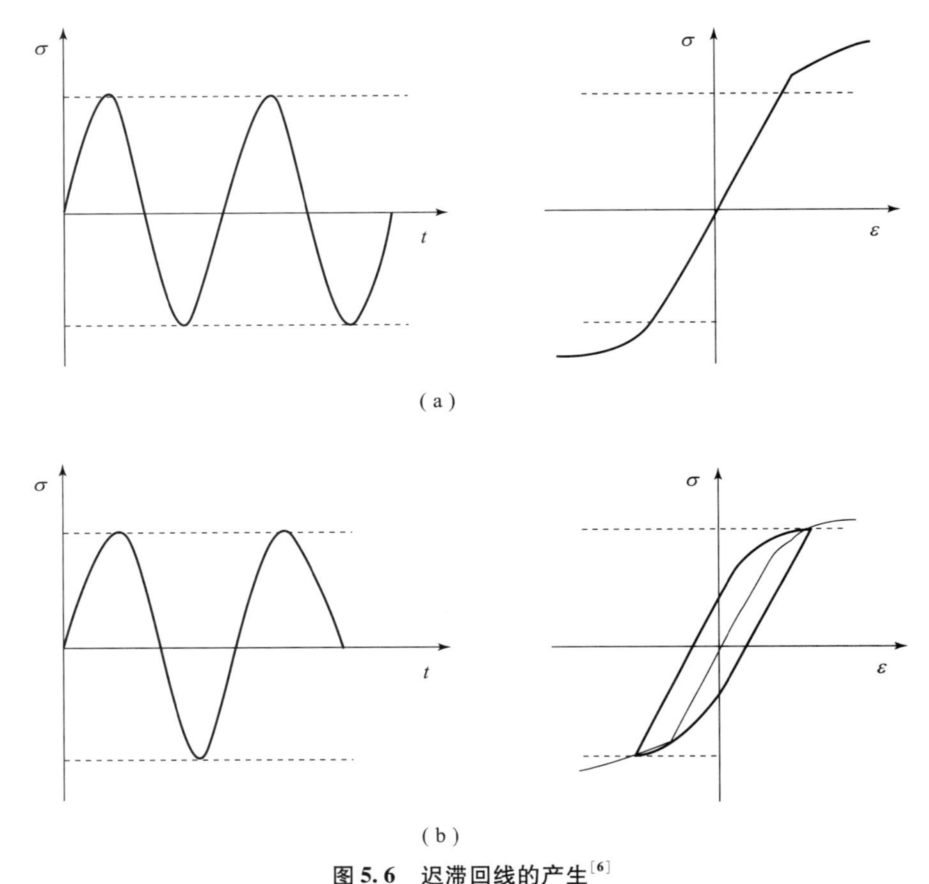

图 5.6　迟滞回线的产生[6]

（a）应力应变处于弹性范围；（b）应力应变处于弹性塑性范围

材料的循环硬化或软化特性与材料的屈强比 σ_s/σ_b 有关，通常 $\sigma_s/\sigma_b < 0.7$ 的材料为循环硬化材料，而 $\sigma_s/\sigma_b > 0.8$ 的材料为循环软化材料，而 σ_s/σ_b 在 0.7 ~0.8 的材料就有可能是循环硬化材料，也可能是循环软化材料。也可用断裂延性 ε_1 来判断材料是循环硬化材料还是循坏软化材料。还有个别材料是先循环硬化后循环软化或先循环软化后循环硬化的。

金属材料的循环硬化与循环软化取决于其应力/应变水平、加载次数以及材料本身。有关这方面的定量研究还很少，实验资料也不太丰富。

循环蠕变和循环松弛是材料循环应力应变的另一个瞬态特性。在常幅应力控制下，应变不断提升的现象叫循环蠕变如图 5.8（a）所示；在常幅应变控制下，应力不断下滑的现象叫循环松弛如图 5.8（b）所示。

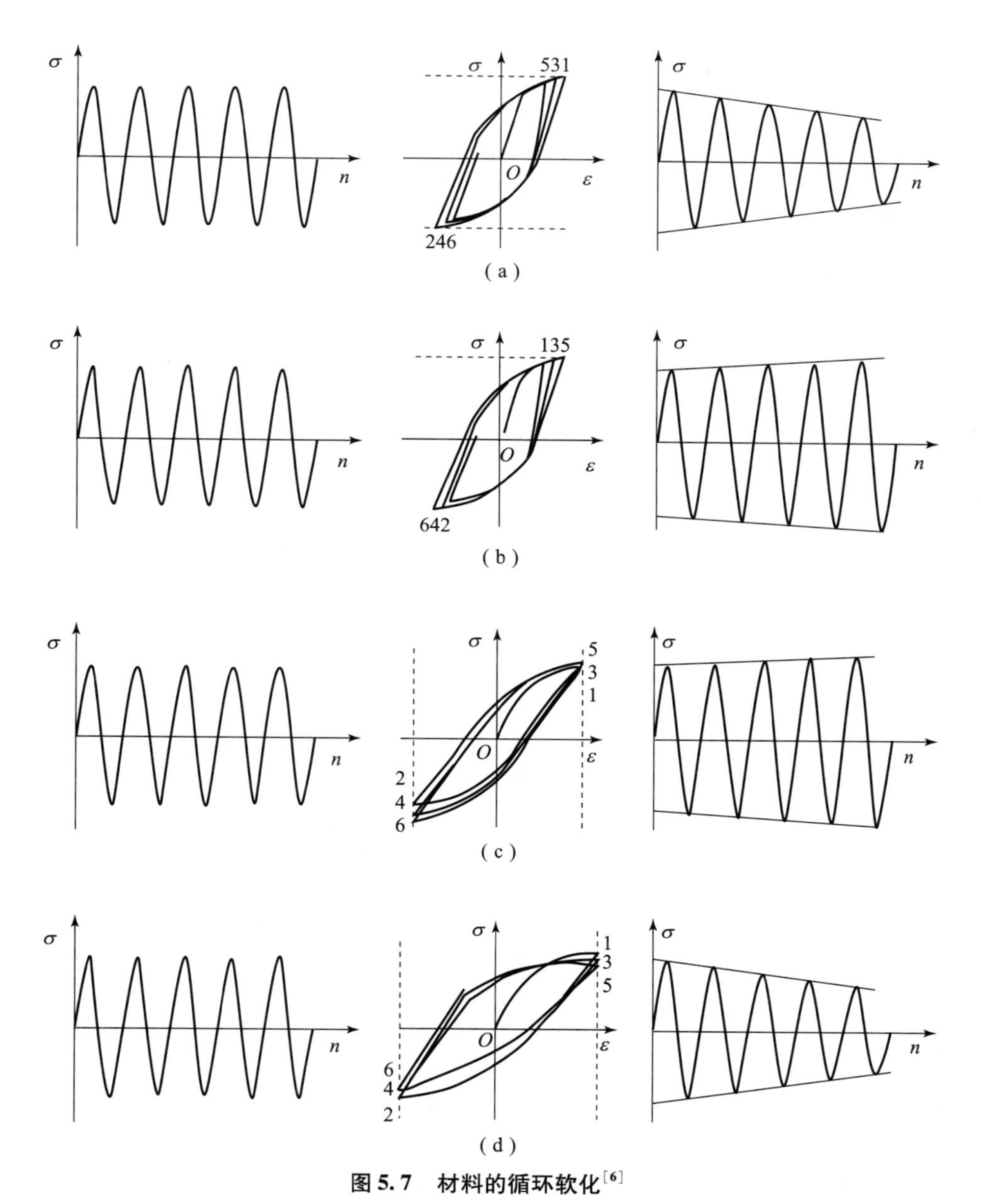

图 5.7　材料的循环软化[6]

(a) 应力控制下材料的循环硬化；(b) 应力控制下材料的循环软化；
(c) 应变控制下材料的循环硬化；(d) 应变控制下材料的循环软化

循环蠕变与循环松弛现象对于非金属材料比较明显，金属材料在常温下的循环蠕变和循环松弛现象不明显，但在高温下却必须考虑。

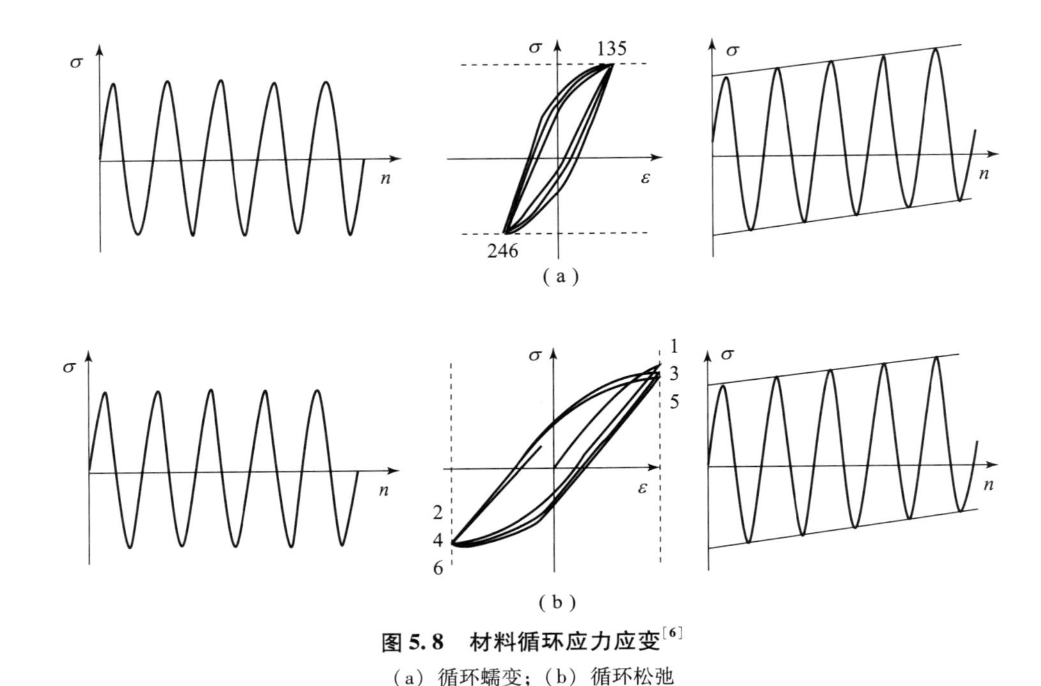

图 5.8 材料循环应力应变[6]

(a) 循环蠕变；(b) 循环松弛

5.2.5 材料疲劳寿命 $S-N$ 曲线

建立外载荷与寿命之间的关系是评价和估算疲劳寿命或疲劳强度的前提。反映外加应力 S 和疲劳寿命 N 关系的曲线叫作 $S-N$ 曲线，或称之为 Wöhler 曲线[6]。图 5.9 所示为一典型的 $S-N$ 曲线。一条完整的 $S-N$ 曲线可分为三段：低周疲劳区（LCF）、高周疲劳区（HCF）和亚疲劳区（SF）。$N=1/4$，即静拉伸对应的疲劳强度为 $S_{max}=S_b$；$N=10^6 \sim 10^7$ 对应的疲劳强度为疲劳极限 $S_{max}=S_v$；在 HCF 区，$S-N$ 曲线在对数坐标系上几乎是一条直线。

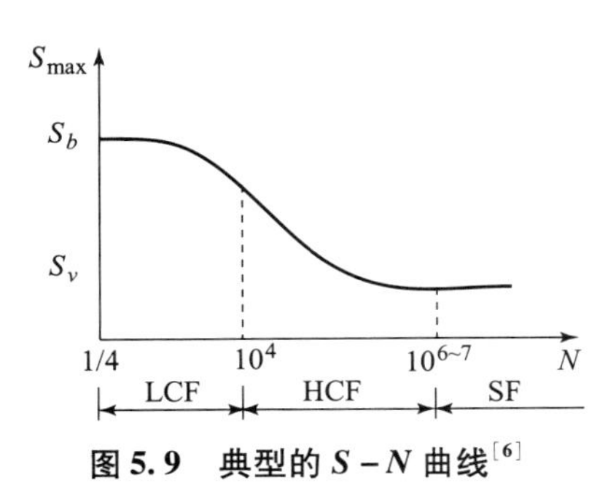

图 5.9 典型的 $S-N$ 曲线[6]

描述 $S-N$ 曲线在 HCF 区的这一段直线或 HCF 区和 SF 区的 $S-N$ 曲线经验方程有

（1）指数函数公式

$$N \cdot e^{\alpha S}=C \tag{5.9}$$

式中, α 和 C 为材料常数。对上式两边取对数可得

$$\lg N \approx a + bS \tag{5.10}$$

式中, a 和 b 为材料常数。由此可见，指数函数的 $S-N$ 经验公式在半对数坐标图上为一直线。

（2）幂函数公式

$$S^{\alpha}N = C \tag{5.11}$$

式中, α 和 C 为材料常数。对上式两边取对数，整理后得

$$\lg N = a + b \cdot \lg S \tag{5.12}$$

式中, a 和 b 为材料常数。由此可见，幂函数的 $S-N$ 经验公式在双对数坐标图上为一直线。

（3）Basquin 公式[7]

$$S_a = \sigma_r'(2N)^b \tag{5.13}$$

式中, σ_r' 为疲劳强度系数; b 为实验常数。

（4）Weibu 公式[8]

式（5.11）和式（5.12）为两参数公式，故只适用于 HCF 区的 $S-N$ 曲线的描述。而 Weibull 提出的公式包含了疲劳极限

$$N_f = S_f(S_s - S_{ae})^b \tag{5.14}$$

式中, S_f、b 和 S_{ae} 为材料常数，其中 $b < 0$; S_{ae} 为理论应力疲劳极限幅值。

（5）另一个三参数公式

$$S = S_c\left(1 + \frac{C}{N^{\alpha}}\right) \tag{5.15}$$

式中, α 和 C 为材料常数，其中 $\alpha > 0$; S_e 为应力疲劳极限。

5.3　传统疲劳累积损伤理论与计算方法

疲劳损伤的物理形式是多种多样的，这是疲劳强度和疲劳寿命分析困难的根本所在。从微观或物理角度定义疲劳损伤有很多方式，如疲劳损伤区内微观裂纹的密度、空洞体积（面积）比、声发射（acoustic emission）量（声发射事件数、声发射能量）、电阻抗变化、显微硬度变化、超声波等。从宏观或唯象的角度定义疲劳损伤主要有：①Miner 疲劳损伤 $D = 1/N$, N 是对应于给定应力水平的材料的疲劳寿命；②剩余刚度 E，用剩余刚度定义损伤的表达式通常为 $D = 1 - E/E_0$，它是循环应力水平 σ_{max}、疲劳加载次数 n、材料取向 a、加载应力比 R、环境条件 T 等的函数，即 $D = D(\sigma_{max}, n, a, R, T, ...)$；③剩余强度；④循环耗散能；⑤阻

尼系数、滞后能（滞后相位角）等。

任何一个疲劳累积损伤理论必定以疲劳损伤 D 的定义为基石，以疲劳损伤的演化 $\mathrm{d}D/\mathrm{d}n$ 为基础。一个合理的疲劳累积损伤理论，其疲劳损伤 D 应该有比较明确的物理意义，有与试验数据比较一致的疲劳损伤演化规律，同时使用比较简单。构造一个疲劳累积损伤理论，不管它有效与否，必须定量地回答下述三个问题：

（1）一个载荷循环对材料或结构造成的损伤是多少?

（2）多个载荷循环时，损伤是如何累加的?

（3）失效时的临界损伤是多少?

5.3.1　线性疲劳累积损伤理论

线性疲劳累积损伤理论是指在循环载荷作用下，疲劳损伤是可以线性累加的，各个应力之间相互独立且互不相关，当累加的损伤达到某一数值时，试件或构件就发生疲劳破坏。线性累积损伤理论中典型的是 Palmgern - Miner 理论[5,9]，简称 Miner 理论。Miner 理论对于上述三个问题给出了如下回答。

（1）一个循环造成的损伤

$$D = \frac{1}{N} \tag{5.16}$$

式中，N 为对应于当前载荷水平 S 的疲劳寿命。

（2）等幅载荷下，n 个循环造成的损伤

$$D = \frac{n}{N} \tag{5.17}$$

变幅载荷下，n 个循环造成的损伤

$$D = \sum_{i=1}^{n} \frac{1}{N_i} \tag{5.18}$$

式中，N_i 为对应于当前载荷水平 S_i 的疲劳寿命。

（3）临界疲劳损伤 D_{CR}：若是等幅循环载荷，显然当循环载荷的次数 n 等于其疲劳寿命 N 时，疲劳破坏产生，即 $n = N$，由式（5.18）得到

$$D_{\mathrm{CR}} = 1 \tag{5.19}$$

Miner 理论是一个线性疲劳累积损伤理论，它没有考虑载荷次序的影响，而实际上加载次序对疲劳寿命的影响很大，对此已有大量的试验研究。对于二级或者很少几级加载的情况下，试验件破坏时的临界损伤值 D_{CR} 偏离 1 很大。对于随机载荷，试验件破坏时的临界损伤值 D_{CR} 在 1 附近，这也是目前工程上广泛采用 Miner 理论的原因。

除了 Miner 线性疲劳累积损伤理论外，还有一些修正的线性疲劳累积损伤理论。给出的模型[10]对下述三个问题给出了回答。

（1）一个循环造成的损伤

$$D = \frac{1}{N} \tag{5.20}$$

式中，N 为对应于当前载荷水平的疲劳寿命。

（2）等幅载荷下，n 个循环造成的损伤

$$D = \frac{n}{N} \tag{5.21}$$

变幅载荷下，N 个循环造成的损伤：由于材料具有循环硬化/循环软化、循环蠕变/循环松弛、记忆等特性，在变幅载荷作用下材料的瞬时疲劳损伤与加载顺序有关。设第 j 次载荷作用下，材料的疲劳损伤为 D_j，则第 i 次载荷作用下产生的疲劳损伤与当时的损伤状态有关。

$$\begin{aligned} D &= D_1 + D_2 \big|_{D_1 = f(\varepsilon_1, R_1)} + D_3 \big|_{D_2 = f(\varepsilon_2, R_2)} + \cdots + D_i \big|_{D_{i-1} = f(\varepsilon_{i-1}, R_{i-1})} \\ &= \sum_{j}^{N} D_j \big|_{D_{j-1} = f(\varepsilon_{j-1}, R_{j-1})} \end{aligned} \tag{5.22}$$

式中，$D_i \big|_{D_{i-1} = f(\varepsilon_{i-1}, R_{i-1})}$ 表示在计算第 i 次加载产生的疲劳损伤时，要考虑在此以前产生的损伤状态，这可以通过当前的局部应力应变状态实现。

（3）临界疲劳损伤 D_{CR}：若是常幅循环载荷，显然当循环载荷的次数 n 等于其疲劳寿命 N 时，疲劳破坏发生，即 $n = N$，由式（5.19）得到

$$D_{CR} = 1 \tag{5.23}$$

除此之外，还有许多其他的线性疲劳累积损伤理论，常用的线性疲劳累积损伤理论见表 5.2。

表 5.2　线性疲劳累积损伤理论[6]

作者	累计损伤模型		材料参数
Palmgren Miner	损伤定义	$D_i = 1/N_i$	N_i
	破坏准则	$\sum D_i = 1$	
Lundberg	损伤定义	$D = \frac{N_0}{\alpha}[l^{-s}\gamma(s-1)\exp(-ls_0)]$	N_0 S_0
	破坏准则	$\sum D = 1$	

续表

作者	累计损伤模型		材料参数
Shanleg	损伤定义	$D = \exp\left[CK\left(\frac{n_i}{N_i} - 1\right)\right], K = S_{\alpha_i}^n$	N_i n
	破坏准则	$\sum D = 1$	
Grover	损伤定义	$D_i = \frac{1}{\alpha_i N_i}$	N_i α_i
	破坏准则	$\sum D_i = 1$	

5.3.2 非线性疲劳累积损伤理论

线性疲劳累积损伤理论形式简单、使用方便，但是线性累积损伤理论没有考虑应力之间的相互作用，而使预测结果与试验值相差较大，有时甚至相差很远[11]。从而提出了非线性疲劳累积损伤理论，其中典型的是 Carten - Dolan 理论[12,13]。Carten - Dolan 理论对于上述三个问题给出了如下回答。

（1）一个循环造成的损伤

$$D = m^c r^d \tag{5.24}$$

式中，m 为材料损伤核的数目，应力越大，m 越大；r 为损伤发展速率，它正比于应力水平 S，即 $r \propto S$；c、d 为材料常数。

（2）等幅载荷下，n 个循环造成的损伤

$$D = nm^c r^d \tag{5.25}$$

变幅载荷下，n 个循环造成的损伤

$$D = \sum_{i=1}^{p} n_i m_i^c r_i^d \tag{5.26}$$

式中，n_i 为第 i 级载荷的循环次数，$\sum_{i=1}^{p} n_i = n$

（3）临界疲劳损伤 D_{CR}

$$D_{CR} = N_1 m_1^c r_1^d \tag{5.27}$$

对于常幅载荷，N_1 为对应于此疲劳载荷的疲劳寿命，对于变幅载荷，式中下标“1”代表已作用的载荷系列中最大一级载荷所对应的疲劳寿命值，即

$$D = \sum_{i=1}^{p} n_i m_i^c r_i^d = N_1 m_1^c r_1^d \tag{5.28}$$

因为疲劳损伤产生后不会在后面的疲劳加载过程中消失，只会增加，所以有

$m_i = m_1$，式（5.28）成为

$$\sum_{i=1}^{p} n_i r_i^d = r_1^d N_1 \tag{5.29}$$

因为损伤发展速率 r 正比于应力水平 S，有 $r_i \propto S_i$，所以

$$1 = \sum_{i=1}^{p} \frac{n_i}{N_1 \left(\frac{S_1}{S_i}\right)^d} \tag{5.30}$$

式中，S_i 为本次载荷循环之前的载荷系列中最大一次的载荷；N_1 为对应于 S_1 的疲劳寿命；d 为材料常数，Carten 和 Dolan 基于疲劳试验数据建议

$$d = \begin{cases} 4.8 & \text{高强度钢} \\ 5.8 & \text{其他} \end{cases} \tag{5.31}$$

除 Carten－Dolan 非线性疲劳累积损伤理论外，表 5.3 列出了一些非线性疲劳累积损伤理论。非线性疲劳累积损伤理论还有很多，其中相当一部分用于处理二级载荷情况很有效。

表 5.3　非线性疲劳累积损伤理论[6]

作者	累积损伤模型		材料参数
Carten 和 Dolan	损伤定义	$D = m^c r^d$	d N_i
	破坏准则	$1 = \sum_{i=1}^{p} \frac{n_i}{N_1 \left(\frac{S_1}{S_i}\right)^d}$	
Freudenthal 和 Heller	损伤定义	$D = Ar^d$	d N_i
	破坏准则	$1 = \frac{\bar{N}}{\sum_i n_i (S_i/\bar{S})^d}$	
Henry	损伤定义	$D = \sum \frac{n}{N} = \frac{n_1}{N_1} + \frac{n_2}{N_2} = \frac{r_2 + (r_2/r_1) + \beta_1^2 (1 - r_2/r_1)}{r_1 + (r_2/r_1) + \beta_1 (1 - r_2/r_1)}$ $r = (S - S_e)/S_e$	S_e
	破坏准则	$D = 1$	
尚德广	损伤定义	$D = \frac{W_f^{(n)}}{W_f}$	W_f
	破坏准则	$D = 1$	
Fuller	损伤定义	$D = \left(\frac{n}{N}\right)^{\bar{\beta}}$	N
	破坏准则	$D = 1$	

5.3.3 概率疲劳累积损伤理论

上述疲劳累积损伤理论都是基于“确定性”的基础之上的，近20年来为适应疲劳可靠性设计的要求，概率疲劳累积损伤理论有了很大的发展。

概率疲劳累积损伤理论是建立在对疲劳损伤演化过程的认识基础上的。疲劳损伤的基本特征是疲劳累积损伤过程中不可逆性和疲劳累积损伤的随机性。疲劳累积损伤过程中的不可逆性从微观上看是指材料的微观结构和组织的缺陷在不断增加，从宏观上看是指累积损伤是载荷循环数的广义单调增函数。疲劳累积损伤的随机性是由两大原因引起的：一是由材料微结构的不均匀性、构成物质的不均匀性、缺陷分布的不均匀性等内部因素引起的不确定性，称之为内在分散性；另一个由外载荷的随机性、试验件几何尺寸、服役环境等引起的不确定性，称之为外在分散性。

与确定性的疲劳累积损伤理论一样，概率疲劳累积损伤理论同样需要回答三个基本问题。下面介绍两个不同类型的概率疲劳累积损伤理论。

1. 概率 Miner 理论

许多试验统计事实表明：Miner 理论较好地预测了工程结构在随机载荷作用下的均值寿命，所以尽管在过去的几十年中相继提出了数十个疲劳累积损伤理论，但 Miner 理论仍然是被普遍采用的工程抗疲劳设计准则。

分析 Miner 理论可以发现它有两个主要缺陷：①Miner 理论是一个疲劳损伤线性累积的模型，它不能考虑载荷顺序的影响；②Miner 理论是一个确定性的模型，它不能考虑由于材料和载荷等分散性引起的瞬时累积损伤的统计分散性。针对这两个缺陷，已做了大量的试验研究和理论研究。

（1）一个循环造成的损伤

$$D = \frac{1}{N} \tag{5.32}$$

式中，N 为对应于当前载荷水平的疲劳寿命，但此处它是一个随机变量。

（2）n 个循环下的损伤：材料在循环载荷作用 n 次后的疲劳损伤称之为瞬时累积损伤 $D(n)$，它是内在分散性和外在分散性的综合体现。设内在分散性用随机变量 $D^{(1)}$ 描述，外在分散性用随机变量 $D^{(2)}$ 描述，则瞬时累积损伤 $D(n)$ 的分布是 $D^{(1)}$ 和 $D^{(2)}$ 的和分布

$$D(n) = D^{(1)} \cup D^{(2)} \tag{5.33}$$

内在分散性是材料固有的，内在分散性 $D^{(1)}$ 的分布只有通过试验才能获得。设在常幅载荷 S 作用下材料的疲劳寿命为 N，因为 N 是一个随机变量，所以 $D^{(1)}$

也是一个随机变量，有

$$D^{(1)} = \frac{n}{N} \tag{5.34}$$

式中，n 为加载循环数，是一个确定的量。设疲劳寿命 N 的分布密度函数为 $f_N(x)$，分布函数为 $F_N(x)$，则疲劳损伤 $D^{(1)}$ 的分布函数 $F_D(y)$ 和分布密度函数 $f_D(y)$ 为

$$\begin{aligned} F_D(y) &= P\{D^{(1)} \leqslant y\} = P\{n/N \leqslant y\} \\ &= 1 - F_N(n/y) = \int_{\frac{n}{y}}^{\infty} f_N(x)\mathrm{d}x \end{aligned} \tag{5.35}$$

$$f_D(y) = \frac{\mathrm{d}F_D(y)}{\mathrm{d}y} = \frac{n}{y^2} f_N(n/y) \tag{5.36}$$

通常可以认为疲劳寿命 N 服从对数正态分布，其分布密度函数为

$$f_N(x) = \begin{cases} \dfrac{1}{\sqrt{2\pi}\sigma_N x}\exp\left[-\dfrac{(\ln x - \mu_N)^2}{2\sigma_N^2}\right], & x > 0 \\ 0, & x \leqslant 0 \end{cases} \tag{5.37}$$

由式（5.37）得到内在损伤 $D^{(1)}$ 的分布函数为

$$f_D(x) = \begin{cases} \dfrac{1}{\sqrt{2\pi}\sigma_N y}\exp\left[-\dfrac{(\ln x - \mu_D)^2}{2\sigma_D^2}\right], & y > 0 \\ 0, & y \leqslant 0 \end{cases} \tag{5.38}$$

式中，$\mu_D = \ln n - \mu_N$，是瞬时内在损伤 $D^{(1)}$ 的对数均值；$\sigma_D = \sigma_N$，为 $D^{(1)}$ 的对数标准差，也即 $D^{(1)}$ 的标准差与常幅加载下的疲劳寿命 N 的对数标准差相同。

外载分散性并不是材料的固有特性。由于任何材料均有分散性，故无法通过疲劳试验单独获得 $D(n)$ 的外在分散性。$D(n)$ 的外在分散性主要体现在外载荷的随机性，这一随机性包含了两个方面：一个是外载荷作用次序的随机排列；另一个是某一时刻外载荷值大小的随机分布。通常疲劳载荷谱以块谱的形式给出，只要适当增加块谱的级数，便可基本解决第二个方面的随机性。因此可以认为外载荷的随机性主要来自载荷作用次序的随机性排列。

对于一个给定的载荷系列，载荷次序的影响可以通过修正的线性疲劳累积损伤理论加以考虑。对于随机加载系列，由于 $D_i\big|_{D_{i-1}=f(\varepsilon_{i-1},R_{i-1})}$ 和 $D_k\big|_{D_{k-1}=f(\varepsilon_{k-1},R_{k-1})}$ 是两个相关的随机变量，所以 $D^{(2)}$ 的分布无法用极限定理给出。解决这一问题的一个有效途径是数值模拟，对于载荷谱采用随机抽样的办法，产生一个随机加载系列，用修正的 Miner 理论计算不同时刻的瞬时损伤 $D^{(2)}(n)$ 值，抽样计算 m 次，就可以获得 m 组 $D^{(2)}(n)$ 值，然后对这 m 组 $D^{(2)}(n)$ 做统计分析，这样便可得到其分布。然后由式（5.18）计算出 n 次循环造成的疲劳损伤

$D(n)$ 的概率分布，也可以在抽样计算时就将材料的分散性考虑进去。有关数值模拟计算结果表面：$D(n)$ 较好地服从对数正态分布。

（3）临界疲劳损伤 D_{CR}：目前对于临界损伤 D_{CR} 的统计特性有两种观点：一是认为 D_{CR} 是一个确定性的量，即 $D_{CR}=1$。这种观点认为材料的固有分散性在计算 $D(n)$ 时已经考虑进去了，因为 $D(n)=D_{CR}$，如果再将 D_{CR} 作为随机变量，则有重复考虑之嫌。另一种观点认为，D_{CR} 是材料的一个特性，它是一个随机变量，其分布函数为 $F_D(\bar{N})$，$\bar{N}$ 是随机变量 N 的平均值。

2. 疲劳累积损伤动态统计模型

疲劳累积损伤过程是一个复杂的不可逆随机过程，这一随机过程可写为

$$D(n)=F(\{D_0\},\{D^{(1)}\},\{D^{(2)}\}) \tag{5.39}$$

式中，$\{D_0\}$ 为描述材料内部初始缺陷的一组随机变量；$\{D^{(1)}\}$ 为描述疲劳累积损伤内在分散性的一组随机变量；$\{D^{(2)}\}$ 为描述疲劳累积损伤外在分散性的一组随机变量。针对疲劳裂纹形成过程，廖敏等[14]给出相应的疲劳累积损伤动态统计模型如下。

（1）一个循环造成的损伤

$$D=\frac{1}{N} \tag{5.40}$$

式中，N 为对应于当前载荷水平的疲劳寿命，它是一个随机变量，因此 D 也是一个随机变量。

（2）n 个循环下的损伤

$$D(n)=\sum_{i=1}^{n}\Delta D_i \tag{5.41}$$

即微量损伤线性累积原则。考虑到载荷顺序对疲劳累积损伤有着极大的影响，ΔD_i 的计算采用修正的线性疲劳累积损伤理论。动态统计模型认为当 n 足够大时，可以应用中心极限定理确定 $D(n)$ 的分布

$$F_D(n)=\Phi\left[\frac{D(n)-\mu_{D(n)}}{\sigma_{D(n)}}\right] \tag{5.42}$$

（3）临界疲劳损伤 D_{CR}：临界疲劳损伤 D_{CR} 是一个随机变量，其均值为 1，变异系数与疲劳寿命的变异系数近似相等。

5.3.4 疲劳累积损伤计算方法

雨流计数法是计算疲劳累积损伤的方法之一。该计数法的突出特点是根据所

研究材料的应力—应变之间的非线性关系来进行计数，亦即把本记录用雨流法定出一系列闭合的应力—应变滞后环。

图 5.10 为雨流计数法示意图。把应变—时间历程样本记录转过 90°，时间坐标轴竖直向下，应力波形犹如一系列屋面，计数的雨水顺着屋面往下流就进行计数，故称为雨流法。雨流法有下列规则：

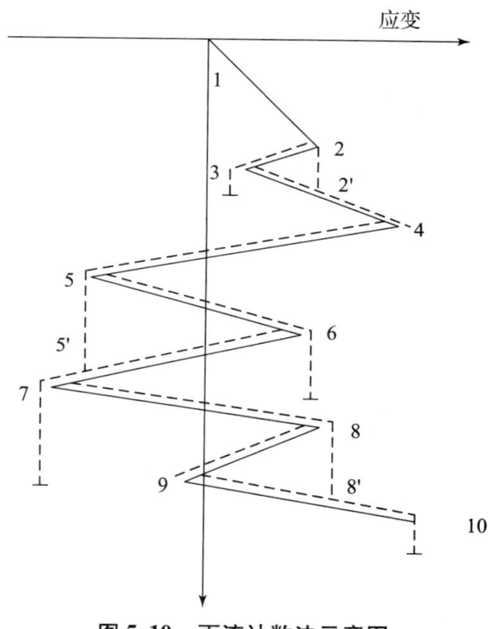

图 5.10 雨流计数法示意图

（1）雨流在试验记录的起点和依此在每一个峰值的内边开始，亦即从 1、2、3 等尖点开始。

（2）雨流在流到峰值处（即屋檐）竖直下滴，一直流到对面有一个比开始时最大值（或最小值）更正的最大值（或更负的最小值）为止。

（3）当雨流遇到来自上面屋顶流下的雨时，就停止流动。

（4）如果初始应变为拉应变，顺序的始点是拉应变最小值的点。

（5）每一雨流的水平长度是作为该应变幅值的半循环计数的。

如图 5.10 所示：

第一个雨流流动从 1 点开始，该点认为是最小值。雨流流至 2 点，竖直下滴到 3 与 4 点幅值间的 2′点，然后流到 4 点，最后停于比 1 点更负的峰值 5 的对应处，得出一个从 1 到 4 的半循环；

第二个流动从峰值 2 点开始，流经 3 点，停于 4 点的对面，因为 4 点是比开始的2点具有更正的最大值，得出一个半循环2—3；

第三个流动从3点开始，因为遇到由2点滴下的雨流，所以终止于2′点，得出半循环3—2′。这样，3—2和2—3就形成了一个闭合的应力—应变回路环，它们配成一个完全的循环2′—3—2；

第四个流动从峰值4开始，流经5点，竖直下滴到6和7之间的5′点，继续往下流，再从7点竖直下滴到峰值10的对面，因为10点比4点具有更正的最大值，得出半循环4—5—7；

第五个流动从5点开始，流到6点，竖直下滴，终止于7点的对面，因为7点比5点具有更负的极小值。取出半循环5—6；

第六个流动从6点开始，因为遇到由5点滴下的雨滴，所以流到5′点终止。半循环6—5与5—6配成一个完全循环5′—6—5，取出5′—6—5；

第七个流动从7点开始，经过8点，下落到9—10线上的8′点，然后到最后的峰值10，取出半循环7—8—10；

第八个流动从8点开始，流至9点下降到10点的对面终止，因为10点比8点具有更正的最大值。取出半循环8—9；

第九个流动从9点开始，因为遇到由8点下滴的雨流，所以终止于8′点。取出半循环9—8′。把两个半循环8—9和9—8′配对，组成一个完全的循环8—9—8′；

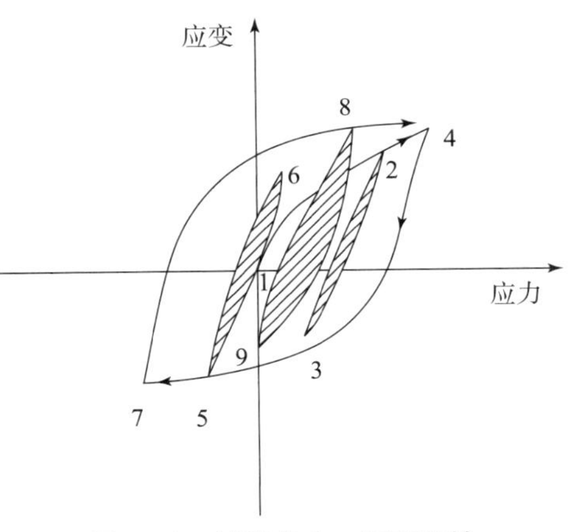

图5.11　材料应力—应变特性

图5.11所示的应变-时间记录包括3个完全循环8—9—8′，2—3—2′，5—6—5′和3个半循环1—2—4，4—5—7，7—8—10。图5.10表明，雨流法得到的应变是与材料应力—应变特性相一致的。有3个完全的循环，与此对应，在图5.11中有3个阴影线所示的闭合回路。

雨流法的要点是载荷—时间历程的每一部分都参与计数，且只计数一次，一个大的幅值所引起的损伤不受截断它的小循环的影响，截出的小循环迭加到较大的循环和半循环上去。因此可以根据累计损伤理论，将等幅实验得到的$S-N$曲线和雨流法的处理结果输入电子计算机，进行构件的疲劳寿命估算便能得出较满意的结果。

平均应力对于疲劳强度和寿命有重要影响，所以在编制载荷谱的过程中需要对平均应力等效处理，以便在试验过程中能更好地加载。目前 Goodman 修正方法使用简便，有广泛的运用 Goodman 法则原理[15] 如图 5.12 所示，根据损伤等效方法将应力均值不为零的应力循环转换为均值为零的应力循环。

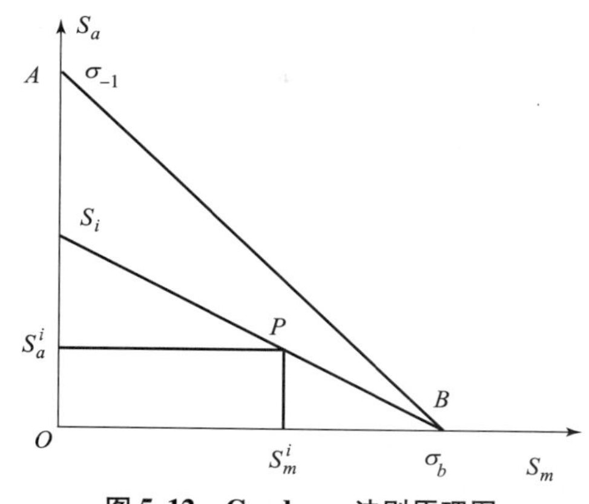

图 5.12　Goodman 法则原理图

其中的 A、B 分别表示疲劳极限 σ_{-1} 和抗拉强度极限 σ_{b}，AB 线表示疲劳破坏的极限，P 点的应力幅值为 S_{ai}，均值为 S_{mi}，根据 Goodman 法则 P 点等效为 BP 曲线相交于纵坐标的幅值为 S_i 的应力，于是根据 AB 曲线、BP 曲线以及 P 点的坐标可以得到任意均值不为零的等效应力公式为

$$S_i = \frac{\sigma_{\mathrm{b}} S_{\mathrm{ai}}}{\sigma_{\mathrm{b}} - |S_{\mathrm{mi}}|} \tag{5.43}$$

其中，σ_{b} 表示抗拉强度极限；S_i 表示第 i 点的等效应力；S_{ai}表示第 i 点的应力幅值；S_{mi}表示第 i 点的应力均值。

5.4　大功率高动载摩擦片冲击载荷非线性损伤累积理论

摩擦片作为盘式离合器元件，通过摩擦片来传递运动或动力，使得机械设备与各种机动车辆能够安全可靠地工作。由于扭振等引起地内毂速度波动，造成摩擦片与内毂发生冲击碰撞，造成摩擦片轮齿齿面与齿根损伤，影响摩擦片寿命和工作稳定性，导致制动性能下降。因此，对摩擦片受冲击载荷引起的轮齿损伤进行定量评估，并进行寿命预测，对提升摩擦片可靠性，指导结构设计具有重大的理论意义和工程实际运用价值。

5.4.1　摩擦片随机冲击碰撞非线性损伤计算理论

疲劳累积损伤理论以疲劳损伤 D 的定义为基石，以疲劳损伤的演化 $\mathrm{d}D/\mathrm{d}n$ 为基础。一个合理的疲劳累积损伤理论，其疲劳损伤 D 应该有比较明确的物理意义，有与试验数据比较一致的疲劳损伤演化规律，同时使用比较简单。

摩擦片齿部应力波为衰减波，单次冲击过程中，摩擦片与内毂多次碰撞，应力循环幅值减小，下次冲击时，应力幅值增大，随后又衰减。其齿部应力曲线为时变用力曲线，不断冲击过程中应力幅值呈大—小—大—小—大—小变化特征，如图 5.13 所示。线性损伤评估方法忽略载荷顺序的影响，显然不适合摩擦片齿部应力损伤评估。

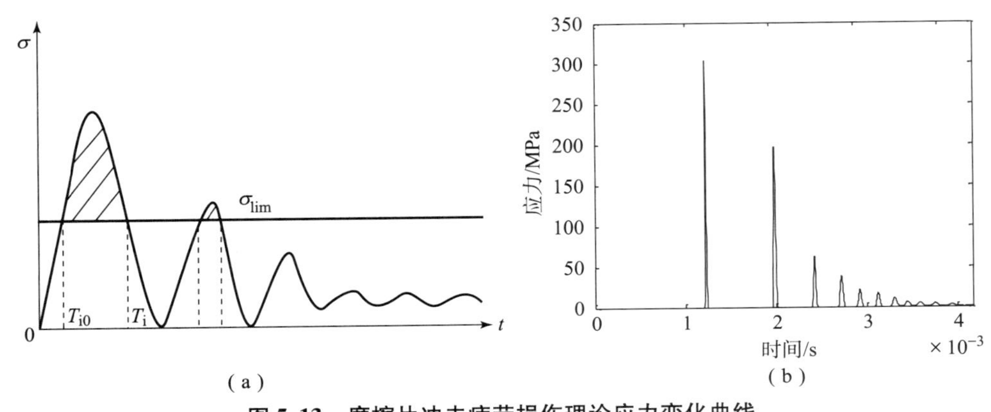

图 5.13　摩擦片冲击疲劳损伤理论应力变化曲线

（a）非线性疲劳损伤理论；（b）摩擦片高频冲击衰减特性

考虑门槛值三个特征，将门槛值表示为

$$\sigma_{th}(R) = \sigma_{th0}(1-R)^{-m}(1-D)^{\gamma} \tag{5.44}$$

γ,m,σ_{th0} 为非负材料常数；R 为多轴受力循环应力比。

综合以上方法，根据门槛值与损伤量定义门槛值

$$\sigma_{lim} = k(1-D)\sigma_{-1} \tag{5.45}$$

根据文献［16］方法，定义 $k = 1$。

根据损伤模型，摩擦片齿根冲击应力曲线引起的非线性损伤为

$$\frac{\mathrm{d}D}{\mathrm{d}t} = \begin{cases} A\left(\dfrac{\sigma(t)}{1-D} - k\sigma_{-1}\right)^{n} & \sigma(t) \geqslant k(1-D)\sigma_{-1} \\ 0 & \end{cases} \tag{5.46}$$

式中，t 为时间；$\sigma(t)$ 为时变应力。

$A = 1.2\times10^{-14}$，$n = 3.6$ 为与载荷速率有关的系数，由疲劳试验数据确定。

5.4.2　浮动支撑摩擦片随机冲击碰撞寿命预测方法

1. 名义应力法

名义应力法是最早形成的抗疲劳设计方法，它以材料或零件的 $S-N$ 曲线为基础，对照试件或结构疲劳危险部位的应力集中系数和名义应力，结合疲劳损伤

累积理论，校核疲劳强度或计算疲劳寿命。

名义应力法估算结构疲劳寿命的步骤，如图 5. 14 所示。

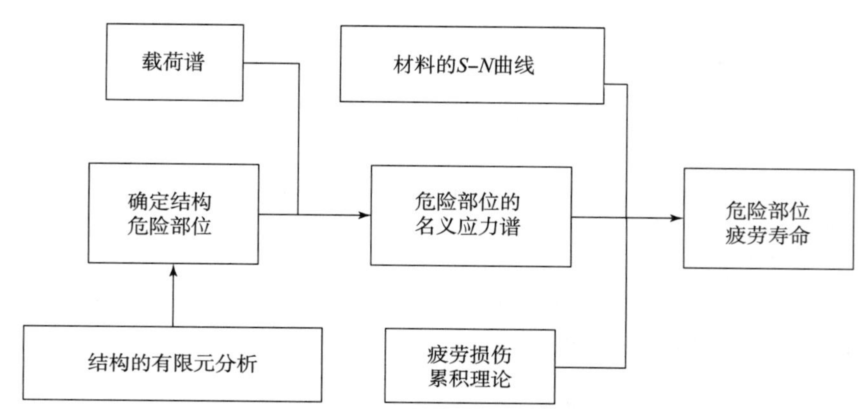

图 5. 14　名义应力法估算结构疲劳寿命的步骤

（1）确定结构中的疲劳危险部位。

（2）求出危险部位的名义应力和应力集中系数。

（3）根据载荷谱确定危险部位的名义应力谱。

（4）应用插值法求出当前应力集中系数和应力水平下的 $S-N$ 曲线。

（5）应用疲劳损伤累积理论，求出危险部位的疲劳寿命。

2. 局部应力法

局部应力应变法结合材料的循环应力应变曲线，通过弹塑性有限元分析或其他计算方法，将构件上的名义应力谱转换成危险部位的局部应力应变谱，然后根据危险部位的局部应力应变历程估算寿命。

结构在其服役期间总体上处于弹性范围内，但某些疲劳危险部位在大载荷情况下却进入弹塑性状态，应力和应变关系不再是线性关系，塑性应变成为影响其疲劳寿命的主要因素。局部应力法在疲劳寿命估算中考虑了塑性应变的影响和载荷顺序的影响，因而用它估算结构的疲劳裂纹形成寿命通常可以获得比较符合实际的结果。

局部应力法估算结构疲劳寿命的步骤如图 5. 15 所示。

用局部应力法估算结构疲劳寿命，首先估算疲劳危险点的弹塑性应力应变历程，然后对照材料的疲劳性能数据，按照疲劳累积损伤理论，进行循环续循环的疲劳损伤累积，最后得到构件的疲劳寿命，其步骤如图 5. 15 所示。

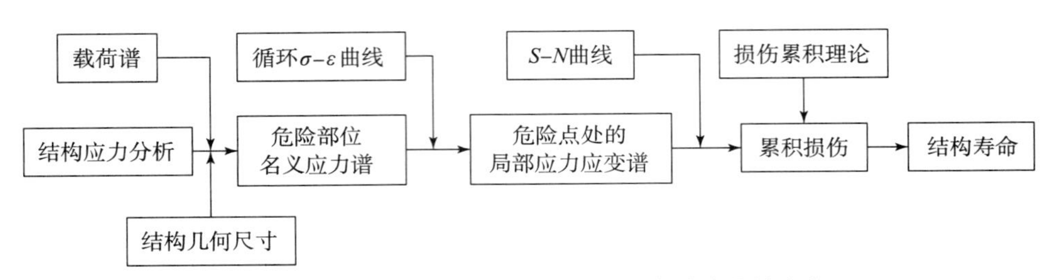

图 5.15　局部应力法估算结构疲劳寿命的步骤的步骤

（1）确定结构中的疲劳危险部位。

（2）求出危险部位的名义应力谱。

（3）采用弹塑性有限元法或其他方法计算局部应力应变谱。

（4）查当前应力应变水平下的 $S-N$ 曲线。

（5）应用疲劳累积损伤理论，求出危险部位的疲劳寿命。

5.4.3　摩擦片非线性疲劳计算实例

疲劳损伤理论应力变化曲线如图 5.16 所示。

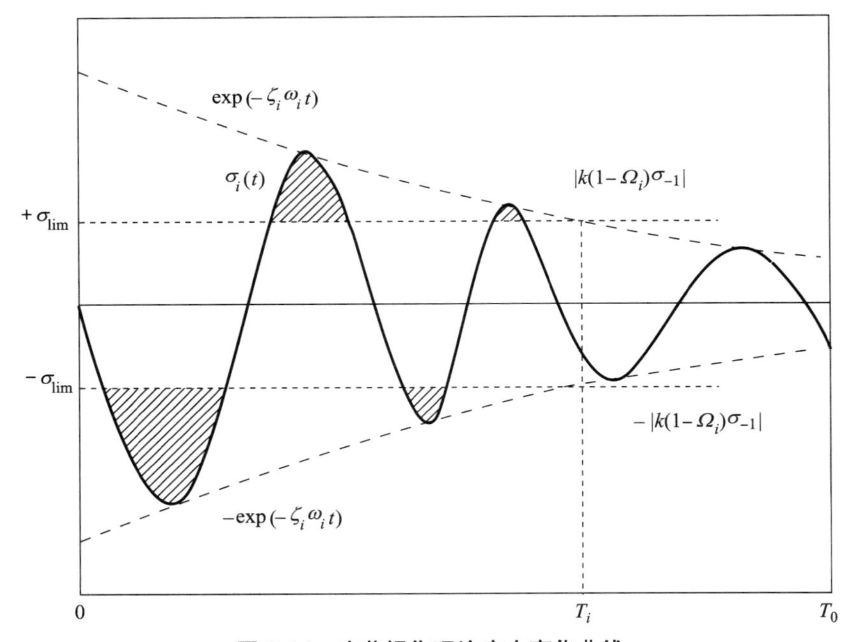

图 5.16　疲劳损伤理论应力变化曲线

疲劳损伤破坏的过程中超过疲劳应力门槛值（$+\sigma_{\text{lim}}$ 和 $-\sigma_{\text{lim}}$）的部分应力才对疲劳损伤有贡献。由于系统阻尼的影响，由冲击产生的应力幅值最初可能超过疲劳应力门槛值，随后衰减至疲劳应力门槛值（$+\sigma_{\text{lim}}$ 和 $-\sigma_{\text{lim}}$）以下。因此，图 5.17 中只有阴影部分的应力区域才对疲劳损伤增长有贡献。

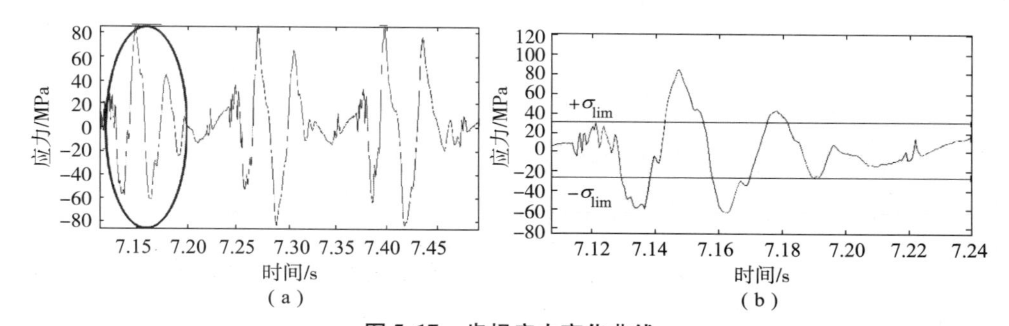

图 5.17　齿根应力变化曲线

（a）齿根应力变化曲线；（b）局部细化图

图 5.17（a）所示为实测齿根应力变化曲线，其中右图为左图的局部细化图，右图中的，齿根应力门槛值（$+\sigma_{\text{lim}}$ 和 $-\sigma_{\text{lim}}$）为示范值，其真实值由轮齿材料决定。

图 5.17 显示，实测齿根应力变化曲线的变化趋势和图 5.16 的疲劳损伤理论应变曲线的变化趋势基本一致，基本验证了疲劳损伤理论应力变化曲线的正确性，因此可采用疲劳损伤理论计算模型进行齿根疲劳损伤的计算。

由于速度的不稳定和刹车等过程中，离合器内毂和芯板之间会产生冲击振动，在经过多次冲击之后，就形成了冲击疲劳效应。当前基础系统在周期循环载荷下的疲劳损伤分析问题已有许多较成熟的方法，但在冲击载荷下的疲劳损伤的分析并不多见。

在疲劳损伤中只有超出疲劳应力门槛值的那部分应力才对疲劳损伤有贡献。疲劳强度（δ_N）被认为是疲劳极限（δ_{-1}）的一部分。

$$\delta_N = k\delta_{-1} = (0.5 \sim 0.7)\delta_{-1} \tag{5.47}$$

此处，$k = 0.6$。根据疲劳损伤增长的幂指数公式

$$\frac{\mathrm{d}\Omega}{\mathrm{d}t} = \begin{cases} A\left(\dfrac{\delta(t)}{1-\Omega} - k\delta_{-1}\right)^n, & |\delta(t)| \geqslant k(1-\Omega)\delta_{-1} \\ 0, & \text{其他} \end{cases} \tag{5.48}$$

式中，k 为材料常数，可有常规的疲劳试验获得。$A > 0$，$n > 0$ 为与载荷速率有关的常数，用三点试测法估算出，由于系统阻尼的影响，由应力冲击产生的应力幅值最初可能超过疲劳应力门槛值，随后衰减至疲劳应力门槛值以下。因此只有阴

影部分对疲劳损伤有贡献作用。

为了求出第 i 次冲击导致的损伤平均增量，疲劳损伤的幂指数评价公式改写为

$$\Delta\Omega_i = \frac{1}{T}\int_0^T A\left(\frac{|\delta_i(t)|}{1-\Omega_i} - k\delta_{-1}\right)^n \cdot H[\,|\delta_i(t)| - k(1-\Omega_i)\delta_{-1}]\,\mathrm{d}t \quad (5.49)$$

$H(x)$ 为单位阶跃函数，当 $t > T_i$ 后没有阴影。T_i 由应力曲线 $\delta(t)$ 的包络线和有效应力的门槛值直线 $|k(1-\Omega_i)\delta_{-1}|$ 的最后一个交点求出。

$$T_i = \left|\frac{\delta_{\max}}{\delta_i^* \omega_i^*}\ln([k(1-\Omega_i)\delta_{-1}])\right| \quad (5.50)$$

长期的冲击碰撞产生引起了为裂纹的积累，进而表现为宏观的发展。在重复冲击中有效的疲劳应力的门槛值随着损伤增长也在发生微小的降低。在一次冲击中，宏观的损伤变量 Ω_i 变化非常的微小，对疲劳增长幂指数的贡献可以认为是个常量，因此可以提取出来，并定义函数 $J(\Omega_i)$ 如下。

$$J(\Omega_i) = \frac{1}{T_i}\int_0^{T_i}[\,|\delta_i(t)| - k(1-\Omega_i)\delta_{-1}]^n \cdot H[\,|\delta_i(t)| - k(1-\Omega_i)\delta_{-1}]\,\mathrm{d}t \quad (5.51)$$

在引进一个无量纲的量，称为损伤状态寿命因子

$$j(\Omega_i) = \frac{J(\Omega_i)}{J_o}$$

J_o 为没有损伤状态的初值；损伤状态寿命因子代表了当前损伤状态和应力状态对疲劳损伤发展影响的一个无量纲因子。得出

$$\Delta\Omega_i = AJ_0\frac{j(\Omega_i)}{(1-\Omega_i)^n} \quad (5.52)$$

损伤增长的递推公式

$$\Omega_{i+1} = \Omega_i + AJ_0\frac{j(\Omega_i)}{(1-\Omega_i)^n} \quad (5.53)$$

于是在 N 次冲击之后的总的损伤可写为

$$\Omega_f = AJ_0\sum_{i=1}^{N}\frac{j(\Omega_i)}{(1-\Omega_i)^n} \quad (5.54)$$

由此算出疲劳失效前的冲击次数，也即是疲劳寿命。

5.4.4 摩擦片冲击特征与齿根应力特征分析

摩擦片单齿冲击力波形图如图 5.18 所示。分离状态下，浮动支撑的摩擦片与内毂间存在相对转速差。摩擦片转速低于内毂时，摩擦片被内毂追赶上，发生正碰；摩擦片转速高于内毂时，摩擦片追上内毂，发生反碰。摩擦片与内毂的正

碰和反碰存在冲击衰减现象，碰撞后冲击力达到最大，并快速衰减。大功率高动载摩擦片在分离状态下，单个齿受到的冲击当量载荷可达 15 000 N。

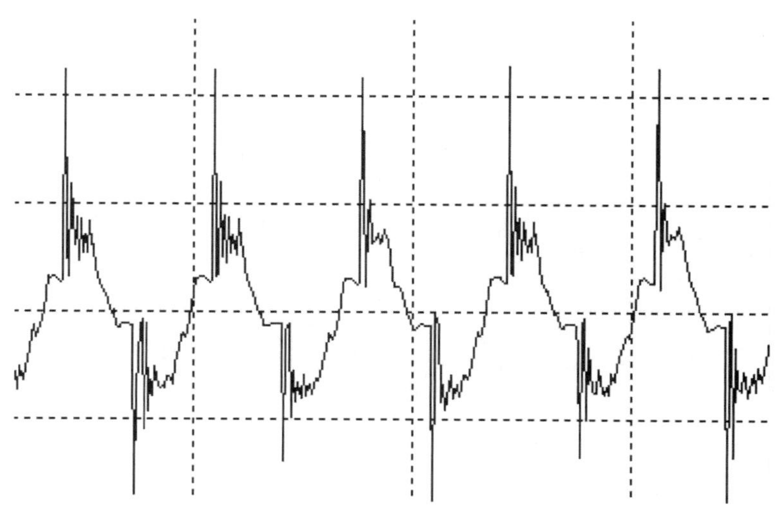

图 5.18　摩擦片单齿冲击力波形图

冲击力作用下摩擦片齿部应力分布，如图 5.19 所示。由有限元分析可知，摩擦片与内毂冲击的应力集中在摩擦片两侧齿部冲击部位及齿根部，符合大功率高动载摩擦片齿部塑性变形失效及齿根疲劳损伤失效的特点。

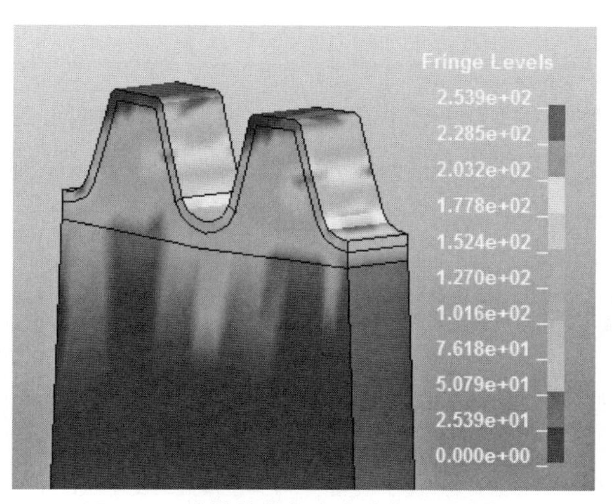

图 5.19　摩擦片齿部应力分布（见彩插）

摩擦片齿部随机冲击碰撞情况复杂，除了轮齿根部和节线附近受到较大影响之外，整个芯板轮齿也会因为冲击应力波的存在造成整个轮齿应力分布呈现不一样的特性。芯板轮齿一共布置10个应变片，其中有齿根4个，端面6个，如图5.20所示。

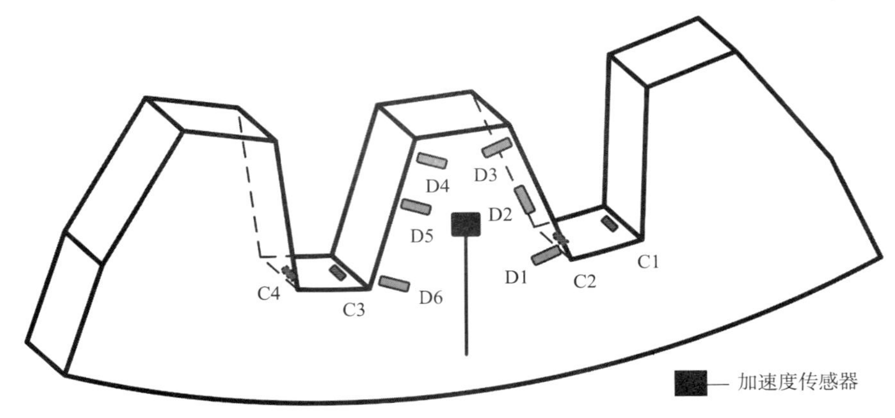

图5.20　测点分布图

端面的6个应变片围绕于加速度传感器的四周，其中D1、D3、D4、D6号应变片均是垂直于齿面布置于端面，D1和D6号应变片靠近齿根位置，D2号应变片平行于端面布置，而D5号应变片布置于节线位置，垂直于齿面，以便获取冲击应力波产生的应力状况。测试工况见表5.4。

表5.4　工况表

编号	1	2	3	4
冲击频率/Hz	8.33	16.67	25	33.33

芯板和内毂激振频率为33.33 Hz时的齿根应力和轴向加速度时域波形如图5.21所示。摩擦片样机试验台芯板及其固定件质量及惯量参数见表5.5。

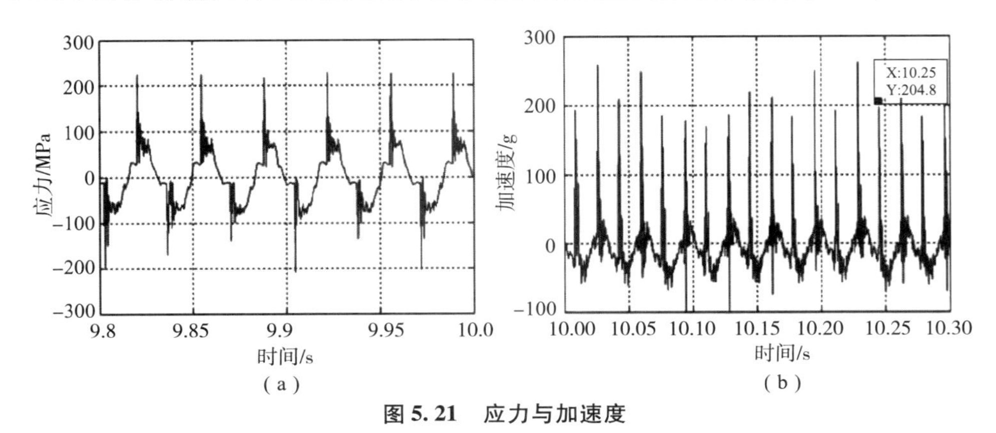

图5.21　应力与加速度

(a) 激振频率33.33 Hz时齿根应力时域波形；(b) 激振频率33.33 Hz时周向加速度时域波形

表 5.5　摩擦片样机试验台芯板及其固定件质量和惯量参数表

名称	定位板	芯板支撑架	芯板
质量/kg	0.594	2.043	0.286
惯量/(kg·m²)	0.03	0.04	0.08
总质量/kg	2.923		
总惯量/(kg·m²)	0.148		

冲击力虽然作用于节线附近，但是芯板带动了芯板支架和橡胶板一体转动，由力学关系可以知道

$$M = Ja \tag{5.55}$$

$$a = \frac{2g}{D} \tag{5.56}$$

其中 M 为扭矩；J 为转动惯量；D 为节圆直径；a 为角加速度。设接触位置的冲击力为 F，根据摩擦片模数和齿数关系可以得出

$$M = \frac{nFD}{2} \tag{5.57}$$

由摩擦片的模数和齿数关系可以得到

$$D = Zm \tag{5.58}$$

故

$$F = \frac{4Jg}{n(Zm)^3} \tag{5.59}$$

其中 m 为模数；z 为内龄圈齿数。不同激振频率下的冲击力计算见表 5.6。

表 5.6　不同激振频率下的冲击力

激振频率/Hz	8.33	16.67	25	33.33
冲击力/N	14.01	54.81	75.51	143.44

5.4.5　非线性塑性损伤计算方法

摩擦片套在内毂上，即浮动支撑，由于摩擦片与内毂间存在间隙，摩擦片可相对于内毂在轴向、周向及径向上移动。受重力影响其摩擦片几何中心与内毂旋转中心并不重合，存在初始偏心量，如图 5.22 所示。重力初始偏心造成摩擦片部分齿未啮合，如图 4.3 所示，存在冲击载荷分布不均，局部齿受冲击载荷过大的情况[17]。

根据 Hertz 接触的理论[18]，碰撞过程中的接触等效为两个圆柱体的线接触模型。由前面的计算中可以知道冲击接触时候的力和撞击的速度，根据这两个参数来对计算接触应力，判断其中的弹性和塑性的损伤情况。

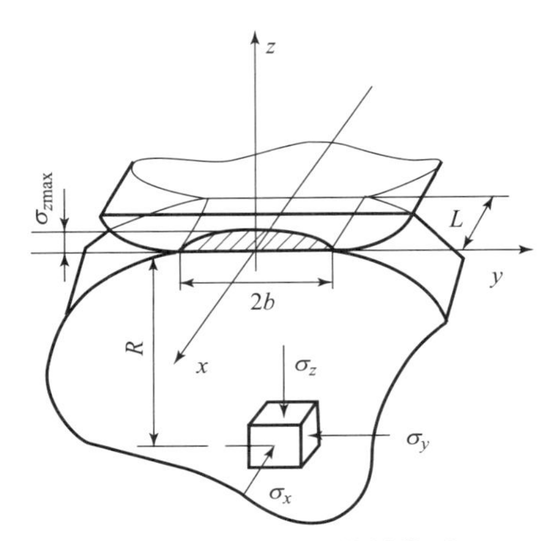

图 5.22　Hertz 线接触模型

根据 Hertz 弹性接触理论求出[18]

$$\sigma_Z = \sigma_{Z\max}\left[1 - y^2 b^{(-2)}\right]^{1/2} \tag{5.60}$$

其中的 $\sigma_{Z\max} = \sqrt{\dfrac{FE}{\pi l}\left(\dfrac{R_1 + R_2}{R_1 R_2}\right)}$，

式中，F 表示载荷；E 为综合的弹性模型。

其中 $E = \dfrac{1}{\dfrac{1-\mu_1^2}{E_1} + \dfrac{1-\mu_2^2}{E_2}}$，$E_1$ 和 E_2 分别是弹性体 1 和 2 的弹性模量，b 为接触面的宽度（mm），对于两平行圆柱接触，$b = 1.52\sqrt{\dfrac{F}{El}\left(\dfrac{R_1 R_2}{R_1 + R_2}\right)}$。

对于弹性和弹—塑性和全塑性的判定为

弹性变形的条件为：$\bar{p} < 1.1Y$（Johnson）；

弹—塑性变形的条件为：$1.1Y < \bar{p} < 2.8Y$；

全塑性变形的条件为：$\bar{p} > 2.8Y$。

利用弹性和弹—塑性和全塑性的判定即可判断出损伤情况。

当试样件 1 和 2 均为钢时，其中弹性其中的弹性模量取值为 $2.00\times10^5\ \text{N/mm}^2$，$\mu_1$ 和 μ_2 分别是试样件的泊松比，取值 0.25，其他参数见表 5.7。

表 5.7　芯板和内毂接触参数表

	厚度/mm	接触曲率半径/mm	泊松比	模数	压力角
符号	l	R	μ	m	α
内毂	4	38.878	0.25	10	20°
芯板	4	41.721	0.25	10	20°

代入参数计算可以得到等效弹性模量

$$E = \frac{1}{\dfrac{1-\mu_1^2}{E_1} + \dfrac{1-\mu_2^2}{E_2}} = 1.0677\times10^5\ \text{N/mm}^2 \tag{5.61}$$

代入参数计算可以得到半径

$$R = \frac{R_1 + R_2}{R_1 R_2} = 0.0497\ \text{mm} \tag{5.62}$$

代入参数计算可以得到接触的长度

$$b = 1.52\sqrt{\frac{F}{El}\left(\frac{R_1 R_2}{R_1 + R_2}\right)} = 0.3043\ \text{mm} \tag{5.63}$$

代入参数可以计算得到 $E = 1.0667 \times 10^5$ N/mm

代入式（5.49）计算激振频率与接触应力关系如表 5.8 所示。

表 5.8　摩擦片样机试验台激振频率与接触应力

激振频率/Hz	8.33	16.67	25	33.33
接触应力 $\sigma_{Z\max}$ /MPa	76.84	152.05	178.46	245.97

试验材料采用的是 45 号钢，该钢材的屈服极限为 $Y = 355$ MPa。从得到接触应力以及弹性和弹—塑性和全塑性的判定条件可以知道，芯板和内毂激振频率为 33.33 Hz 的时候，芯板齿部发生了弹性变形，但是根据材料特性，疲劳应力为 $\sigma_{-1} = 127$ MPa，故而摩擦片芯板在超过疲劳极限应力已经开始损伤。

综上所述可以看出，芯板齿根应力和接触应力受到的影响因素很多，对不同激振频率下对应的应力关系如图 5.23 所示。

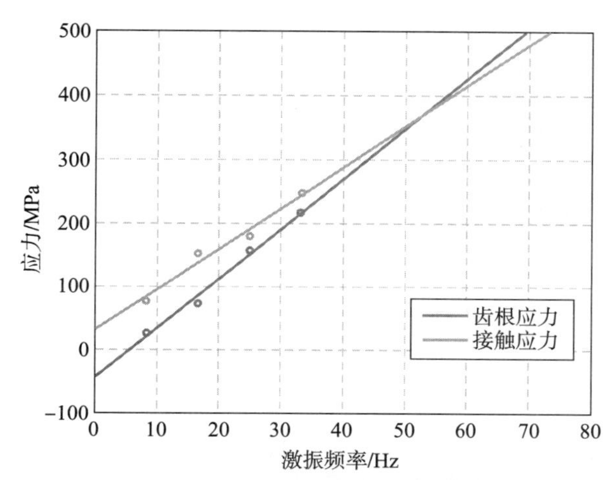

图 5.23　不同激振频率下齿根应力与接触应力拟合关系

图 5.23 显示接触位置的接触应力和齿根应力增长速率是不一样的，从拟合图看出，摩擦片原理样机，芯板和内毂激振频率为 55 Hz 以下，接触应力大于摩擦片齿根应力，芯板相对容易发生接触塑变损伤；激振频率 55 Hz 以上，齿根应

力增加，摩擦片芯板更容易发生齿根断裂损伤。

大功率高动载浮动支撑摩擦片实际运行工况复杂，冲击疲劳载荷作用下，每次直接测得的载荷—时间历程（即工作谱或使用谱）都不相同，如图 5.24（a）所示，由于这种不确定性，我们无法将实测结果直接应用于理论分析与工程实践，而必须对其进行概率统计处理，处理后得到的载荷一次数历程，称为载荷谱。编制载荷谱要遵循损伤等效的原则，要求它能代表性地、本质地反映出零部件在各种工况下所受到的工作载荷随时间而变化的情况，有利于寿命的计算及疲劳试验机的加载复现。

疲劳失效是摩擦片的主要失效形式之一，为了对摩擦片进行疲劳试验和疲劳寿命估计，载荷谱的统计是关键。雨流计数是一种峰谷的循环统计法，可对应力 - 应变过程进行计数，统计载荷波形中的全循环或半循环，完成随机变幅载荷的循环计数过程，并计算载荷均值和载荷频次等信息。

在载荷谱的编制中，通常载荷的分级采用 Conover 法，一般将载荷分为 8 级。由于实测数据进行雨流处理时的载荷幅值范围很大，所以需要适当的将载荷级数扩大，故设定载荷的幅值为 20 级，对测得数据进行双参数雨流计数及均值化零处理，获得当量载荷谱，如图 5.24（b）所示。

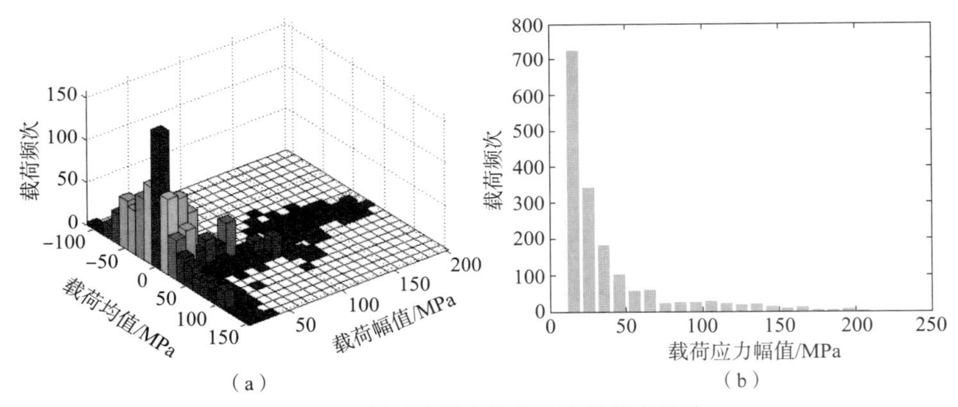

图 5.24　浮动支撑摩擦片冲击载荷当量谱

（a）双参数雨流计数；（b）当量载荷谱

制定计算法流程包括：读入应力时间数据；进行浮动支撑摩擦片冲击非线性损伤累计计算，当损伤量 $D \geqslant 1$，或者循环次数达 1×10^7 时，停止计算。如图 5.25、图 5.26 所示。

提出的非线性疲劳评估方法可计算不同应力级，不同加载顺序下损伤变化。OF_1，OF_2，OF_3 为不同应力级水平对应的损伤变化曲线，损伤量从 0 开始增长，到 F_1，F_2，F_3 点损伤达到1，疲劳破坏发生。如果应力水平 F_1 首次加载损伤会从

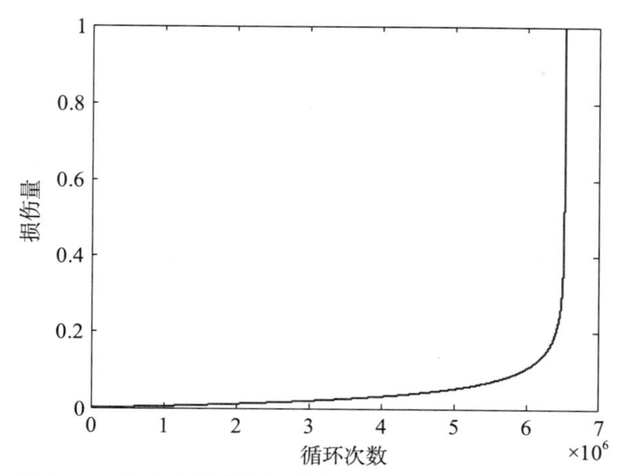

图 5.25　浮动支撑摩擦片高频冲击非线性损伤累计曲线

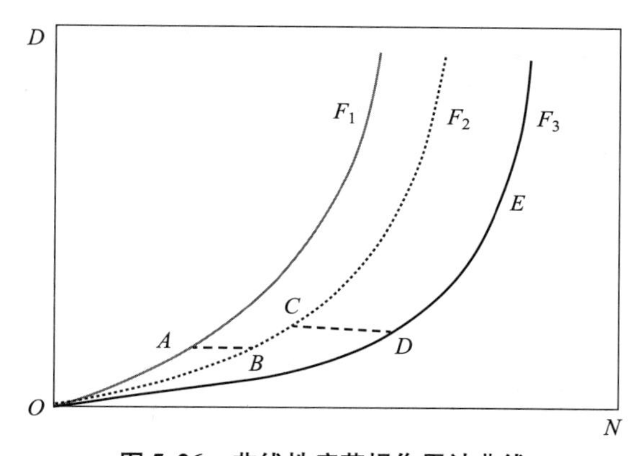

图 5.26　非线性疲劳损伤累计曲线

O 到 A，如果此时再加载一个新的循环载荷，其对应应力水平为 F_2，对应的损伤增长曲线 OF_2，找到与 A 处损伤同等的 B。应力水平为 F_2 载荷加载损伤会从 B 点开始增长，直到 C 点位置，同样，再加载一个新的循环载荷，其对应应力水平为 F_3，对应的损伤增长曲线 OF_3，找到与 C 处损伤同等的 D，应力水平为 F_3 载荷加载损伤会从 C 点开始增长，直到 E 点位置。对激振频率为 8. 33 Hz、16. 67 Hz、25 Hz 和 33. 33 Hz，分别滤除无效损伤应力之后，形成的齿根应力循环雨流统计结果如图 5. 27 所示。

经过雨流循环统计之后，用 Goodman 法则对应力均值化零处理，最终计算出对应的 10 s 统计结果见表 5. 9。芯板疲劳寿命随着激振频率的增加而大大减小，在激振频率为 33. 33 Hz 时，其工作寿命约为 5.75×10^{10}次。

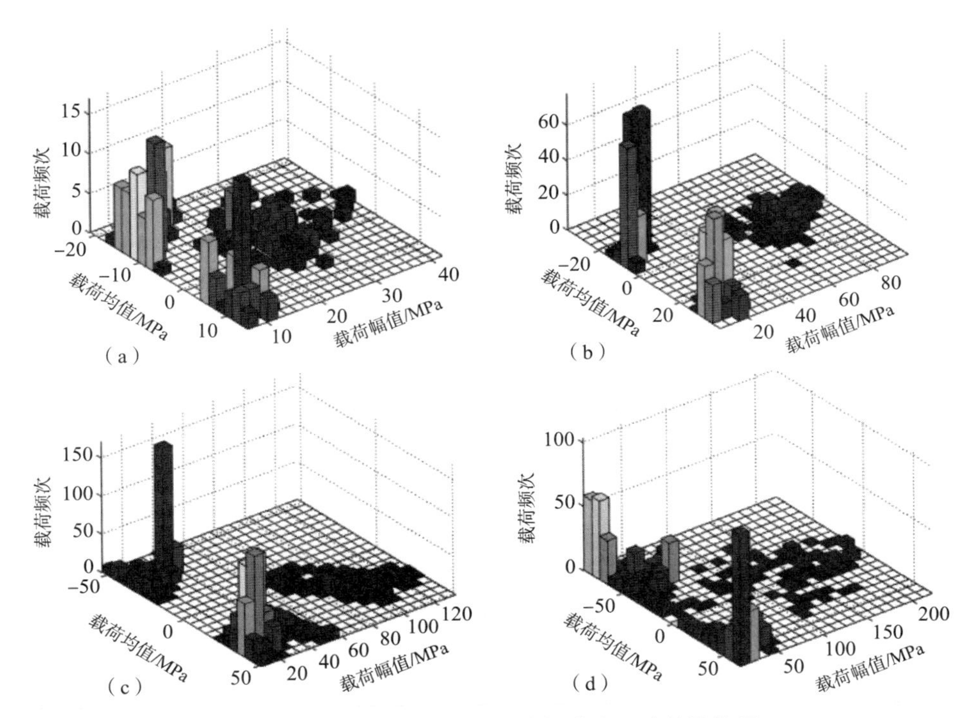

图 5.27 不同激振频率下的齿根应力雨流统计结果

(a) 8.33 Hz; (b) 16.67 Hz; (c) 25 Hz; (d) 33.33 Hz

表 5.9 不同激振频率下对应寿命统计表

激振频率/Hz	8.33	16.67	25	33.33
10 s 损伤占比	$2.299\,2 \times 10^{(-17)}$	$1.011\,7 \times 10^{(-12)}$	$3.525\,3 \times 10^{(-11)}$	$5.879\,9 \times 10^{(-9)}$
寿命/次	$1.398\,3 \times 10^{(10)}$	$3.177\,8 \times 10^{(5)}$	$9.119\,8 \times 10^{(3)}$	54.678 2

5.4.6 浮动支撑摩擦片寿命影响因素分析

不同的加载顺序会影响损伤增长，如果第一次加载载荷应力水平 σ_1 低于初始门槛值 $\sigma_{\lim}$，则第一次加载后疲劳损伤为 0，后续加载较大应力级载荷 σ_2，疲劳损伤开始增长；如果交换两次加载顺序，第一次载荷应力水平 σ_2 高于初始门槛值 $\sigma_{\lim}$，损伤量增长，门槛值降低，当门槛值降低到 σ_1 以下，第二次加载载荷应力水平 σ_1 也会引起损伤，寿命较第一种加载顺序减小。

对不同压力角、模数、齿数、转速波动等因素进行冲击力引起的径向断裂疲劳进行累计，获得的径向断裂疲劳寿命影响规律如图 5.28 所示。

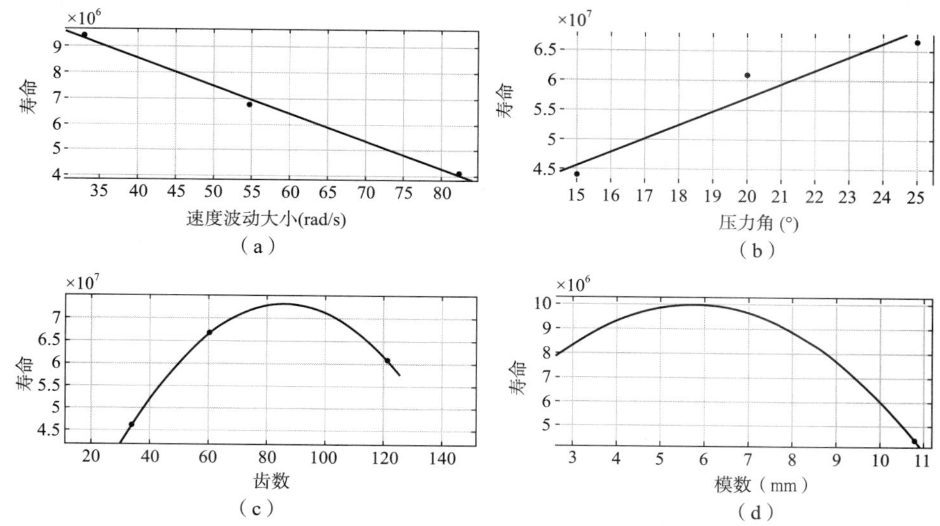

图 5.28　各影响因素与摩擦片计算寿命关系

（a）速度波动因素；（b）压力角因素；（c）齿数因素；（d）模数因素

参考文献

[1] LI S L, PAN J L, YIN H B. Analysis of vibration characteristics of friction plate based on rigid - flexible coupling model; Proceedings of the Key Engineering Materials, F, 2014 [C]. Trans Tech Publ.

[2] 王玉，邵毅敏，肖会芳 . 摩擦片非线性损伤累积计算与寿命预测 [J]. 机床与液压，2017，45 (18)：23 -26.

[3] 周传月，郑红霞，罗慧强 . MSC. Fatigue 疲劳分析应用与实例 [M]. 北京：科学出版社，2005.

[4] 尚德广，王德俊 . 多轴疲劳强度 [M]. 北京：科学出版社，2007.

[5] 姚卫星 . Miner 理论的统计特性分析 [J]. 航空学报，1995，16 (5)：601 - 604.

[6] 姚卫星 . 结构疲劳寿命分析 [M]. 北京：国防工业出版社，2003.

[7] BASQUIN O. The exponential law of endurance tests [J]. Proc ASTM，1910，10.

[8] 赵永翔，梁红琴．基于两参数 Weibull 分布的概率疲劳 $S-N$ 曲线模型 [J]. 机械工程学报，2015，51（20）：208－212.

[9] 徐灏．疲劳强度设计 [M]. 北京：机械工业出版社，1981.

[10] WIRSCHING P H. Fatigue reliability for offshore structures [J]. Journal of Structural Engineering，1984，110（10）：2340－2356.

[11] WANG Y，SHAO Y M，XIAO H F. Non－linear impact damage accumulation and lifetime prediction of frictional plate [J]. Machine Tool & Hydraulics，2017，45（18）：23－26.

[12] 王旭亮．不确定性疲劳寿命预测方法研究 [D]. 南京：南京航空航天大学，2009.

[13] 袁熙，李舜酩．疲劳寿命预测方法的研究现状与发展 [J]. 航空制造技术，2005（12）：80－84.

[14] 廖敏，杨庆雄．随机谱下裂纹扩展统计模型 [J]. 航空学报，1993，14（3）：140－146.

[15] PLASKITT R J，MUSIOL C J. Developing a durable product [J]. Agricultural Equipment Technology Conferenee，2002（2）：20－23.

[16] TING J C，JR F V L. A crack closure model for predicting the threshold stresses of notches [J]. Fatigue & Fracture of Engineering Materials & Structures，1993，16（1）：93－114.

[17] NING K，WANG Y，HUANG D，et al. Impacting load control of floating supported friction plate and its experimental verification [J]. Journal of Physics Conference Series，2017，842：012070.

[18] 胡夏夏，宋斌斌，戴小霞，等．基于 Hertz 接触理论的齿轮接触分析 [J]. 浙江工业大学学报，2016，44（1）：19－22.

第 6 章 大功率高动载摩擦片动态强度强化方法

摩擦副动态强度提升，需要从材质强度、残余应力等疲劳敏感属性改进和缓冲、均载等疲劳冲击力与应力结构性设计改进等两个方面实现，达到国产摩擦片冲击疲劳寿命倍增的目标。

冲击力控制方面依据第 4 章及第 5 章齿形参数对冲击力及疲劳寿命的影响规律进行优化设计；除直接优化摩擦片并控制冲击力[1,2]大小外，本章还探究了齿部修形及齿部增加阻尼槽方法对摩擦片进一步强化。齿部表面强化方面探究了喷丸强化[3]及高频淬火等方法对摩擦片强度的影响，使用有限元法对工艺参数对摩擦片强度影响规律进行了分析，为摩擦片强度的提高提供了理论依据。

6.1 基于齿部表面强化的摩擦片动态强度强化方法

6.1.1 摩擦片齿部表层喷丸冷处理强化方法

1. 喷丸强化原理

表层冷处理多用冷做变形技术形成残余压应力，尤其是关系断裂疲劳强度的齿底位置适合表面冷处理强化，主要有滚压、喷丸等工艺。

利用喷丸处理强化技术，可以明显改善材料抗疲劳性能，是减少零件疲劳，提高寿命的有效方法之一。喷丸处理就是将高速弹丸流喷射到材料表面，使材料表层发生塑性变形，而形成一定厚度的强化层，强化层内形成较高的残余应力，残余应力场能够部分抵消外界拉应力对零件表面的作用，延缓疲劳裂纹的产生，提高零件使用寿命。

2. 摩擦片冷处理有限元建模

利用有限元模拟法弹丸碰撞摩擦片齿根过程，研究喷丸处理对摩擦片的强化效果。有限元模型如图 6. 1 所示，单元个数 561 139 个。弹丸速度方向沿摩擦片径向，弹丸直径 0. 15 mm，弹丸分布如图 6. 2 所示。

图 6. 1　有限元模型

图 6. 2　弹丸分布图（见彩插）

摩擦片外围，以及两侧全约束，内毂的内圈径向固定约束，同时施加周向力矩 15 800 N · m。从图 6. 3 可以看出，喷丸处理时，弹丸速度改变，摩擦片残余应力改变，受力矩作用时摩擦片等效应力分布也会变化。

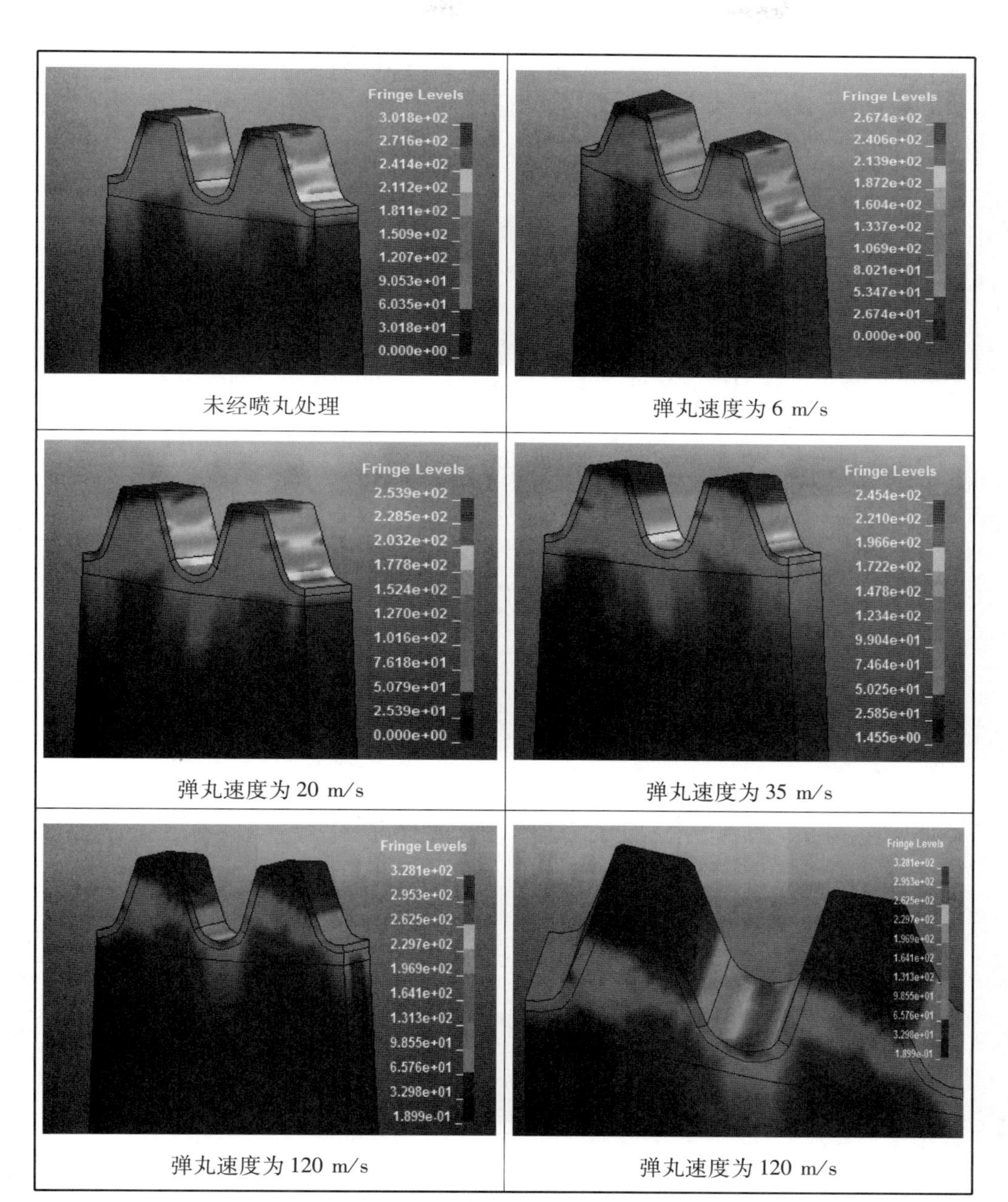

图 6.3　喷丸处理等效应力分布（见彩插）

弹丸速度为 6 m/s 时，*Y* 方向上的残余应力最大且为 50 MPa；*X* 方向最大残余应力可达到 35 MPa；*Z* 方向最大残余应力可达到 15 MPa。

弹丸速度为 20 m/s 时，*Y* 方向上的残余应力最大且为 230 MPa；*X* 方向最大残余应力可达到 100 MPa；Z 方向最大残余应力可达到 65 MPa。

弹丸速度为 20 m/s 时，Y 方向上的残余应力最大且为 400 MPa；X 方向最大残余应力可达到 210 MPa；Z 方向最大残余应力可达到 165 MPa。

当弹丸速度为 120 m/s 时，Y 方向残余应力可达 2 134 MPa，此时齿底等效应力最大，如果继续增大弹丸速度，齿底等效应力就会超过材料屈服极限，导致摩擦片失效。

图 6.4、图 6.5、图 6.6 分别为弹丸速度 6 m/s、20 m/s、35 m/s 时各方向残余应力随深度的分布图。当弹丸速度一定时，各方向残余应力值均随深度增大先增大，后减小，其中 Y 方向残余应力最大，X、Z 方向次之。当弹丸速度不断增大时，各方向最大残余应力均增大，最大残余应力所在的深度几乎不随弹丸速度的变化而变化，均在深度值 0.028 mm 处。

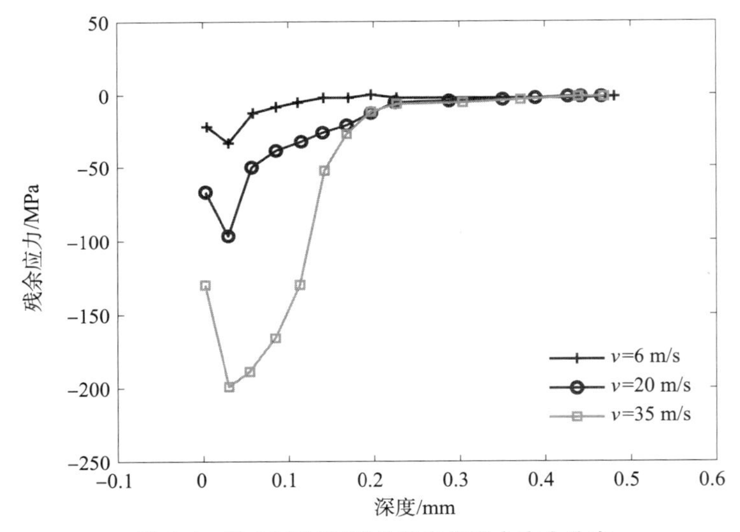

图 6.4　弹丸速度不同时 X 方向残余应力分布

根据以研究，分别对 X、Y、Z 三个方向上最大残余应力随喷丸速度变化的拟合曲线图如图 6.7 所示。

X 方向上，喷丸速度—残余应力曲线拟合公式为

$$f(x) = -0.004\ 351x^3 + 0.172\ 7x^2 - 6.713x$$

Y 方向上，喷丸速度—残余应力曲线拟合公式为

$$f(x) = 0.007\ 964x^3 - 0.433\ 3x^2 - 6.021x$$

Z 方向上，喷丸速度—残余应力曲线拟合公式为

$$f(x) = -0.001\ 519x^3 - 0.014\ 08x^2 - 2.361x$$

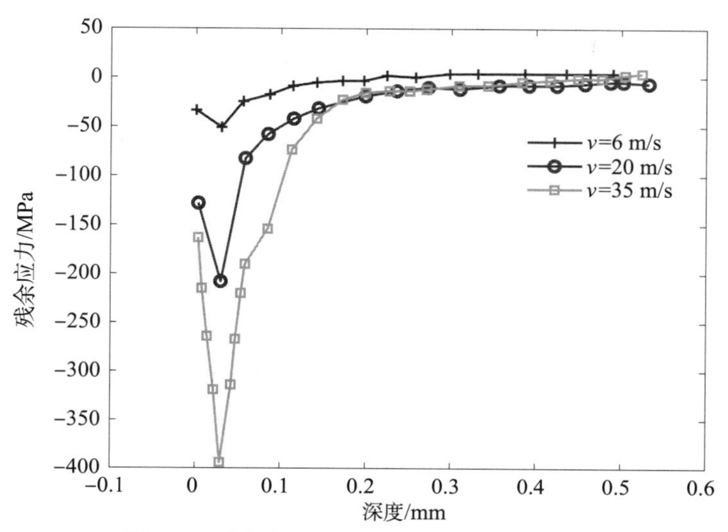

图 6.5　弹丸速度不同时 *Y* 方向残余应力分布

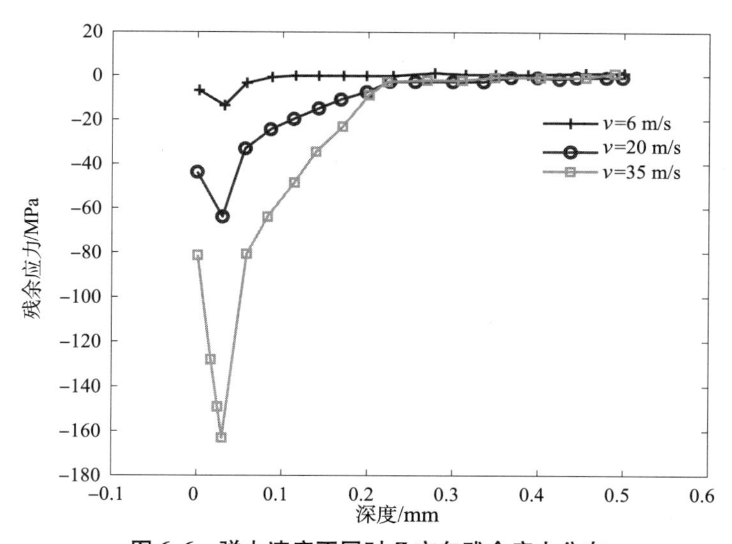

图 6.6　弹丸速度不同时 *Z* 方向残余应力分布

摩擦片受到弹丸喷射的碰撞和挤压，发生严重塑性变形，出现弹坑，使得摩擦片表层面积增大，从而弹坑周围某些部位出现拉应力，弹坑内受压应力。持续的弹丸冲击，使摩擦片表面既有弹丸挤压的压应力，也有弹坑使表面积增大的拉应力，故残余应力场中最大的压应力并未出现在摩擦片表面。随着深度增加，弹

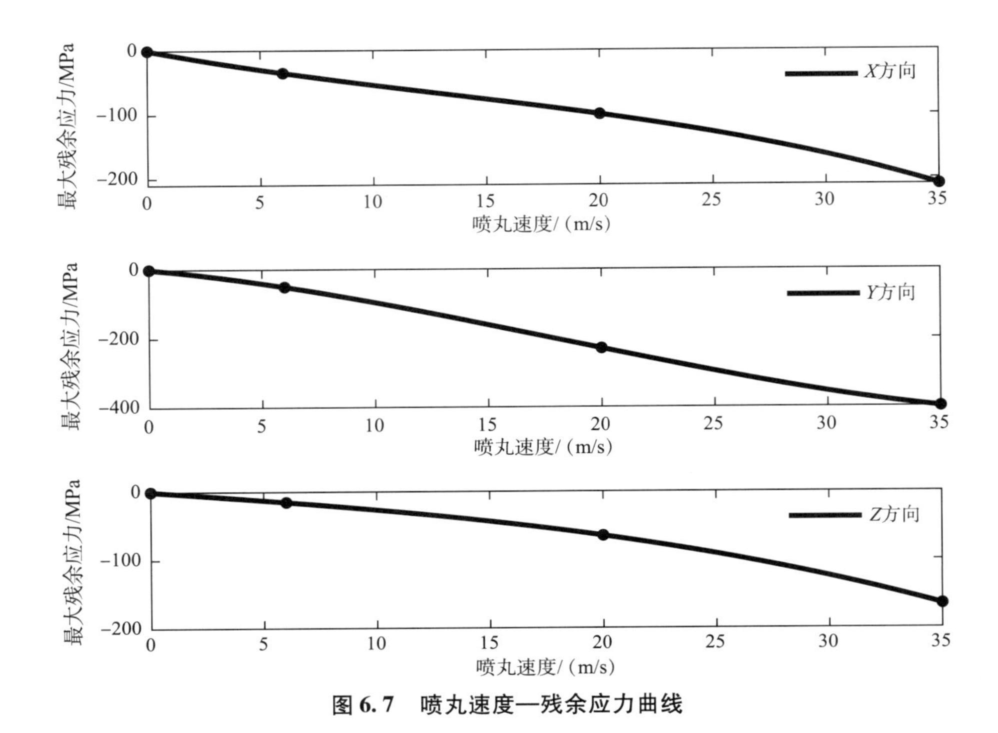

图 6.7 喷丸速度—残余应力曲线

坑形成的拉应力减小，出现最大残余压应力，深度继续增加时，由于塑性变形量减小，残余应力也逐渐降低。由于弹丸速度方向沿 Y 方向，故 Y 方向残余应力值大于 X、Z 方向残余应力值。而 X、Z 方向摩擦片几何结构不同使得 X 方向残余应力大于 Z 方向残余应力。

比较以上情况，当弹丸速度不断增大时，残余应力也随之增大，有利于抵消部分外载荷的影响。当喷丸的影响小于外载荷的影响时，增大弹丸速度是有利的，而当喷丸的而影响大于外载荷的而影响时，增大弹丸速度是有害的，且弹丸速度过大会导致摩擦片在喷丸截短被破坏。因此，需要根据摩擦片受载情况，以及摩擦片材料特性选取合适的残余应力分布。

6.1.2 摩擦片齿部表层高频淬火热处理强化方法

1. 高频淬火原理

摩擦片的表层热处理主要利用高频淬火处理工艺实现，经高频淬火，表面快速到淬火温度，不等热量传到中心即迅速冷却，仅使表层淬硬为马氏体，中心仍为未淬火的原来的组织[4]。

感应加热表面淬火是利用感应电流，使钢表面迅速受热而后淬火的一种方法。因此法具有效率高、工艺易于操作和控制等优点，所以目前在机床、机车、拖拉机以及矿山机器等机械制造工业中得到了广泛的应用[5]。

金属置于通有交流电的线圈中，该金属内部会被感应而产生同频率的感应电流。感应电流沿工件表面形成封闭回路，通常称之为涡流。涡流在工件中的分布由表面到心部呈指数规律衰减，工件心部电流密度几乎为零，这种现象称为电流的“表面效应”或“集肤效应”。

感应加热就是利用电流的表面效应来实现的。把淬火的零件放在特制的感应圈内和感应圈紧邻的表面部分被感应产生电流，电流在工件内通过就会产生热量（电阻热）而把零件表面迅速加热至高温。

感应电流透入工件表面越深，加热淬火层就越厚。电流透入的深度除了与工件材料的电磁性能（电阻系数与透磁率）有关外，主要还取决于电流频率。频率愈高，电流透入深度愈浅，加热淬火层也就愈薄。

根据所用频率的不同，感应加热表面淬火可分为三类。

（1）高频感应加热表面淬火：电流频率为 100 ~ 500 kHz，最常用频率为 200 ~ 300 kHz，可获得的淬硬层深度为 0.2 ~ 2.0mm，主要适用于中、小模数齿轮及中、小尺寸轴类零件的表面淬火。

（2）中频感应加热表面淬火：电流频率为 500 ~ 10 000 Hz，最常用频率为 2.5 ~ 8 kHz，可获得的淬硬层深度为 3.0 ~ 5.0 mm，主要适用于要求淬硬层较深的较大尺寸的轴类零件及大、中模数齿轮的表面淬火。

（3）工频感应加热表面淬火：电流频率为 50 Hz，不需要变频设备，可获得淬硬层深度为 10 ~ 15 mm，适用于轧辊、火车车轮等大直径零件的表面淬火。

感应加热速度极快，一般不进行加热保温，否则，传热至中心部位，即失去表面淬火的意义。为保证奥氏体化的质量，感应加热表面淬火可采用较高的淬火加热温度，一般可比普通淬火温度高 100 ~ 200 ℃。

高频淬火大都用喷水方式冷却，因喷油有燃烧的危险，故不宜采用。对于水淬易形成裂纹的合金钢零件，用 0.05% ~ 0.17% 的聚乙烯醇水溶液冷却效果较好。当零件冷至马氏体形成温度、容易产生裂纹的时候，这种淬火剂可以在工件上形成一层塑料薄膜，大大降低其冷却速度，从而防止裂纹的产生。

感应加热表面淬火后，必须进行回火处理，提高其韧度，降低淬火残余应力，通常都采用 160 ~ 200 ℃的低温回火。

感应加热表面淬火主要适用于中碳钢和中碳低合金结构钢，如 40、45、40 Cr，40 MnB 等钢。通常，工件在表面淬火前都要进行一次调质或正火处理，再经表面淬火后，这样既可保证工件表面的硬度、耐磨性和疲劳强度，又可以保证心部的强韧性，即所谓“表硬里韧”。感应加热也可用于高碳工具钢和低合金工具钢的表面淬火[5]。

2. 摩擦片热处理有限元建模

利用有限元分析方法可以模拟高频淬火处理对摩擦片强化效果。针对摩擦片的结构特点，使用四边形单元进行网格划分，建立两对齿接触的二维有限元模型，单元类型为 PLANE183，如图 6.8 所示[6]。

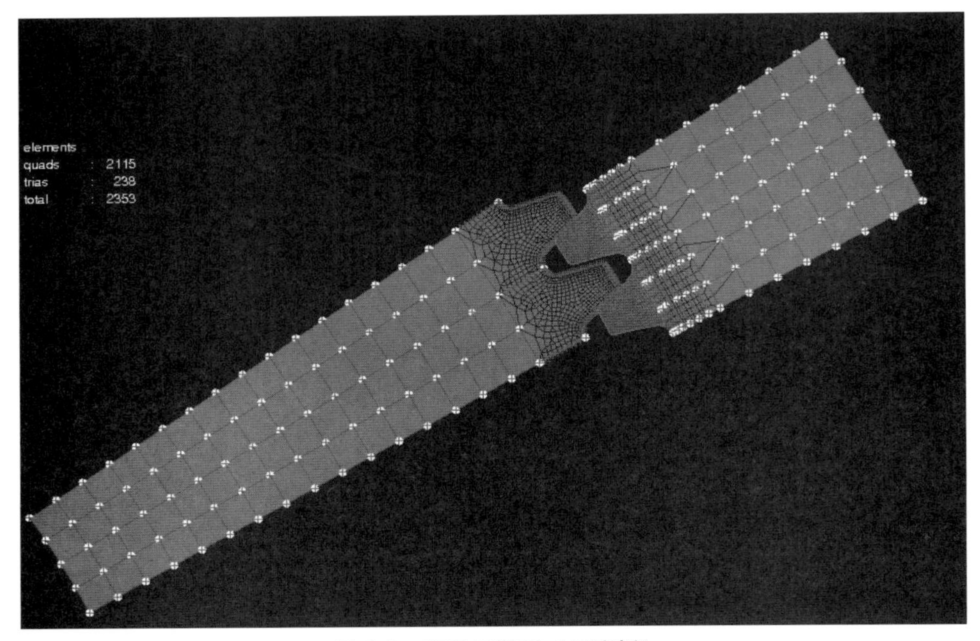

图 6.8　有限元模型（见彩插）

有限元模型采用圆柱坐标系，其中 X 方向为径向，Y 方向为切向。齿与齿之间建立接触对，如图 6.9 所示。

摩擦片外围，以及两侧全约束，内毂的内圈径向固定约束，同时施加周向力矩 18 750 N · m，内毂侧边周向固定约束。

3. 摩擦片高频淬火热处理强化影响因素分析

摩擦片无强化处理时其表面金相组织与中心相同，其静力分析结果等效应力分布如图 6.10（a）所示。计算具有淬火强化时，对淬火区域网格设置预应力，以模拟表面淬火。图 6.10（b）~（h）所示为不同淬火深度其静力分析结果等效应力分布。

图 6.9　接触对

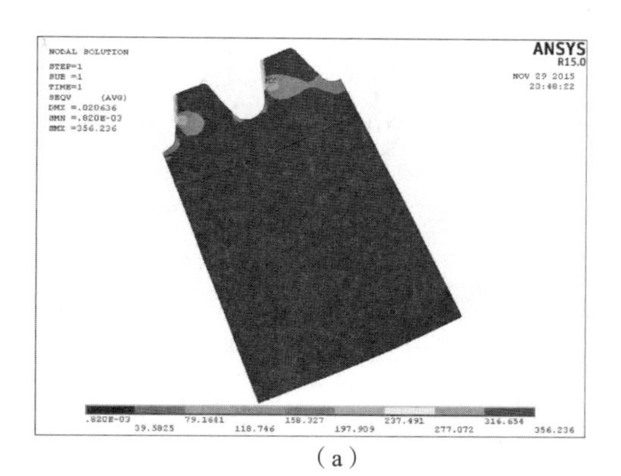

(a)

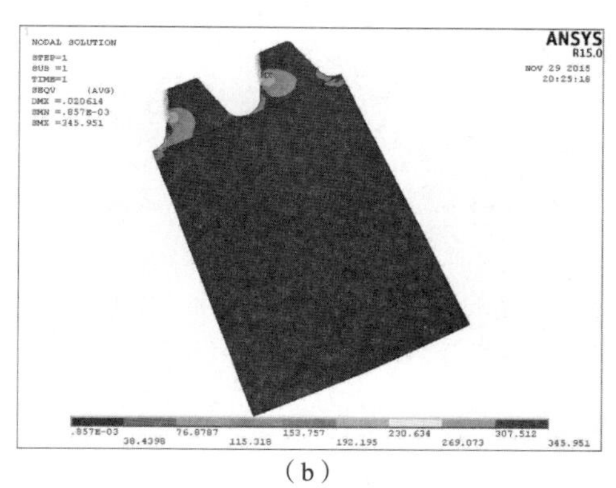

(b)

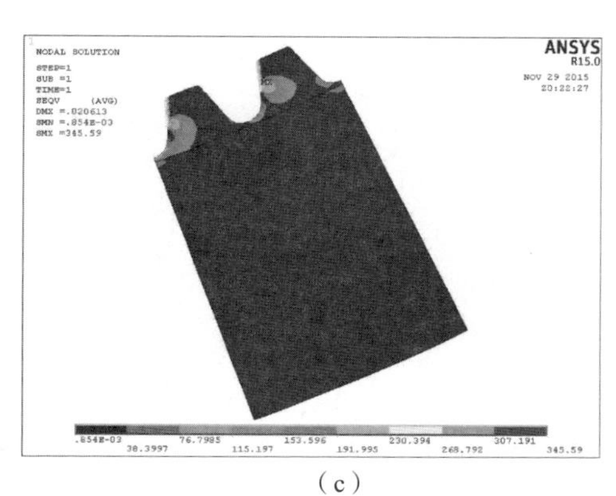

(c)

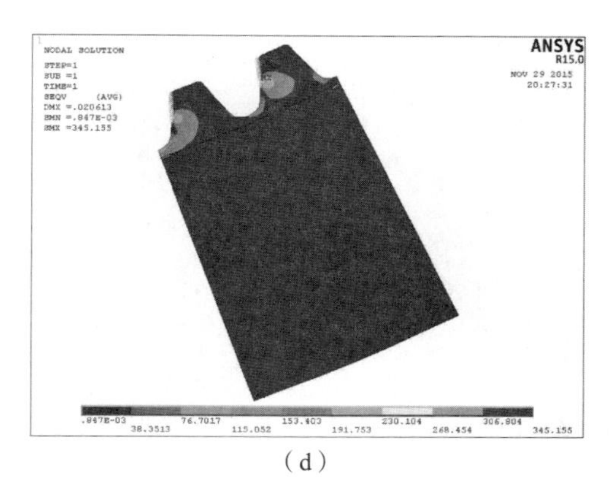

(d)

图 6.10　淬火等效应力分布（见彩插）

(a) 无强化；(b) 淬火深度 0.1 mm；(c) 淬火深度 0.4 mm；(d) 淬火深度 0.7 mm

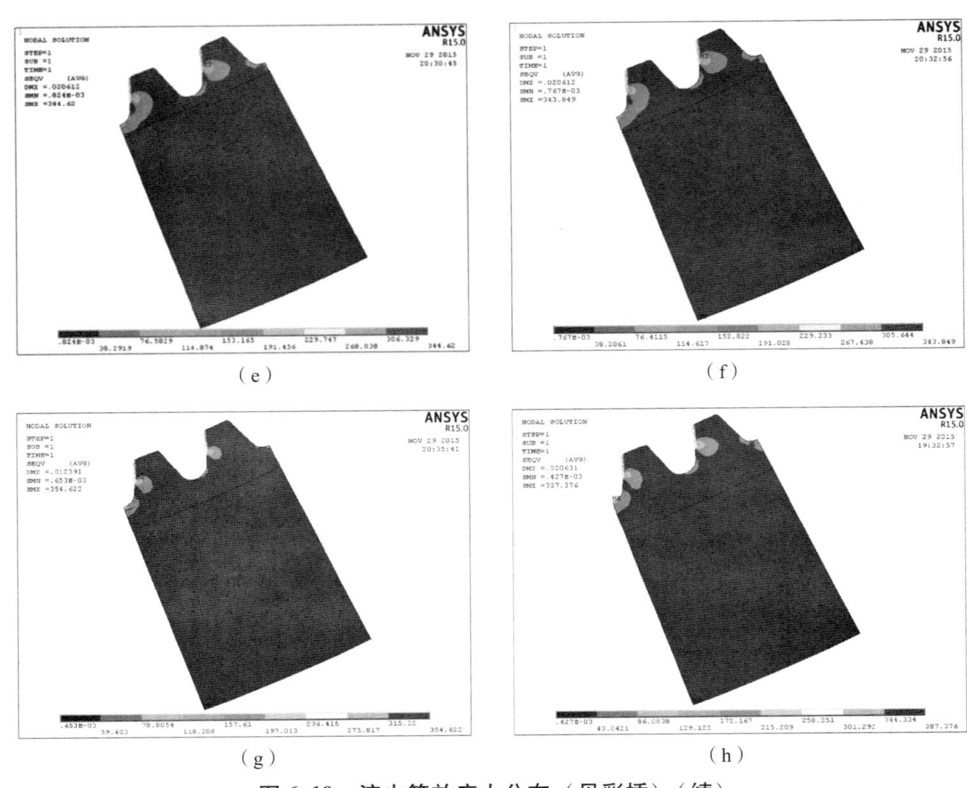

（e）　　　　（f）

（g）　　　　（h）

图 6.10　淬火等效应力分布（见彩插）（续）

（e）淬火深度 1.2 mm；（f）淬火深度 2 mm；（g）淬火深度 3 mm；（h）淬火深度 4 mm

对不同淬火深度进行仿真，得出如图 6.11 所示结果。淬火深度在 0.7 ~ 2 mm 范围内时最大等效应力缓慢下降，且最大等效应力均小于无强化处理时最大等效应力，在 2 ~4 mm 范围内上升。因此，1 ~2 mm 是较合适的淬火深度。

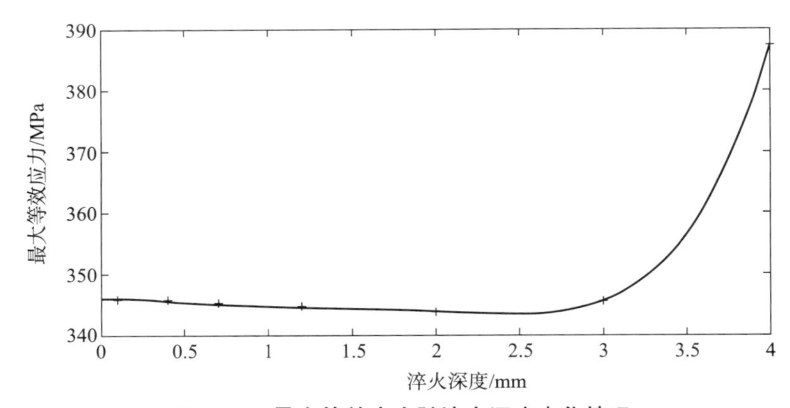

图 6.11　最大等效应力随淬火深度变化情况

将淬火深度与最大等效应力进行三次拟合可得

$$y = 1.725x^3 - 4.622x^2 + 1.148x + 346.5$$

式中，x 为淬火深度；y 为最大等效应力。

6.2　基于冲击力控制的摩擦片动态强度强化方法

6.2.1　摩擦片几何参数优化设计

由第 4 章影响因素分析可知，内毂转动惯量为 0.1 kg · m² 时内毂与摩擦片齿部冲击碰撞发生正碰、反碰和追碰等碰撞的频率和齿部碰撞力幅值比转动惯量为 0.3 kg · m² 时大；齿侧间隙 0.3 mm 时内毂与摩擦片齿部冲击碰撞发生正碰、反碰和追碰等碰撞的频率和齿部碰撞力幅值比齿侧间隙 0.5 mm 的大；偏心距为 0.2 mm 时内毂与摩擦片齿部冲击碰撞发生正碰、反碰和追碰等碰撞的频率大，但偏心距为 0.2 mm 时的碰撞力幅值比偏心距为 0 mm 时小[2]。第 5 章非线性损伤累积和寿命预测可知，摩擦片与内毂冲击的应力集中在摩擦片两侧齿部冲击部位及齿根部；冲击力引起的径向断裂疲劳随速度波动增大而减小，随压力角的增大而增大，随齿数增大先到某个峰值后下降，随模数增大到某个峰值后下降。参照上述规律进行优化设计。

6.2.2　摩擦片齿部冲击力可控方法

摩擦片与内毂碰撞，会造成齿根部位出现疲劳裂纹。摩擦片齿根裂纹的产生是由于摩擦片齿根应力过大，为了延缓摩擦片破坏，应对摩擦片齿根应力进行控制。摩擦片齿根应力受摩擦片模数、齿数、压力角等参数影响。除设计参数改变摩擦片模数、齿数、压力角等，本书提出一种在摩擦片齿部开孔以控制齿根应力的方法[1,2]。

摩擦片齿部开孔位置和形状如图 6.12 所示。为避免应力集中，所开方孔尖角处均倒 $R=0.5$ mm 圆角。

1. 摩擦片阻尼槽有限元建模

摩擦片与内毂冲击具有瞬时性，因此对摩擦片应力采用瞬态分析的计算方法。瞬态动力学分析又叫称时间历程分析，用于确定结构在随时间变化载荷作用下的响应，能分析确定结构在时变载荷作用下的随时间变化的位移、应变、应力

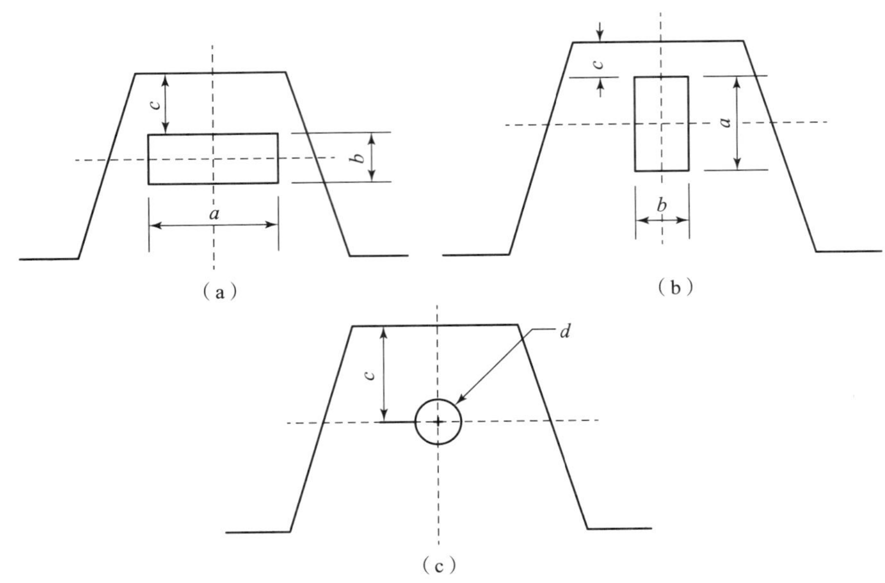

图 6.12　摩擦片齿部开孔位置和形状示意图

(a) a 型方孔；(b) b 型方孔；(c) 圆孔

等响应。

有限元法是 R. Courant 于 1943 年首先提出的[6,9,10]，基本思想是：首先将连续的研究对象离散为一组分散的、数量有限的单元。再根据结构特点将分散的单元组合成单元组合体，这种分析方法不仅能得到整个研究对象的响应，还能得到各个单元的响应。本文利用 ANSYS 商业软件对摩擦片进行瞬态分析。

ANSYS 有限元分析包含前处理、求解计算和后处理三个主要步骤。前处理包含创建或读入几何模型、定义单元类型、实常数和材料属性选项、划分网格、建立有限元模型等步骤。前处理阶段利用摩擦片三维实体模型，划分网格建立摩擦片有限元模型。针对摩擦片的结构特点，采用 SOLID185 单元离散摩擦片有限元模型。图 6.13 所示为摩擦片有限元模型。

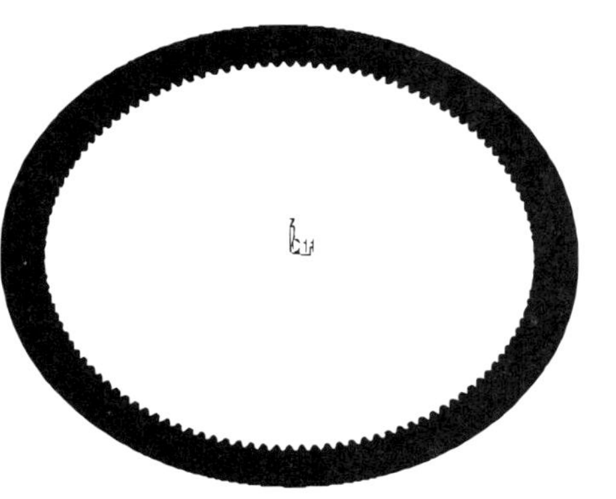

图 6.13　摩擦片有限元模型

求解计算包含施加载荷及载荷选项、设定约束条件、求解计算。模型坐标采用圆柱坐标系，其中 X 方向为径向，Y

方向为周向，Z 方向为轴向。摩擦片两端面的表面节点进行全约束。

ANSYS 瞬态分析可采用三种方法：完全（Full）法、模态叠加（Mode Superpos'n）法及缩减（Reduced）法。完全法采用没有缩减的完整系统矩阵计算瞬态计算。模态叠加法通过模态分析获得振型及特征值，再乘上因子通过求和得到结构的响应。缩减法通过初始计算主自由度位移再扩展的方法压缩问题规模，减小开销。三种瞬态分析方法的优缺点比较如表 6.1 所示。

表 6.1　三种瞬态分析方法优缺点

方法	优点	缺点
完全法	（1）没有矩阵缩减，功能最强； （2）一次分析就能得到所有的位移和应力； （3）允许施加所有类型的载荷：节点力、位移和单元载荷	开销大
模态叠加法	对于许多问题，比缩减法或完全法更快开销更小	（1）整个瞬态分析过程中时间步长必须保持恒定，不允许采用自动时间步长； （2）唯一允许的非线性是简单的点点接触； （3）不能施加强制非零位移
缩减法	比完全法快且开销小	（1）初始解只计算主自由度的位移，再进行扩展计算，得到完整空间上的位移、应力和力； （2）整个瞬态分析过程中时间步长必须保持恒定，不允许用自动时间步长；唯一允许的非线性是简单的点—点接触

综合考虑完全法、模态叠加法、缩减法优缺点，本章节采用完全法进行仿真计算。在 ANSYS 中定义 Table 文件，导入前文计算所得碰撞力数据文件。加载时，按 Table 文件将前文计算所得碰撞力垂直于齿廓施加于摩擦片齿廓与内毂接触区域。划分成多个载荷子步 Substeps，记录每一个 Substep 计算结果。计算结束后进行处理，读取应力时间曲线。

2. 摩擦片阻尼槽形状影响分析

以模数 $m=10.8$ mm，齿数 $z=34$ 摩擦片为例，在每个摩擦片齿相同位置开设相同尺寸、相同形状的孔，研究不同开孔形状、开孔大小对齿根应力的影响。孔的形状与尺寸参数如表 6.2 所示。

表 6.2　孔形状、尺寸参数表

编号	孔类型	孔尺寸	a (mm)	b (mm)	c (mm)	d (mm)
1	a 型方孔	3 ×4	4	3	3. 5	
2		2 ×4	4	3	5	
3	b 型方孔	3 ×4	4	3	4. 9	
4		2 ×4	4	2	5. 4	
5	圆孔	$d=5$			5	5
6		$d=6$			5	6

对模型进行求解，图 6. 14 所示为未开孔工况摩擦片齿根应力曲线，碰撞力最大时刻所对应的齿部应力云图。由图可以看出，齿根最大应力值为 304. 53 MPa。

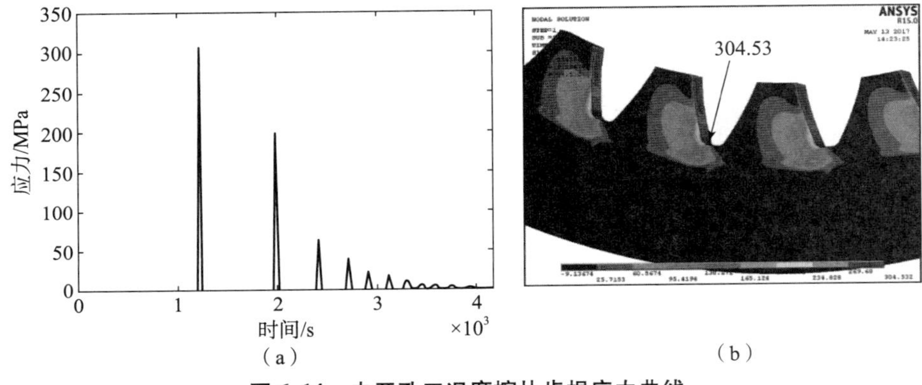

图 6. 14　未开孔工况摩擦片齿根应力曲线

(a) 齿根应力曲线；(b) 齿部应力云图

不同大小 a 型方孔工况摩擦片齿根应力曲线，碰撞力最大时刻所对应的齿部应力云图如图 6. 15 和图 6. 16 所示。

a 型方孔尺寸为 2 ×4 时，最大齿根应力为 271. 53 MPa（齿部最大应力为 314. 83 MPa，在方孔边缘受拉处），方孔尺寸为 3 ×4 时，最大齿根应力为 255. 17 MPa（齿部最大应力为 358. 22 MPa，在方孔边缘受拉处）。

不同大小 b 型方孔工况摩擦片齿根应力曲线，碰撞力最大时刻所对应的齿部应力云图如图 6. 17 和图 6. 18 所示。

b 型方孔尺寸为 2 ×4 时，最大齿根应力为 245. 21 MPa（为齿部最大应力），方孔尺寸为 3 ×4 时，最大齿根应力为 243. 61 MPa（齿部最大应力为 333. 54 MPa，在方孔边缘受拉处）。

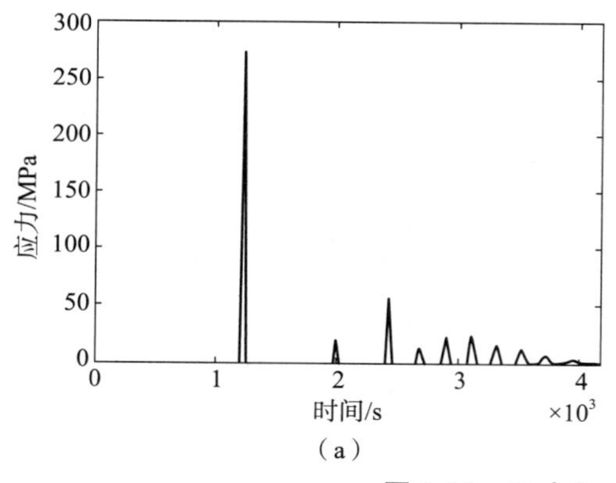

(a)

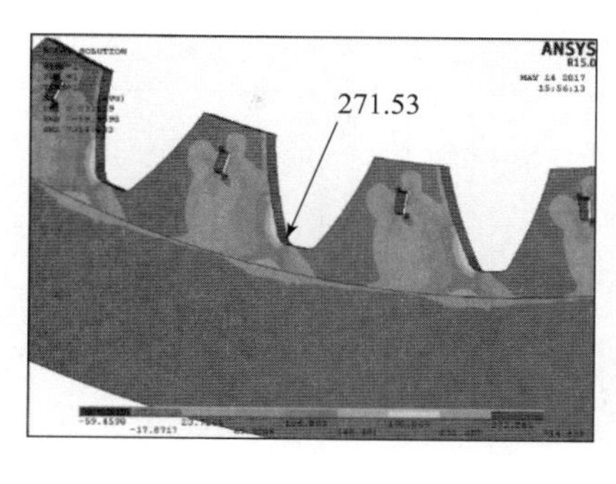

(b)

图 6.15　尺寸 2×4 a 型方孔

(a) 齿根应力曲线；(b) 齿部应力云图

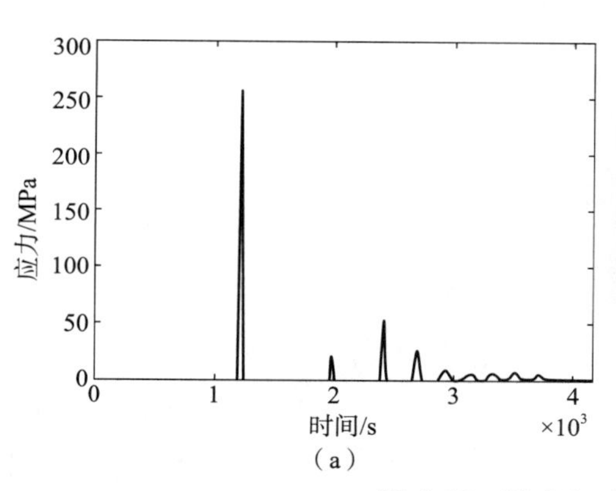

(a)

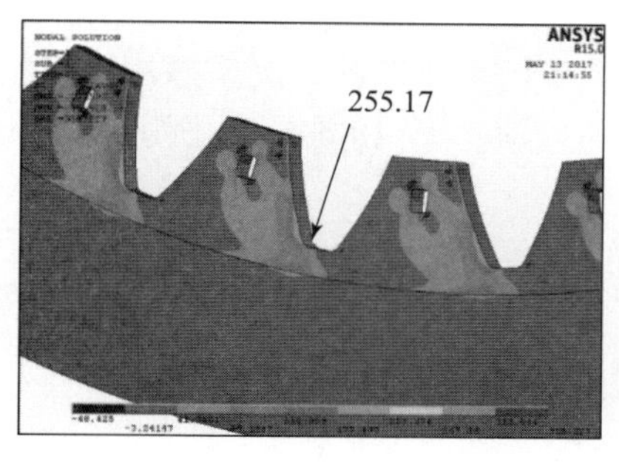

(b)

图 6.16　尺寸 3×4 a 型方孔

(a) 齿根应力曲线；(b) 齿部应力云图

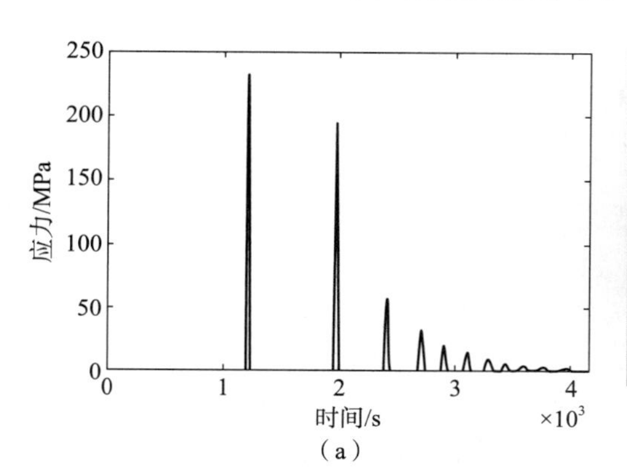

(a)

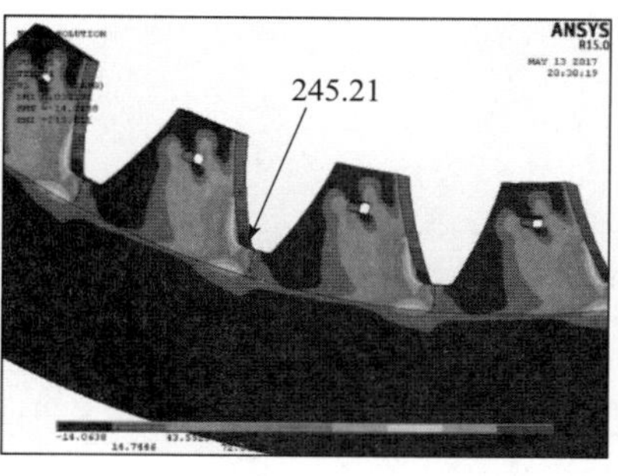

(b)

图 6.17　尺寸 2×4 b 型方孔

(a) 齿根应力曲线；(b) 齿部应力云图

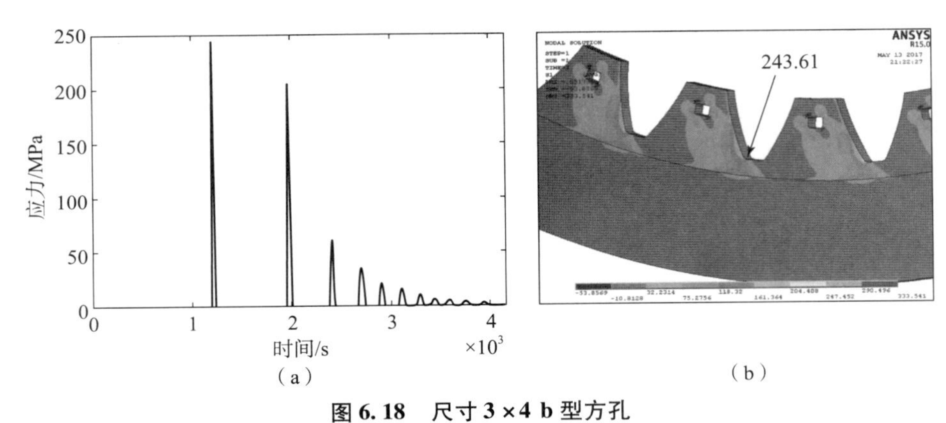

图 6.18　尺寸 3×4 b 型方孔

（a）齿根应力曲线；（b）齿部应力云图

不同大小圆孔工况摩擦片齿根应力曲线，碰撞力最大时刻所对应的齿部应力云图如图 6.19 和图 6.20 所示。

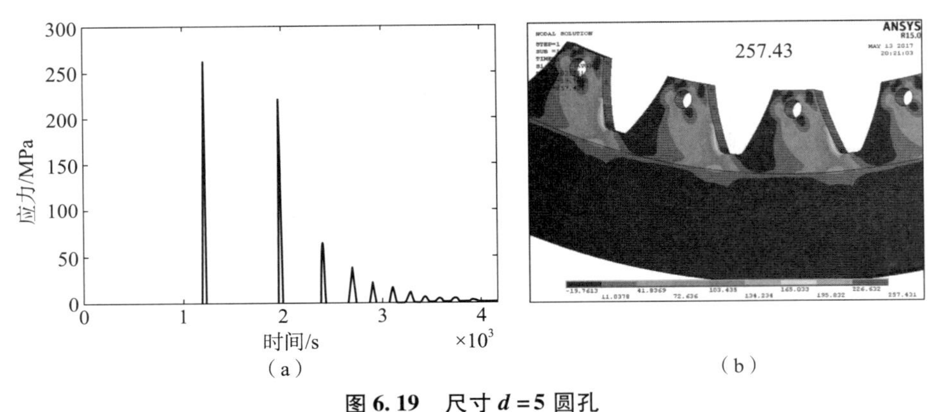

图 6.19　尺寸 *d*=5 圆孔

（a）齿根应力曲线；（b）齿部应力云图

圆孔尺寸为 $d=5$ 时，齿部最大应力分布在齿根处，最大齿根应力为 257.43 MPa，圆孔尺寸为 $d=6$ 时，齿部最大应力分布在齿根处，最大齿根应力为 247.68 MPa，圆孔边缘受拉处应力较 $d=5$ 尺寸圆孔增大。

摩擦片所受最大应力与开孔形状、大小关系如表 6.3 所示。由于孔的存在，摩擦片刚度下降，碰撞力降低。不同开孔工况最大碰撞力均小于未开孔工况，开尺寸 $d=5$ 圆孔碰撞力最小，下降 20.64%，开尺寸 2×4 a 型方孔最大碰撞力下降 7.83%。

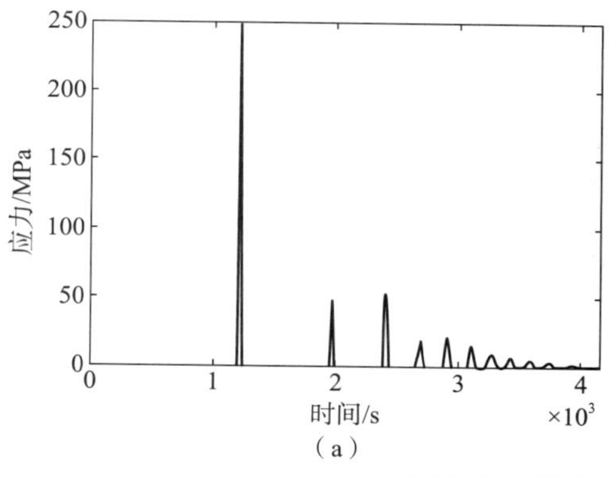

(a)

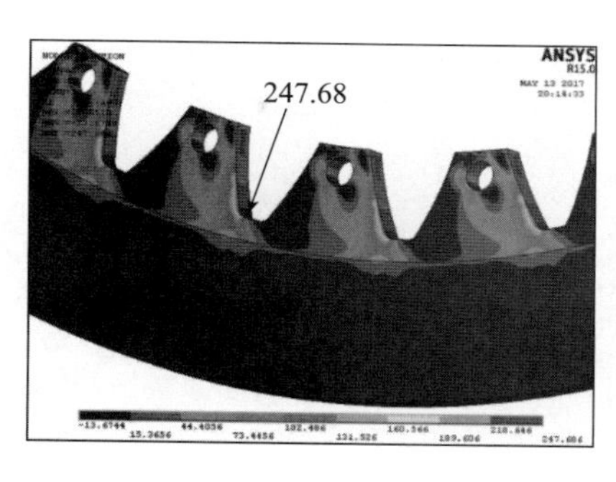

(b)

图6.20　尺寸 d =6 圆孔

(a) 齿根应力曲线；(b) 齿部应力云图

表6.3　开孔形状、大小与载荷关系

编号	孔类型	孔尺寸	最大碰撞力/N	最大均载系数	最大齿根应力/MPa	最大整体应力/MPa
1	a型方孔	3×4	7 433.30	34	255.17	358.22
2		2×4	8 173.60	34	271.53	314.83
3	b型方孔	3×4	7 456.70	34	243.61	333.54
4		2×4	7 891.50	34	245.21	245.21
5	圆孔	d=6	7 038.10	34	247.68	247.68
6		d=5	7 399.90	34	257.43	257.43
7	无孔		8 868.20	34	304.53	304.53

尺寸为2×4和3×4的a型方孔均减小了摩擦片齿根最大应力，但增大了摩擦片整体最大应力；尺寸为2×4的b型方孔减小齿根最大应力和摩擦片整体最大应力，尺寸为3×4的b型方孔减小齿根最大应力，增大了摩擦片整体最大应力；尺寸为 d=5和 d=6的圆孔减小了齿根最大应力和摩擦片整体最大应力。

利用二次曲线拟合最大碰撞力与孔大小关系如图6.21所示。最大齿根应力与孔大小关系如图6.22所示。摩擦片整体最大应力与孔大小关系如图6.23所示。其中横坐标为圆孔或方孔在摩擦片端面的截面面积。

综上，随着圆孔尺寸大小的增大，最大碰撞力减小；最大齿根应力减小。随着b型方孔尺寸大小的增大，最大碰撞力减小；最大齿根应力减小；摩擦片整体最大应力增大。随着a型方孔尺寸大小的增大，最大碰撞力减小；最大齿根应力减小，摩擦片整体最大应力增大。

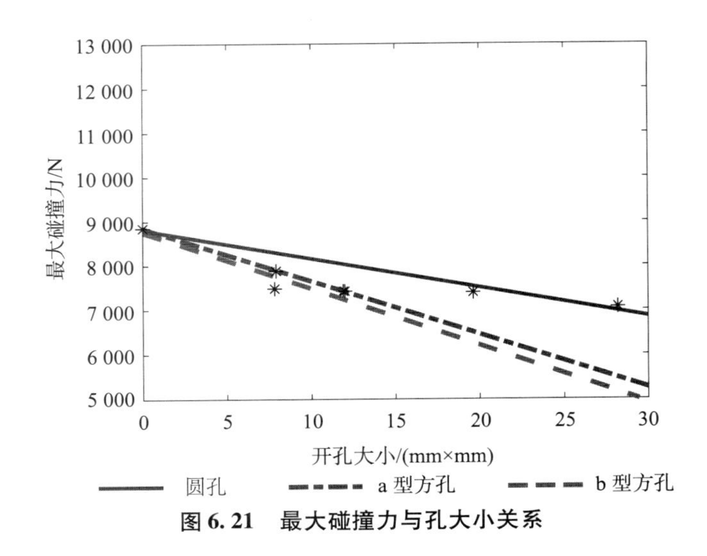

图 6.21　最大碰撞力与孔大小关系

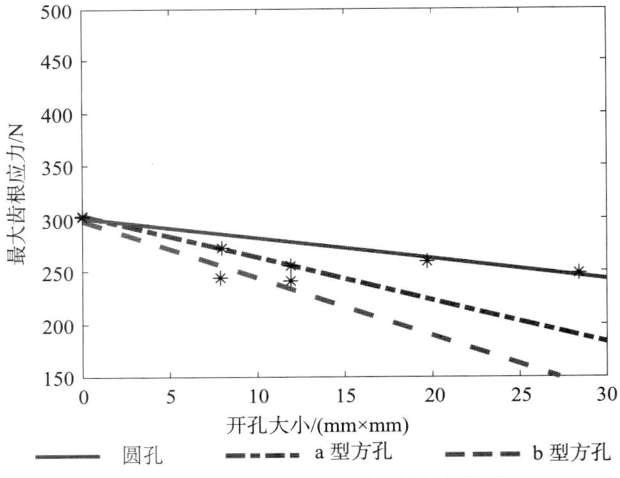

图 6.22　最大齿根应力与孔大小关系

将图 6.22 进行二次拟合，拟合表达式如下：

圆：$F = -63.83A + 8\ 759$

方 a：$F = -135.1A + 8\ 771$

方 b：$F = -111.4A + 8\ 733$

式中，F 为碰撞力；A 为面积。

前文研究了不同形状、不同大小开孔对摩擦片齿根冲击应力的影响规律。主要结论如下。

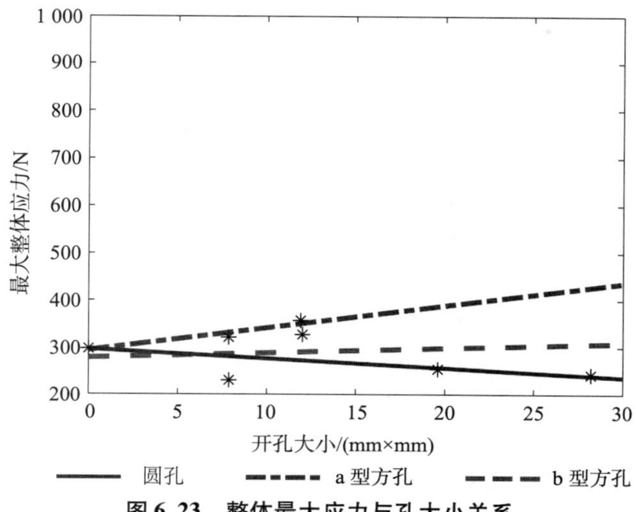

图 6.23　整体最大应力与孔大小关系

（1）不同影响因素下最大齿部应力均分布于摩擦片受拉侧齿根部。速度波动范围越大，摩擦片最大单齿碰撞力越大，最大齿根应力越大。随着分度圆压力角增大，摩擦片最大单齿碰撞力减小，摩擦片最大齿根应力也减小。摩擦片模数越大齿数越少，最大碰撞力越大。最大齿根应力随模数增加先增大后减小，最大齿根应力随齿数增加也表现为先增大后减小。

（2）随着开孔尺寸大小的增大，最大齿根应力减小，未开孔时，齿部最大应力位置在齿根处，开孔尺寸增大，最大应力位置分布于齿根处与开孔边缘受拉处，或者分布于开孔边缘受拉处，使摩擦片整体最大应力增大，不利于减小摩擦片整体应力。

参考文献

[1] WANG Y, SHAO Y M, XIAO H F. Non－linear impact damage accumulation and lifetime prediction of frictional plate [J]. Machine Tool & Hydraulics, 2017, 45 (18): 23－26.

[2] NING K, WANG Y, HUANG D, et al. Impacting load control of floating supported friction plate and its experimental verification [J]. Journal of Physics Conference Series, 2017, 842: 012070.

[3] 中国北方车辆研究所. 一种耐高温制动摩擦材料及其制备方法：中国,

202011248500.9（P）.2021－03－12.
[4] 中国北方车辆研究所．一种摩擦卡齿部复合强化方法：中国，202010716417.3（P）.2020－11－03.
[5] 徐自立．工程材料及应用［M］.武汉：华中科技大学出版社，2007.
[6] 李慎龙，赵恩乐．基于ANSYS的汽车膜片弹簧参数化建模［J］.机械工程师，2016（8）：170－172.
[7] 胡正根，朱如鹏，靳广虎，等．齿向分段抛物线修形对渐开线花键副微动磨损参数的影响［J］.航空动力学报，2013，28（7）：1644－1649.
[8] CHEN Z，TANG H，SHAO Y，et al. Failure of chopped carbon fiber Sheet Molding Compound（SMC）composites under uniaxial tensile loading：Computational prediction and experimental analysis［J］. Composites Part A：Applied ence and Manufacturing，2019，118（3）：117－130.
[9] 毛文．基于ADAMS仿真技术在农业机械手设计中的应用［J］.农机化研究，2009，31（5）：202－203.
[10] 梁磊，顾强康，刘国栋，等．基于ADAMS仿真确定飞机着陆道面动荷载［J］.西南交通大学学报，2012，47（3）：502－508.

第 7 章 大功率高动载摩擦片试验方法

7.1 高动载摩擦片等效加载试验技术

摩擦片芯板在工程应用中会发生异常破坏，其破坏机理及冲击规律等没有得到很好的解释及验证。要找出摩擦片损伤及破坏的真正原因，究明损伤机理，就必须通过动态加载来实现摩擦片在实际使用过程典型工况下的理论分析和试验研究，获取摩擦片的真实受力、碰撞冲击等内部信息及外载边界条件。但实际工况下，冲击频率高达几十甚至上百赫兹，且由于摩擦片浮动支撑的装配特点，冲击位置、频率、幅值不断变化，这对模拟摩擦片动态加载试验造成困难。本节根据等效原理，采用凸轮与电动机相结合的方式，提出一套可冲击频率、幅值可调的摩擦片动态加载试验方法和装置，来实现摩擦片动态强度研究的基础实验能力和条件，且为进一步的摩擦片疲劳、损伤试验奠定基础。

7.1.1 摩擦片动态加载原理及动力学试验分析

1. 等效原理

等效是指不同的物理现象、模型、过程等在物理意义、作用效果或物理规律方面是相同的。它们之间可以相互替代，而保证结论不变。而在机械系统中，等效就是把复杂的机械系统简化成一个等效构件，建立最简单的等效动力学模型。为了使等效构件和机械中该构件的真实运动一致，根据质点系动能定理，将作用于机械系统上的所有外力和外力矩、所有构件的质量和转动惯量，都向等效构件转化。转化的原则是使该系统转化前后的动力学效果保持不变，即等效构件的质量或转动惯量所具有的动能，应等于整个系统的总动能；等效构件上的等效力、等效力矩所做的功或所产生的功率，应等于作用在整个系统的所有力、所有力矩所做功或所产生的功率之和。满足这两个条件，等效构件和原机械系统在动力学上就是等效的，就可将等效构件作为该系统的等效动力学模型。对于不同模数的摩擦片，通过调整碰撞频率的方式实现应力相等，从而等效，下面以模数 3 和 10 的芯板为例说明等效。

1） 几何相似

随着模数的变化，芯板的齿形包括齿顶高、齿根高等参数都发生了相应的变化，从而芯板与内毂碰撞时的接触面积也随着变化，它们之间存在着一定的相似关系。在这里我们选取模数 3、10。模数 3、10 和相应的接触面积数据如表 7.1 所示。

表 7.1　不同模数芯板的接触面积

模数/mm	接触面积/mm^2
3	21.00
10	66.59

由表 7.1 可知：

对于模数 3 和模数 10 的芯板，模数比 $r_{m10}=\dfrac{10}{3}\approx 3.33$，接触面积比 $r_{s10}=\dfrac{66.59}{21}\approx 3.17$。

2） 动力学相似

随着模数的变大，相应的芯板的转动惯量也变大，也即相应的动能会变大，而碰撞时的接触面积也变大，但是碰撞时作用在单位碰撞面积上的动能却是不变的，即有大小模数芯板的单位面积碰撞功是一致的。即有

$$\frac{\frac{1}{2}J_1 w_1^2}{s_1}=\frac{\frac{1}{2}J_2 w_2^2}{s_2} \tag{7.1}$$

式中，J 为芯板转动惯量；w 为芯板的角速度；s 为碰撞时的接触面积。不同模数和齿数的芯板的转动惯量如表 7.2 所示。

表 7.2　不同芯板的转动惯量

模数/mm	转动惯量/t · mm²
3	108.68
10	96.71
定位板和夹具	71.70

把相关参数代入式（7.1）可得到

$$\frac{w'^2_{10}}{w_3^2} = \frac{J_3}{J'_{10}} \times \frac{s'_{10}}{s_3} = \frac{r'_{s10}}{r'_{j10}} \approx 3.4 \tag{7.2}$$

即模数 10 与模数 3 芯板的速比为

$$r'_{v10} = \frac{w'_{10}}{w_3} = \sqrt{\frac{r'_{s10}}{r'_{j10}}} \approx 1.8 \tag{7.3}$$

3）芯板参数

本小节使用摩擦片动载加载试验系统对模数 3 和模数 10 芯板的等效性进行验证。模数 3 和模数 10 芯板相关参数如表 7.3 所示。

表 7.3　模数 3 和模数 10 芯板相关参数表

模数	模数 3	模数 10
碰撞齿数 n	6	4
齿宽 B/mm	5	4.5
模数 m/mm	3	10
压力角 α	20	20
β	0.46	0.138
齿顶高系数（h_a^*）	0.8	0.8
齿根高系数（c^*）	0.3	0.3
节圆半径 r/mm	231	230
惯量 J（t · mm²）	157.7	83.77
反弹系数 P	0.8	0.6
齿形系数 y_α	1.303 4	1.536 9
应力集中系数 $\alpha_{\alpha a}$	2.156 4	3.241 5

4）等效频率及试验工况确定

将上面的参数计算等效冲击频率比为

$$\frac{f_{10}}{f_3} \approx 1.8 \tag{7.4}$$

上式表示当模数 10 芯板的碰撞频率 f_{10} 为模数 3 芯板碰撞频率 f_3 的 1.8 倍时，它们的齿根应力值相等，即具有等效关系。根据等效碰撞频率比设置具体测试工况，这里选择模数 10 的试验工况为 16.66 Hz、25 Hz，模数 3 的工况为 9.25 Hz、13.89 Hz，其中 $25 \approx 13.89 \times 1.8$，$16.66 \approx 9.25 \times 1.8$ 即大小模数的测试工况符合等效理论公式（7.1）。

5）等效原理验证结果分析

按照试验工况对模数 10 和模数 3 的芯板进行试验，不同工况下齿根应变结果如表 7.4 所示，图 7.1 为碰撞频率为 13.89 Hz 时模数 3 的应变测试波形图。由式（7.4）可知当模数 10 芯板的碰撞频率为模数 3 芯板的碰撞频率的 1.8 倍时它们的齿根应力值相等，即具有等效关系。由表 7.4 可知，模数 3 的碰撞频率为 9.25 Hz 时，齿根应变为 523；模数 10 的碰撞频率为 16.66 Hz 时，齿根应变为 515，$16.66 \approx 1.8 \times 9.25$，它们之间的碰撞频率符合等效关系，此时它们的应变差值为 $523 - 515 = 8$，在实验的误差范围。同理，模数 3 的碰撞频率为 13.89 Hz 和模数 10 的碰撞频率为 25 Hz 时，测得齿根应变值近似相等。综合以上的试验结果我们可以看到等效理论关系与试验结果符合，即等效理论关系是正确的。

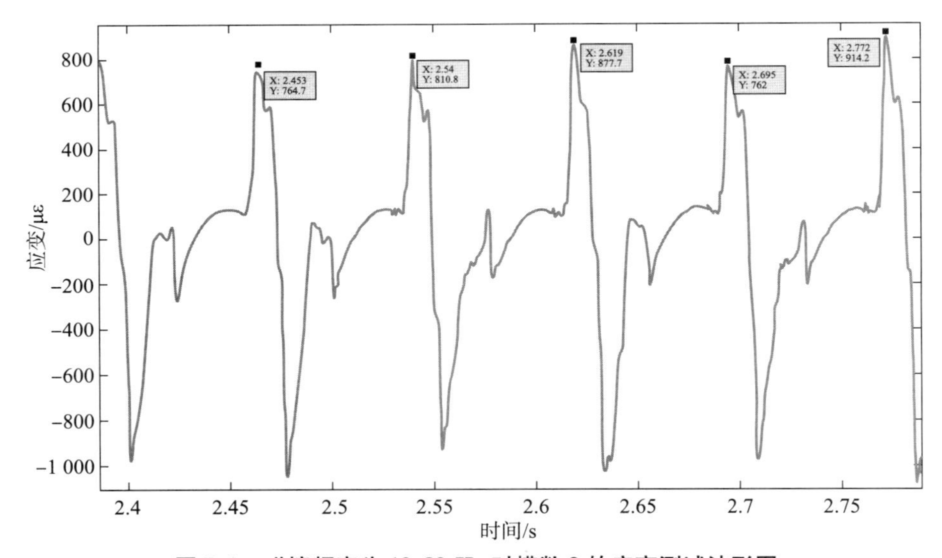

图 7.1　碰撞频率为 13.89 Hz 时模数 3 的应变测试波形图

表 7.4　大小模数芯板的等效验证结果

芯板模数	模数 3	模数 10
等效碰撞频率/Hz	9.25	16.66
应变	523	515
等效碰撞频率/Hz	13.89	25
应变	830	890

2. 动力学模型分析

1）冲击力—齿根应变标定

在模数 3 和模数 10 的齿根部位布置应变片，参照 7.1.2 中标定系统对冲击碰撞力与齿根应变的关系进行标定，结果如式（7.5）、式（7.6）所示，F_1、F_2 为碰撞力，ε_1、ε_2 为齿根应变：

$$F_1 = 1.15\varepsilon_1 - 15.3 \tag{7.5}$$

$$F_2 = 1.54\varepsilon_2 + 4.4 \tag{7.6}$$

2）计算理论冲击碰撞力值

根据第 4 章理论冲击动力学模型，使用数值计算软件 matlab 编写相关的计算程序，通过输入相应的小节 7.1.3 芯板相关参数，计算出不同工况下内毂和芯板的碰撞力，碰撞频率为 16.66 Hz 时，模数 3 芯板的碰撞力理论计算结果如图 7.2 所示。从图 7.2 中可以看出，此时的碰撞力波形具有周期性且周期与理论周期

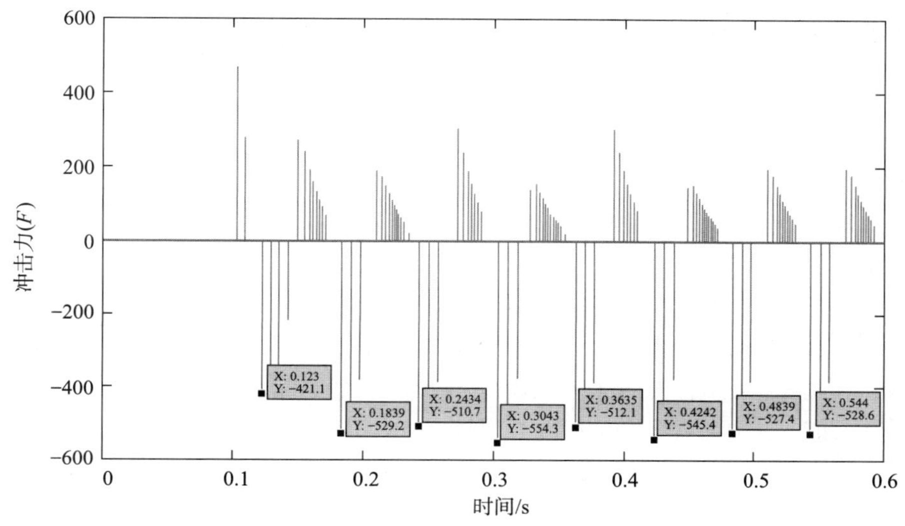

图 7.2　碰撞频率为 16.66 Hz 时，模数 3 芯板的碰撞力理论计算结果

0.06 s 基本吻合，取每个周期的峰值点的平均值得到了在 16.66 Hz 下的碰撞力的大小为 516 N。同理分别计算频率为 21 Hz、25 Hz 工况下的理论冲击力值分别为 644 N、788 N[1]。

3）动力学模型验证结果分析

使用动态加载试验系统测得通过工况下的齿根应变，并通过冲击力—齿根应变标定公式（7.2），将齿根应变转换为冲击碰撞力，最后与冲击力理论计算值进行对比，如表 7.5 所示。由表看出模数 3 芯板的实际碰撞力和理论计算碰撞力大小和趋势都基本符合，即证明冲击动力学理论模型的正确性。

表 7.5　模数 3 芯板在不同工况下的冲击力的理论计算值与实验值对比表

碰撞频率/Hz	16.66	21	25
试验结果/N	477	580	739
理论计算/N	516	644	788

7.1.2　摩擦片动态加载试验原理

摩擦片动态加载试验系统主要由两大部分组成：冲击实验台和测试系统。冲击实验台再现摩擦片的冲击情况，测试系统获取摩擦片冲击时的特征数据（冲击状态、应变等）。

冲击试验台主要由基座、电机、五点凸轮、冲击台架、防护罩构成。摩擦片实际工况下冲击碰撞频率可达 100 Hz，而变频电机转速一般在 20 Hz 左右，无法满足模拟较高碰撞频率的要求，因此本试验将五点多线程凸轮与电机相结合，提高冲击碰撞频率。冲击试验台利用电机通过联轴节驱动安装在轴端部的凸轮旋转，该凸轮机构为五点多线程凸轮机构，凸轮旋转一周，冲击摆杆与芯板实现 5 次碰撞。通过变频电机可以调整冲击摆杆与芯板的冲击频率，满足实车冲击频率变化范围的要求。通过改变冲击摆杆的长度，可改变输出振幅，满足实车冲击幅值变化范围的要求。在样机设计过程中，保证摆杆和芯板与实车内毂和芯板具有相同的转动惯量，保证摆杆顶端单齿与实车齿形完全相同，保证芯板与冲击摆杆的碰撞接触位置曲率半径相同，保证芯板与冲击摆杆的碰撞接触位置和齿侧间隙可调，从而使样机试验台摆杆与芯板的碰撞既能准确模拟实车内毂与芯板的撞击过程，又能满足实车上碰撞冲击频率变化范围大的要求。另外，更换摩擦片芯板即可实现不同齿侧间隙、不同变位系数、不同阻尼槽的摩擦片芯板冲击试验。冲击试验台实物如图 7.3 所示。

图 7.3　冲击试验台实物

7.1.3　试验装置系统设计及试验流程

1. 五点多线程凸轮的结构设计

本试验采用五点多线程凸轮与电机相结合的方法实现摩擦片高频冲击的要求，五点多线程凸轮难点在于导线设计。凸轮旋转一周，凸轮滚子将经历 5 次推程和回程，在凸轮高速转动的情况下，实现 5 次推程和回程之间无刚性和软性冲击十分困难，且不良的导线设计会引入附加冲击，进而影响实验测试结果。为解决以上难题，本试验通过三维建模软件 UG，采用多样条曲线设计凸轮轮廓曲线，并利用仿真软件 ADAMS 对其进行动力学仿真和优化，结合变频电机实现了平稳连续、幅值和冲击频率可调的高频冲击要求。

摆动滚子从动件凸轮机构的设计及其运动规律如图 7.4 所示。利用诺模圆，初选凸轮基圆半径 $R = 69.5$ mm，凸轮每转一圈（转过 360°），从动件经历 5 次推程和回程，推程运动角 Φ 和回程运动角 Φ' 均为 36°，远近休止角为 0°。从而保证从动件的摆动周期为凸轮旋转周期的 5 倍，通过调频电机，改变电机转速，实现摆杆的变频输出。

2. 冲击力测量系统设计及传感器选型

摩擦片具有浮动安装、齿部冲击碰撞位置实时变化的特点，无法直接准确测得摩擦片冲击力。轮齿在和内毂的碰撞时，会在齿面间产生碰撞力，在齿根处产生齿根应变，由悬臂梁理论可知，冲击力和齿根应变存在线性关系，因此可通过应变片获得齿根应变进而推算出冲击力的大小。

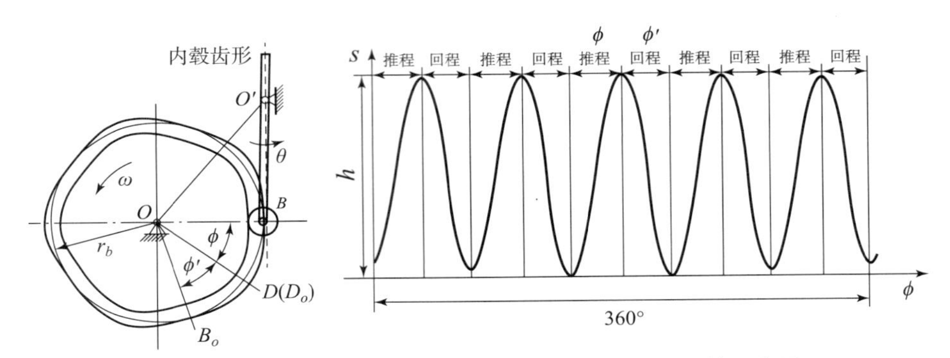

图 7.4　摆动滚子从动件凸轮机构的设计及其运动规律示意图

1）冲击力标定系统

为获得冲击碰撞力和齿根应变之间准确的线性关系，本书设计了一套冲击力标定系统，其主要由摩擦片及加载重物、应变片、应变仪、电脑组成，冲击力标定系统示意图如图 7.5 所示。试验原理如下：将大小合适的钢管置于齿槽中，使钢管与两侧面接触挤压，在钢管上放置重物，测得此时齿根的应变大小，分别 N 组质量不同的重物，测得几组数据，并以此数据拟合出齿根应变和冲击力的关系。冲击碰撞力与齿根应变关系标定结果，如图 7.6 所示。

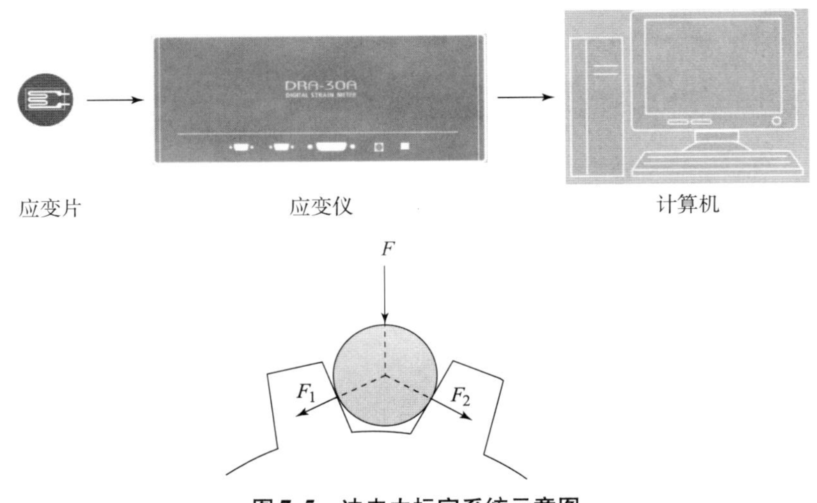

图 7.5　冲击力标定系统示意图

2）应变片选型

由于齿部空间狭小，为准确获得齿根应力，需选择高灵敏度和小尺寸应变片。为了满足试验测试精度及范围的要求，采用 TML 公司生产的 F 型应变片。

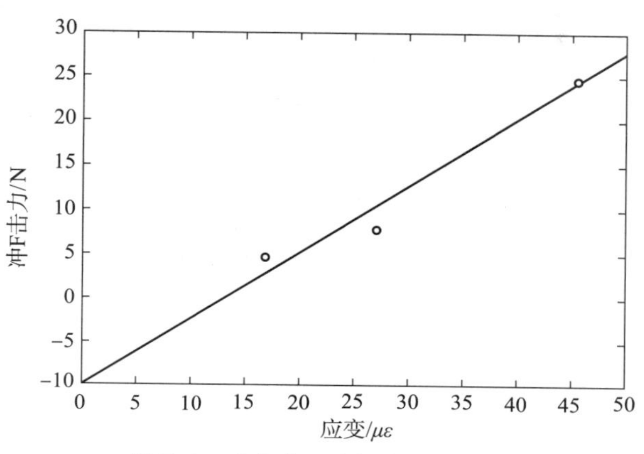

图 7.6　冲击力—齿根应变关系图

它以电阻应变片作为传感元件，使用时将其牢固地粘贴在构件的测点上，构件受力后由于测点发生应变，应变片也随之变形而使应变片的电阻发生变化，再由专用仪器测得应变片的电阻变化大小，并转换为测点的应变值。所选应变片型号为 FLAB－1－17－3LJC－F，其主要技术规格如表 7.6 所示。

表 7.6　应变片主要技术参数表

型号	FLAB－1－17－3LJC－F
长度	3 mm
电阻	119.9 ±0.5 Ω
灵敏度	2.14 ±1%
适宜工作环境	23 ℃，50% RH

布置应变片时，既可以只使用一片应变片布置成单向应变片，也可以使用 3 片应变片布置成应变花，前者用于在知道主应力方向的情况下来测量主应力大小（粘贴时应注意应变片方向应与主应力方向一致），后者用于在不知道主应力方向的情况下来测量被测点的应力状态，应根据要求来使用。齿根部位应变片布置如图 7.7 所示。

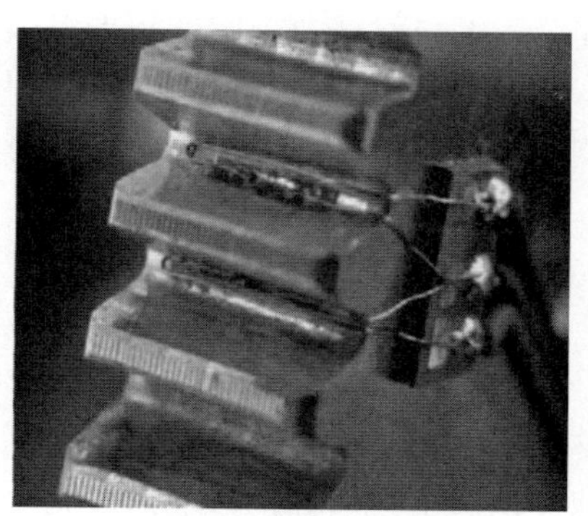

图 7.7　齿根部位应变片布置图

3）应变测量仪器选型

摩擦片在使用过程中齿部不断受到高频

碰撞，齿根应变随着时间的变化而变化。动态应变仪将应变片所输出的模拟信号放大并转换成数字信号进行记录。本试验采用TML公司的DRA－30A多通道数字动/静态应变仪采集摩擦片应变信息，如图7.8所示。DRA－30A可以配合个人电脑进行在线测量，被测部件的应变信号采集并存储在计算机里。其特点是既可以作为一台小型的动态应变仪，也可以作为一台同时采样的多通道静态应变仪来使用。可测量1/4桥、半桥、全桥和电压，每个通道都有"一键式"快速插座，桥盒、应变计和应变式传感器可很方便的接入仪器。其主要技术规格如表7.7所示。

图7.8　DRA－30A应变仪

表7.7　应变数据采集仪主要技术规格

型号	DRA－30A
分辨率	1×10^{-6} μs
动态响应范围	DC～3 kHz
最大测定范围	±20 000 μs
采样速度	100～900 μs
适宜工作环境	0～500℃，＜85%RH

3. 试验流程

由第4章可知，等效就是把复杂的机械系统简化成一个等效构件，建立最简单的等效动力学模型，当不同模数芯板等效时，其齿根应力相同，可通过检测不同模数芯板在等效频率下的齿根应力是否相等来验证等效模型的正确性。由第4章的动力学模型，可理论计算得到冲击碰撞力的大小，可通过实测冲击力，并检测是否与理论碰撞力相等检测动力学模型的正确性，流程图如图7.9所示。

7.1.4　非线性疲劳损伤试验分析

机械冲击疲劳是一种具有强非线性特点的损伤形式。冲击疲劳损伤算法，以冲击试验的齿根应力数据为基础，计算了摩擦片冲击疲劳损伤程度并估计其寿命。损伤增长的递推公式为

$$\Omega_{i+1} = \Omega_i + AJ_0\frac{J(\Omega_i)}{(1-\Omega_i)^n} \tag{7.7}$$

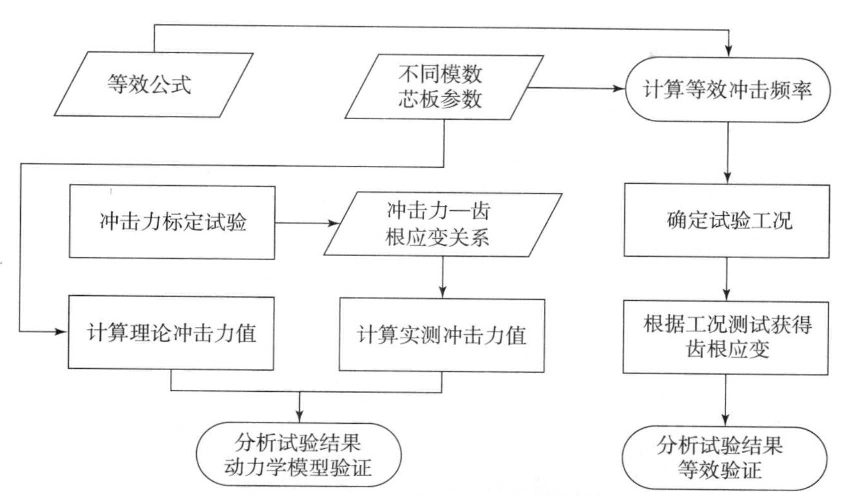

图 7.9　等效原理及动力模型验证流程图

发动机齿根应力变化曲线如图 7.10 所示。摩擦片齿部冲击过程中，其疲劳强度为疲劳极限的 0.2 ~0.7 倍，取其系数 $k_f = 0.3$，喷丸处理具有强化的效果，$k_p = 1.3$，因此，$k = k_f k_p = 0.39$；$A > 0$，$n > 0$ 为与载荷速率有关的常数，需试验获取。查阅相关资料，本研究将其值设定的疲劳极限为 237 MPa，$A = 1.2 \times 10^{(-11)}$，$n = 3.6$ 计算摩擦片齿部冲击疲劳损伤。

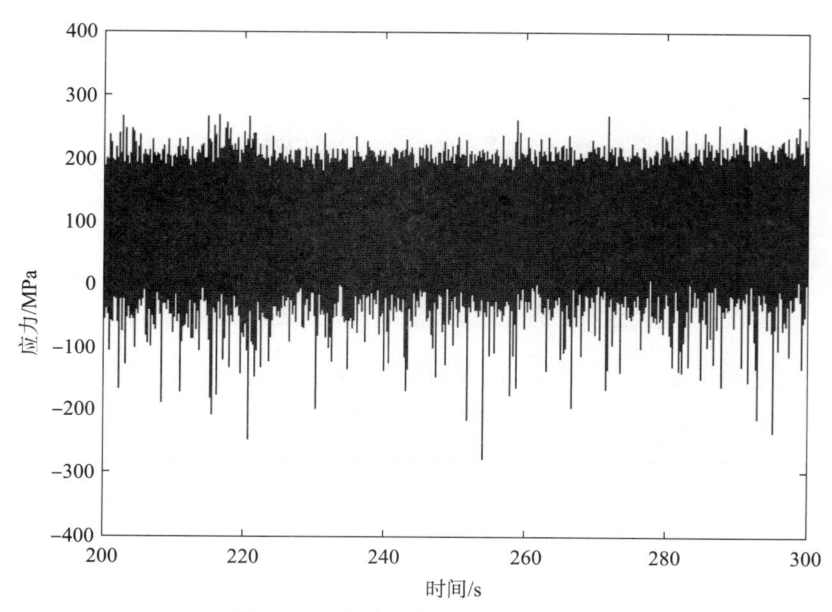

图 7.10　发动机齿根应力变化曲线

时间区间为200～210 s的应力曲线如图7.11所示，图中直线a代表门槛值。通过非线性损伤累积，可以计算获得10 s时间内摩擦片齿部冲击累积损伤为Damage＝0.003 8。按照该方法，可获得整个时间段，即100 s的摩擦片齿部冲击累积损伤。经计算，100 s时间内的冲击损伤累积过程如表7.8所示，齿部在承受100 s冲击碰撞后，摩擦片累积损伤为Damage＝0.043 8。经累积计算，摩擦片连续运行情况下，预测其工作寿命为25.56 min。

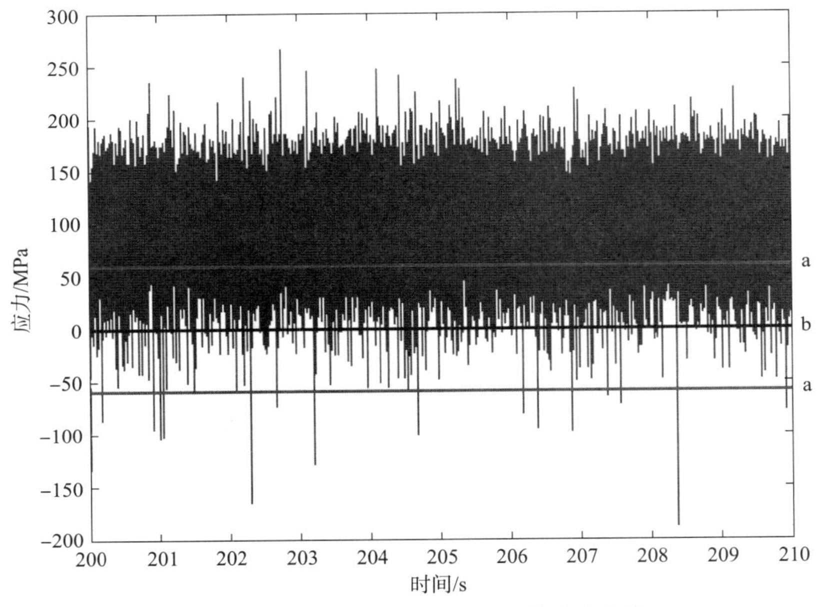

图7.11　时间区间为200～210 s的应力曲线

表7.8　冲击损伤发展状况

时间/s	10	20	30	40	50	60	70	80	90	100
Damage（$\times 10^{-3}$）	3.8	8.4	12.5	16.3	20.4	24.6	28.9	33.2	38.2	43.8

而试验得到寿命为28.43 min。预测寿命与试验寿命比较误差为10%左右，显然该损伤评估方法适用于摩擦片齿部冲击疲劳。

7.2　大功率高动载摩擦副滑磨瞬态温度测试

摩擦副接合/分离过程中，摩擦片和对偶片处于滑动摩擦状态，大量的动能转化为热能，摩擦副接合时间短，由于冷却和散热不充分而造成其温度快速升高，加之摩擦面接触压力分布不均匀引起热流密度分配不均，使得整个滑动摩擦历程中摩擦片局部温度较高，出现温度场集中现象。表面温度梯度、热应力增大，在局部高温作用下导致摩擦副出现热斑、翘曲变形等早期失效形式。随着时间的推移，过高的温度会使摩擦副出现严重磨损、材料脱落甚至烧结，严重影响摩擦副的工作性能。

由于摩擦副在工作过程中处于运动状态，且互相接触，工作环境恶劣，因此无论使用接触式测温还是非接触式测温都很难准确测量其接触界面的温度，而常用的数值计算方法将摩擦热流作为边界条件引入模型，需要进行大量的简化和假设，因而很难获得精度较高的瞬态温度场。因此，如何获取滑动摩擦接触界面瞬态温度场是摩擦学领域研究的重点和难点。为此，需提出一套用于大功率高动载摩擦片滑磨瞬态温度测量的测试装置和测试方法，并使用该系统首次测得摩擦副摩滑过程中瞬态温度可高达 516 ℃，打破了目前的摩擦片测试记录（现有资料显示此前测得最高温度均低于 300 ℃），为研究摩擦片滑动摩擦过程中的温度分布情况提供实测温度数据支撑。

7.2.1　摩擦片滑动摩擦瞬态温度测试原理

常见的摩擦温度测量方法主要有接触式测温和非接触式测温两种。

1. 接触式测温原理

应用最广泛的滑动摩擦温度测量手段是通过将热电偶埋入被测物体内部靠近滑动摩擦界面的位置来实现目标点温度测量，如图 7.12 所示。由于滑动摩擦界面极端复杂的物理环境（较高的压力和速度、磨屑）和化学环境（润滑脂），同时热电偶直接接触摩擦界面也会影响到摩擦副的摩擦学性能，因此热电偶只能测量得到亚表层的温度数据，而接触界面的温度则需要再依据热传导理论反推得到。

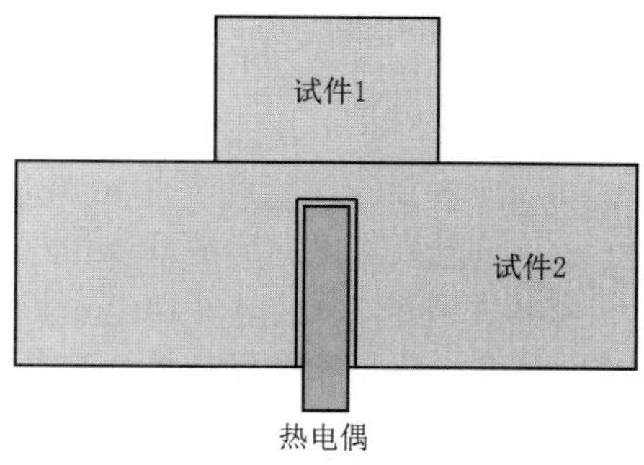

图 7.12　预埋热电偶测量滑磨温度示意图

2. 非接触式测温原理

接触式测温元件需要与被测目标达到热平衡后才能准确反映其真实温度，在动态响应速度上有所欠缺，接触式测温在摩擦温度测量中，尤其是在测量瞬态温度变化时，尚存在不足之处。非接触式测温法可以直接测到相对运动界面，辐射测温法作为常用的非接触式测温方式，具有测温范围广、响应速度快、不破坏被测温度场等优点，被广泛应用于滑动摩擦温度场测量领域。

1）辐射测温法

任何温度高于绝对零度的物体表面都向外辐射能量。黑体在波长 λ 上的单频辐射能量可以由 Planck 定律计算得出

$$W_{b,\lambda} = \frac{2\pi hc^2\lambda^{-5}}{\exp(ch/\sigma\lambda T) - 1} \tag{7.8}$$

其中，$W_{b,\lambda}$表示单位面积上波长为 λ 的黑体辐射能；c 为真空中的光速；h 为 Planck 常数。一般情况下，自然界中的物体不仅会吸收辐射能量，也会反射和透射，可以近似看作灰体。灰体辐射能与同等温度下的黑体辐射能有以下关系：

$$W_{g,\lambda} = W_{b,\lambda} \tag{7.9}$$

将上面两式结合并在所有波长上积分便可得到 Stefan – Bolzmann 定律：

$$\varphi = \varepsilon\sigma T^4 A \tag{7.10}$$

式中，φ 为辐射功率；T 为热力学温度；σ 为 Bolzmann 常数；A 为辐射表面的面积；ε 为表面发射率。该式表明物体表面向外辐射能量的功率与其温度相关。因此，若可以测量得知物体的表面辐射能，便可根据上式反推出被测温度。

2）光纤红外测温仪

红外测温仪是一种运用辐射测温法的非接触式测温仪器，其原理是将物体发射红外线具有的辐射能转变成电信号，该信号经过放大器和信号处理电路按照仪器内部的算法和目标发射率校正后转变为被测目标的温度值。光纤红外测温仪作为红外测温仪的一种，是将光线通过光纤传送到传感器上，而不是直接由透镜聚焦到传感器上，如图 7.13 所示。由于将光路系统和电路系统分开，所以在实际应用时，可以将测温仪的光路系统安装到高温环境，并且可以长期在线稳定工作。

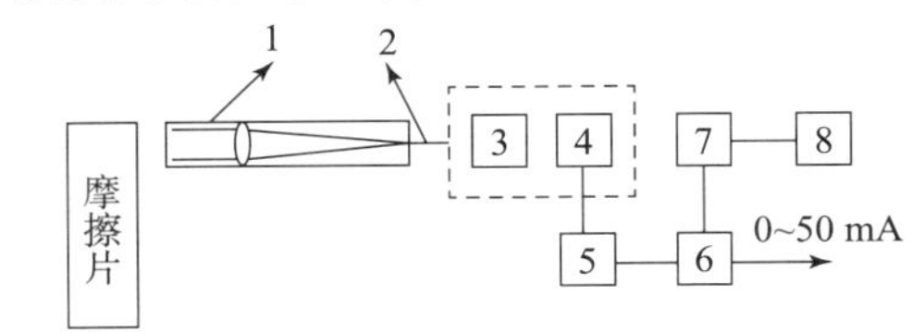

图 7.13　光纤红外测温仪非接触测温原理图

1—光纤探头；2—光纤；3—红外检测器；4—前置放大器；
5—线性器；6—变换电路；7—模数转换；8—显示器

7.2.2　摩擦片滑动摩擦瞬态温度测试方案

1. 摩擦片滑磨瞬态温度测试系统总体结构设计

根据摩擦副滑动摩擦的运动特点，合理选择测温元件及布置测点，并组建摩擦片滑磨瞬态温度测试系统，如图 7.14 所示。摩擦片滑磨瞬态温度测试系统主要由摩擦片点温度测试系统、摩擦片线温度测试系统和对偶片点温度测试系统 3 个子系统组成。

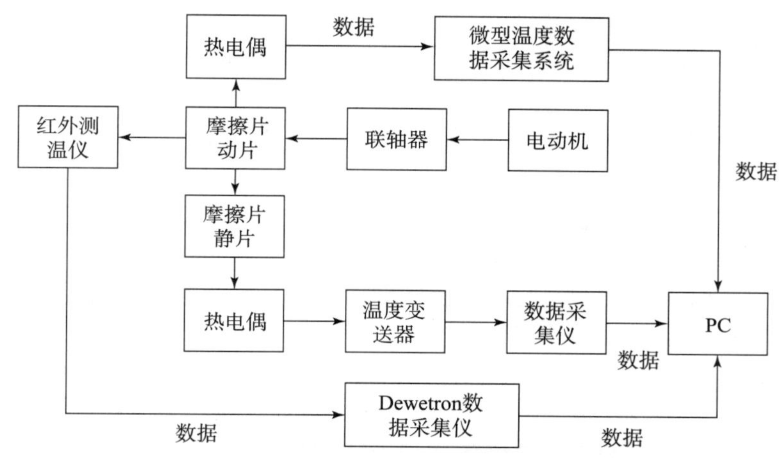

图 7.14　摩擦片滑磨瞬态温度测试系统结构示意图

摩擦片在滑磨过程中高速运转，且摩擦片应用结构紧凑，现有热电偶温度测量仪器体积大不适于装入离合器等摩擦片应用器械内部，而微型温度数据采集板体积小、重量轻，具有温度变送器和补偿功能，可固定于旋转部件内部与摩擦片一起运动。为保证温度采集板供电的稳定性，采用滑环将外部固定供电转换为内部旋转供电。

2. 测量仪器及传感器选型

1）热电偶

热电偶是一种利用塞贝克效应直接测量被测介质温度的传感器，其基本原理是两种不同成分的材质导体组成闭合回路，当两端存在温度梯度时，回路中就会有电流通过，此时两端之间就存在电动势，通过仪器直接测量电动势进而测得被测介质温度。热电偶具有性能稳定、测温范围大、信号传输距离远等特点，工业中常用的热电偶类型有 K/J/T/E/N/R/S/B 型。

摩擦片接合过程时间短，瞬态温升快，温度变化梯度大，对所用温度传感器的响应时间要求较高。本试验所选温度传感器为 ANBE SMT 公司的 KFG－25－200－100 K 型超精细热电偶测量，其尖端直径仅为 25 μm，与传统带球形尖端的热电偶相比直径更小，与被测物体接触更完全，热量逸出更少，可实现快速响应，其响应时间仅为 40 μs，远超传统热电偶；测温量程长期为－200～1 000 ℃，短时间内可实现 1 200 ℃的测温，完全满足摩擦片摩滑过程瞬态测温需求。超精细热电偶与传统热电偶比较示意图如图 7. 15 所示，KFG－25－200－100 K 型超精细热电偶测量具体参数如图 7. 16 所示。

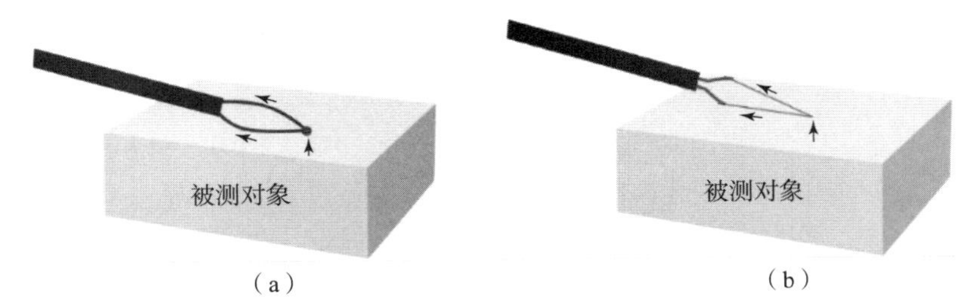

图 7. 15　超精细热电偶与传统热电偶比较图

(a) 带球形尖端的典型结构热电偶；(b) 超精细热电偶

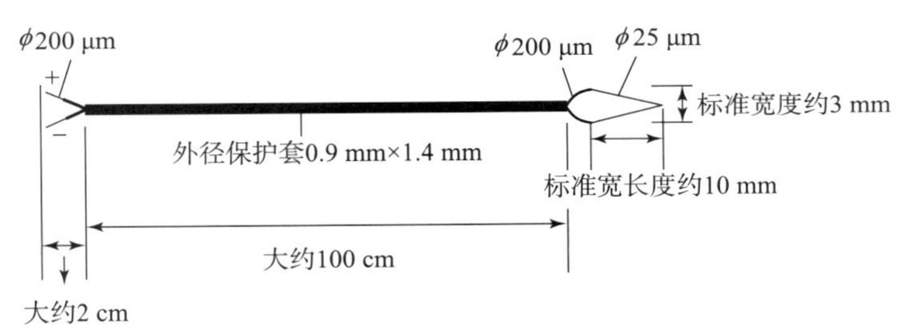

图 7. 16　超精细热电偶测量具体参数图

2）高速数据记录仪

热电偶输出为模拟信号，需通过相应仪器将其转换为数字信号，为准确可靠的获取摩擦片摩滑过程温度变化情况，本试验采用 GRAPHTEC 公司的 GL900 型号高速数据记录仪，如图 7. 17 所示。其可对温度、湿度、电压等多物理量进行同步采样，具有采样率高、记录时间长、采集通道多等特点。GL900

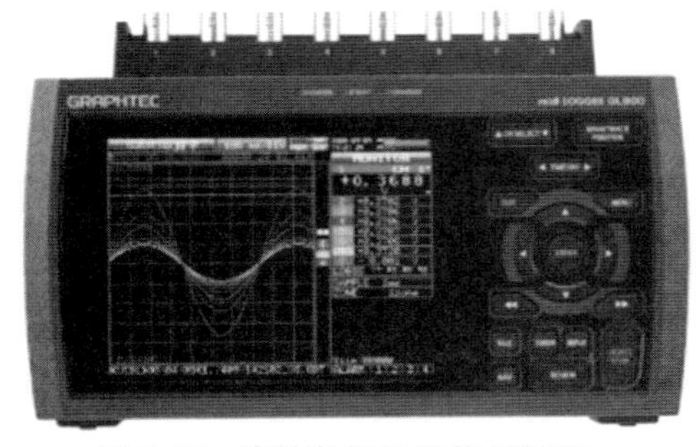

图 7. 17　高速数据记录仪 GL900

采集仪对于 K 型热电偶采样分辨率为 0.1 ℃，测量精度为 ±2 ℃，采样速度为 10 μs ~1 s。

3）光纤红外测温仪

为了满足 0 ~1 000 ℃温度测试范围及高动态响应的测试要求，选择了红外光纤测温仪对摩擦片进行无接触温度测量，红外光纤测温仪只需在静片上开直径很小的口（略大于光斑直径）就可以测得摩擦片一周的线温度。本试验选用 OMEGA 公司的 OS400 型号高速光纤红外线变送器及 L1 -2 -3 -3 型光纤透镜，如图 7.18 所示。其测温范围是 300 ~1 200 ℃，最快响应时间为 1 ms。探头距离被测件的最佳距离是 2 英寸（50.8 mm），光斑直径为 0.025 英寸（0.635 mm）。

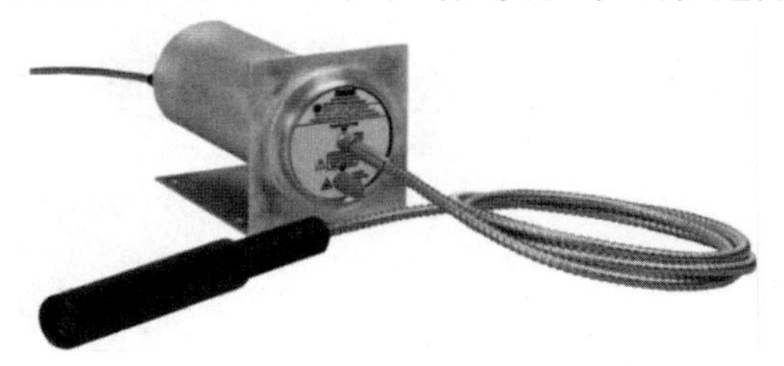

图 7.18　OS400 光纤红外测温仪

3. 测点布置方案

由于摩擦片在摩擦过程中产生最高温度的位置及产生的时间无法事先预测，所以只能采用定点的累积温度测试与定点的周向瞬态温度测试相结合的办法，如图 7.19 所示。①定点累积温度测试办法是采用热电偶测量摩擦片摩擦过程中某些点（根据试验时具体情况选择）的累积温度，热电偶测点位置越接近表面，温度测量越准确，本试验采用打 1.7 mm 深度沉孔的方式预埋热电偶，如图 7.20 所示，安装好热电偶后采用传热性能

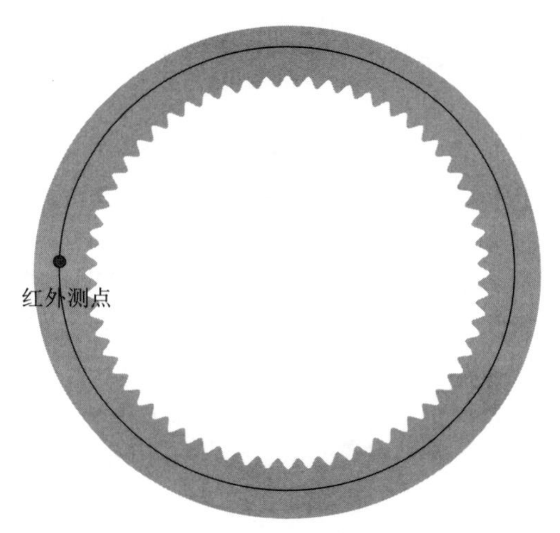

图 7.19　测周向瞬态的温度的红外测点

优异的陶瓷胶固定热电偶来进一步保证热电偶测温的准确性。为保护热电偶线缆，采用在摩擦片径向打孔的方式进行走线布置。②定点的周向瞬态的温度测试办法是采用红外测温仪测量摩擦片不同半径（根据试验时具体情况选择）的周圈线温度。

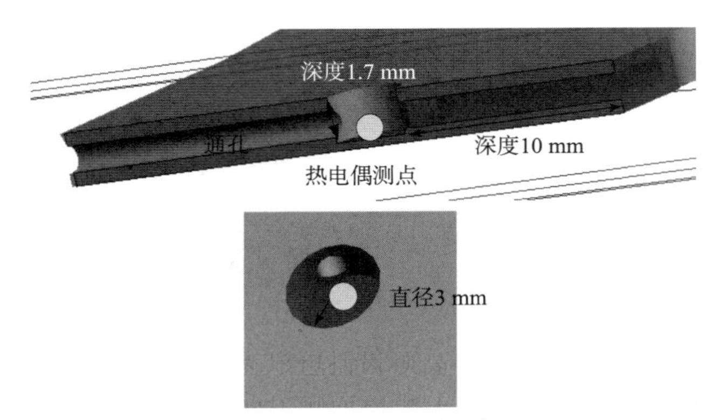

图 7.20　热电偶测温点

4. 光纤红外温度测试系统标定

1）光纤红外温度测试系统标定原理

因高温高速动态测量系统由多个传感器、放大器、转换器和记录仪组成，其系统的灵敏度及精确度需要在标定条件下进行确认。但是，系统的标定方法没有相应的国家标准及企业规范，所以，需要进行相关的标定方法研究。其核心是如何在摩擦片静止加热的情况下，利用测量元件测量其温度，通过系统标定，消除测量元件及测试装置的系统误差，获得正确的灵敏度、精度，保证测量系统的可靠性与准确性。

在摩擦片上按试验要求布置热电偶和红外光纤测温仪，采用高频感应加热器对其进行不均匀（为模拟实际情况）加热，其温度由高频感应加热器的温控设备显示。采用热电偶测点和红外光纤测温仪进行温度测试，将其所测的标准温度与热电偶和红外光纤测温仪所测的温度进行对比，如果所测温度基本一致，在允许误差范围之内，即可认为标定完成，如图 7.21 所示。

2）标定流程及结果

红外光纤测温仪发射率标定流程图如图 7.22 所示。

（1）搭建如图 7.23 所示的温度测试系统，安装热电偶与红外测温仪，接通电源，开机，进行红外测温仪配套软件和 GL900 数据采集仪的各项参数设置。

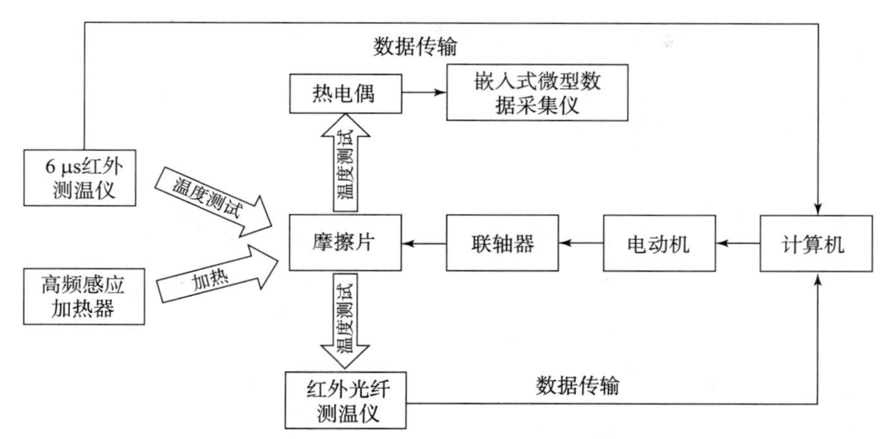

图 7.21　温度测试系统标定原理图

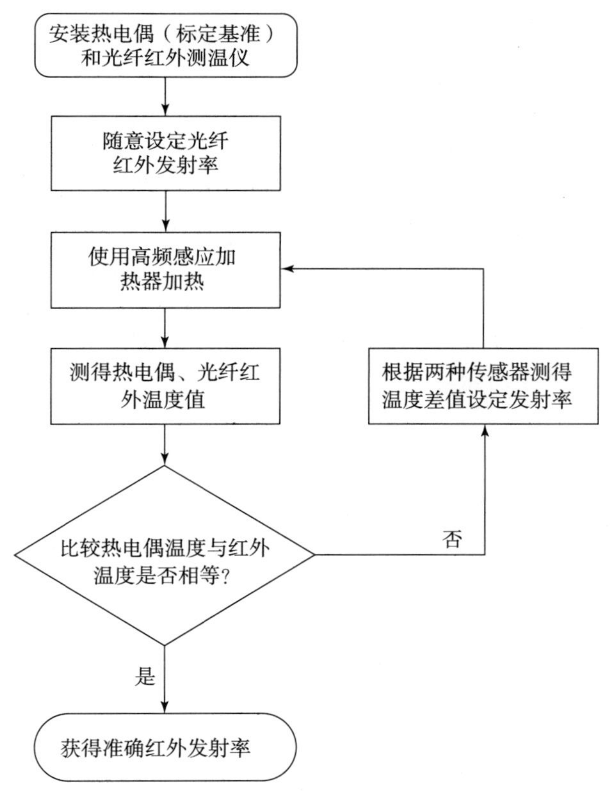

图 7.22　红外光纤测温仪发射率标定流程图

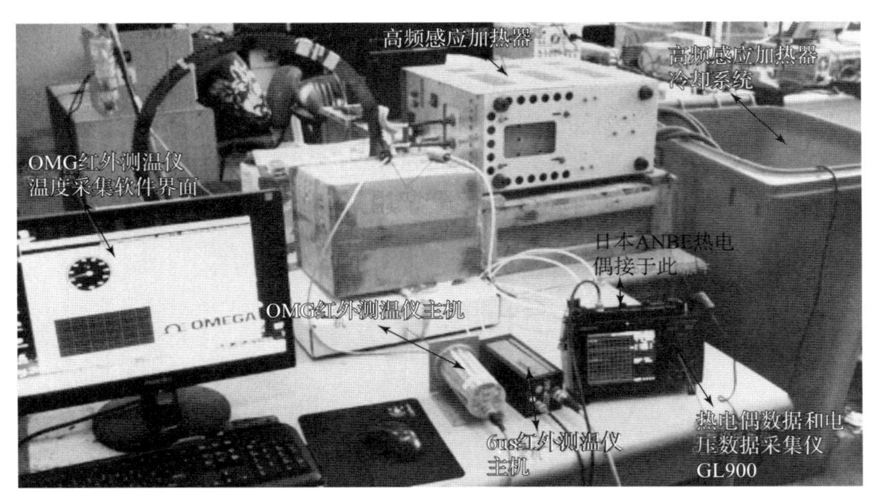

图 7.23　红外光纤测温仪发射率标定试验

（2）启动高频感应加热器冷却系统，然后开启高频感应加热器，并设置加热交变电流。将红外测温仪发射率设定为 0.35（任意设置），然后启动高频感应加热器开始对对偶片进行加热。

（3）当对偶片温度进入红外测温仪量程范围内时，快速对比红外测温仪和日本 ANBE 热电偶所测温度，若不同，则快速调节红外测温仪发射率。

（4）重复步骤（3），两者所测温度在一段时间内都保持基本相同，停止加热，校正成功。

经标定当 OMEGA 高速光纤红外测温仪发射率为 0.55 时，其所侧温度与热电偶测温大小趋势相同，如图 7.24 所示。

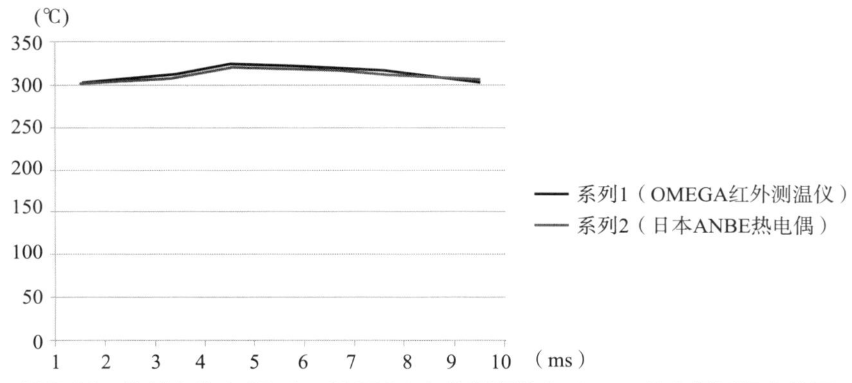

图 7.24　发射率为 0.55 时，OMEGA 红外测温仪和 ANBE 热电偶测温曲线图

7.2.3　摩擦副摩滑过程温度测试实例

以实际摩擦副为例，测取高温、高速、有油的密闭环境下，摩擦副摩滑过程中对偶片内部累积温度以及摩擦副接触摩擦瞬变温度，为考虑了热机耦合的摩擦副失效研究提供数据支撑。

1. 摩擦副摩滑过程中对偶片内部累积温度测量

采用 ANBE 公司的 KFG－25－200－100 K 型超精细热电偶测量对偶片内部不同直径的径向累积温度，采用打沉孔方式对热电偶进行安装，安装位置如图 7.25 和表 7.9 所示。

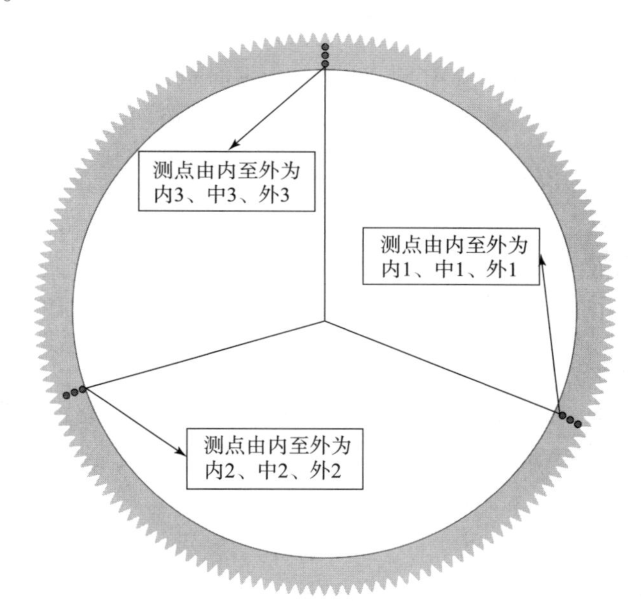

图 7.25　热电偶测点布置图

表 7.9　热电偶测点具体位置

热电偶测点编号	测点位置圆直径/mm	距表面距离/mm	热电偶测点编号	测点位置圆直径	距表面距离
内 1	480	0. 6	外 2	512	0. 6
中 1	496	0. 6	内 3	480	0. 6
外 1	512	0. 6	中 3	496	0. 6
内 2	480	0. 6	外 3	512	0. 6
中 2	496	0. 6			

热电偶与GL900型高速记录仪通道对应，如表7.10所示。

表7.10　热电偶测点与GL900通道对应表

热电偶测点编号	GL900通道	热电偶测点编号	GL900通道
内1	GL900第1台第1通道	外2	GL900第1台第6通道
中1	GL900第1台第2通道	内3	GL900第1台第7通道
外1	GL900第1台第3通道	中3	GL900第1台第8通道
内2	GL900第1台第4通道	外3	GL900第2台第1通道
中2	GL900第1台第5通道		

在试验设备充分预热的情况下，对不同工况下的摩擦副中对偶片内部累积温度进行测试，每种工况测试3组，结果如图7.26所示。图7.27为2 500 RPM工况下第3组测点温度变化，由数据可知内径测点3测得最高温度410.7 ℃。

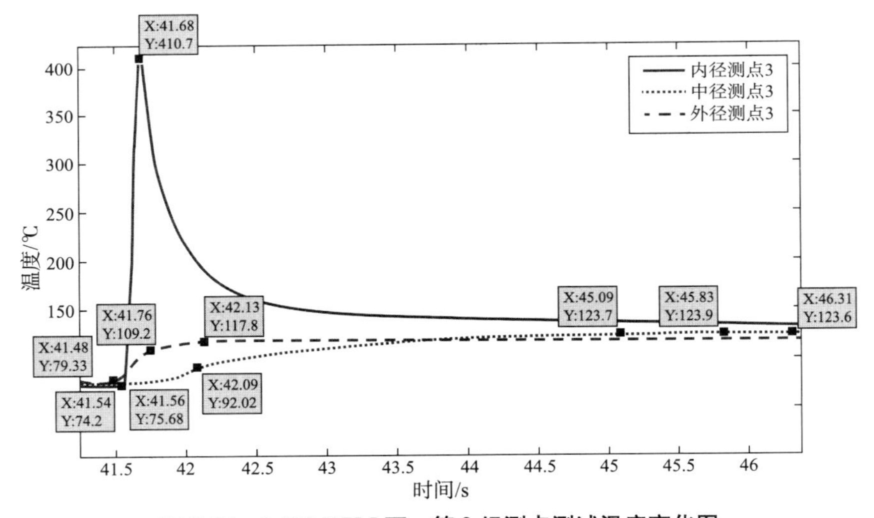

图7.26　2 500 RPM下，第3组测点测试温度变化图

第3组测点测得最高温度随转速变化图如图7.27所示，由图可知，内3、中3、外3 3个测点最高温度在1 000～2 500 RPM时随着转速的升高而升高，3 000 RPM时降低，都在2 500 RPM上最高温度达到最大值；三个测点温度在1 000～2 500 RPM时，内3 > 中3 > 外3。

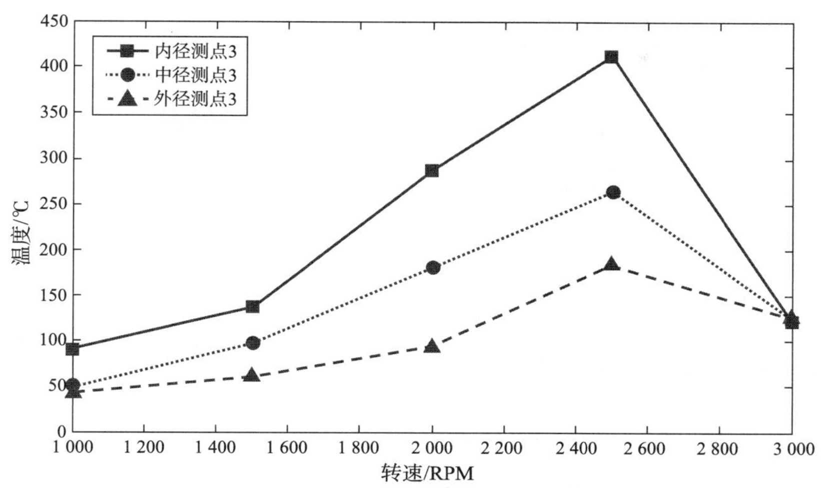

图 7.27　不同工况下，第 3 组测点最高温度随转速变化图

2. 摩擦副接触摩擦瞬变温度测量

在最外侧对偶片（静止）上周向均匀打 4 个通孔，每个间隔 90°，通过光纤红外测温仪探头 4 个通孔直接测得摩擦副摩滑过程中接触表面瞬变温度，如图 7.28 所示。光纤红外测温仪选用美国 OMEGA 公司的 OS400 型号高速光纤红外线变送器及 L1 －2 －3 －3 型光纤透镜，其中发射率标定为 0.55。

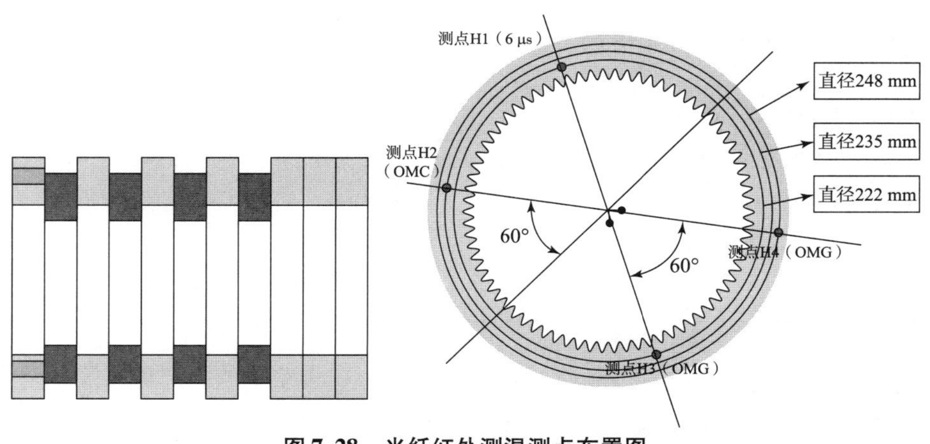

图 7.28　光纤红外测温测点布置图

对不同工况下的摩擦副摩滑过程的瞬变温度进行多次测量，2 500 RPM 下各测点温度变化如图 7.29 所示，由图可知测点 1 测得最高温度为 516.3 ℃。

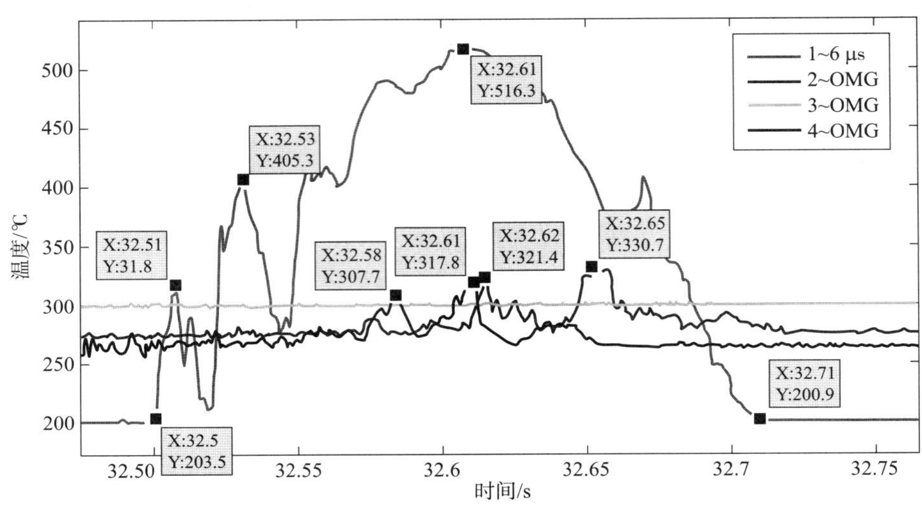

图 7.29　2 500 RPM 下，各测点温度变化图

各测点在各转速下的瞬变最高温度如表 7.11 所示，测点 3 数据异常，将其剔除。由表可知，当转速小于 2 000 RPM 时，红外测温仪无法测得数据，这是由于此时转速较低，摩擦片表面瞬变温度无法达到红外测温仪测量范围的最低值，当转速为 2 000 RPM、2 500 RPM、3 000 RPM 时，各测点的最高瞬变温度可能达到 500 ℃左右。

表 7.11　各测点不同工况下的最高温度

工况	转速	测点 1（℃）1 ~ 6 μs	测点 2（℃）2 ~ OMG	测点 4（℃）4 ~ OMG
1	1 000	无	无	无
3	1 500	无	无	无
4	2 000	301. 2	390. 8	502. 3
5	2 500	516. 3	330. 7	317. 8
6	3 000	285	488	485. 1

7.3　大功率高动载摩擦片齿部塑性损伤试验

由于扭振等引起的内毂速度波动大，造成摩擦片与内毂发生冲击碰撞，摩擦片齿部受到碰撞力，诱发摩擦片轮齿发生塑性变形，进而导致损伤，严重影响摩擦片寿命和工作稳定性。摩擦片在运行过程中处于浮动支撑状态，造成碰撞位置不确定，碰撞规律不明，碰撞频率较高，且由于摩擦片工作环境复杂多变，影响因素众多，对其塑性损伤的实际测量造成困难，进而影响损伤评价的准确性和可靠性。目前，大量研究主要集中于摩擦片齿部冲击损伤的理论模型与数值仿真分析，无论是国内还是国外，对摩擦片的研究都侧重于其热应力、摩擦材料及磨损规律的研究，而对摩擦片在工作过程受冲击载荷时轮齿损伤评估的研究较少，更无塑性损伤定量评估方法。

本节利用超高速光电摄影测量系统，通过直接拍摄摩擦片和制动器内毂之间的冲击过程，观测不同频率、不同能量与冲击变形之间的变化关系，准确获得摩擦片与内毂间的变形大小、冲击位置以及边界条件等重要冲击信息，然后利用图像处理方法，提取摩擦片齿部变形的边缘轮廓，获得碰撞过程中齿部变形量，进而研究摩擦片的塑性损伤，从而优化湿式多片离合器、自动变速器和湿式多盘制动器的设计，具有重大的工程实用意义。

7.3.1　摩擦片齿部塑性损伤测试方案及原理

摩擦片齿部塑性变形测试系统总体结构由三大部分组成：摩擦副动态加载冲击试验台（请参阅7.1节）、超高速光电摄影测试系统和控制与采集系统。实验总体装置示意图及现场实拍图分别如图7.30、图7.31所示。其中摩擦副动态加载冲击试验台能够真实模拟实车上摩擦片与内毂的冲击碰撞过程；超高速光电摄影测试系统由超高速光电分幅相机、镜头、光源与激光触发模块组成，用来同步拍摄摩擦片与内毂的冲击碰撞过程；控制与采集系统由超高速光电分幅相机控制柜、计算机、超高速光电摄影系统控制软件组成，控制超高速光电分幅相机拍摄和进行相关参数设置，以及采集摩擦片齿部冲击过程的图像信息并保存。最后根据结果显示判断所拍的图像是否反映了齿部碰撞的全过程，如果没有则要调整超高速光电摄影测试系统重新进行拍摄[2]。

摩擦片齿部冲击过程的高速摄像实验原理：利用电机通过联轴器驱动安装在轴端部的凸轮旋转，使摩擦片与内毂反复冲击碰撞，通过变频电机调整冲击频率，满足冲击频率变化范围的要求。为了保证摩擦片与内毂的冲击碰撞和超高速光电分幅相机的拍摄同步，设计了激光触发模块。将激光反射薄膜贴在摩擦片靠近碰撞部位的端面，激光发射器发出激光，经反射薄膜反射后，激光接收器获得反射激光，向延时脉冲发生器发出电信号，延时脉冲发生器延时（可调）后向超高速光电分幅相机输入触发脉冲信号，超高速光电分幅相机自身延迟（可调）N秒后启动拍摄。根据图像信息反馈调节，使其达到最佳。为了测试拍摄过程中摩

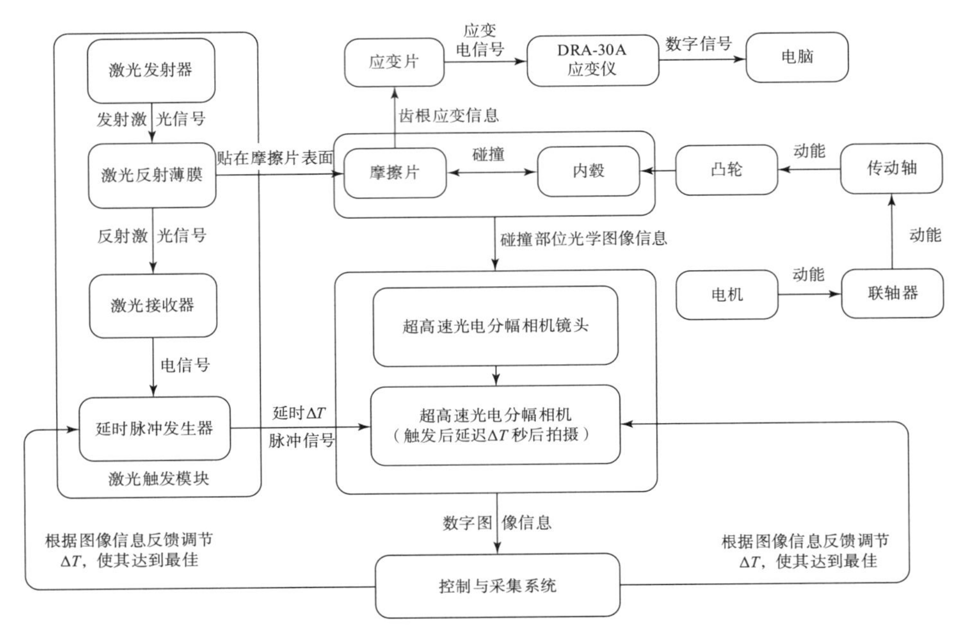

图 7.30　摩擦片齿部塑性变形测试系统总体结构

图 7.31　摩擦片齿部塑性变形测试实验现场实拍图

擦片与内毂的冲击碰撞次数，在摩擦片齿根处粘贴应变片，利用 DRA－30A 应变仪采集应变片上产生的应变信号，转换成数字信号传输给电脑，通过数应变波峰的个数来统计冲击碰撞的次数。超高速光电分幅相机拍摄完毕后，将拍摄目标物体的光学形象转换为数字图像信息，通过数信号传输线缆传送给控制与采集系统，从而获得摩擦片齿部冲击过程的图像。

7.3.2　试验装置系统设计

1. 超高速光电摄影测试系统

1）超高速光电分幅相机

高速动态摄影系统是一种用来进行高速摄影的摄影机。相较于一般摄影机每秒拍摄24帧，高速摄影机视机种的不同，每秒至少可拍摄1 000帧，最多可达每秒20亿帧，拍摄后再以一般速度播放出来，用来研究碰撞、快速移动等科学问题。摩擦片与内毂冲击在较短的时间内发生，普通的摄像机不能录制变化迅速的运动过程。为了观察摩擦片与内毂冲击过程中的冲击特征，采用超高速动态摄影系统观测冲击过程，超高速动态摄影系统框图如图7.32所示[3]。超高速光电分幅相机实物图及主要性能参数如图7.33、表7.12所示。

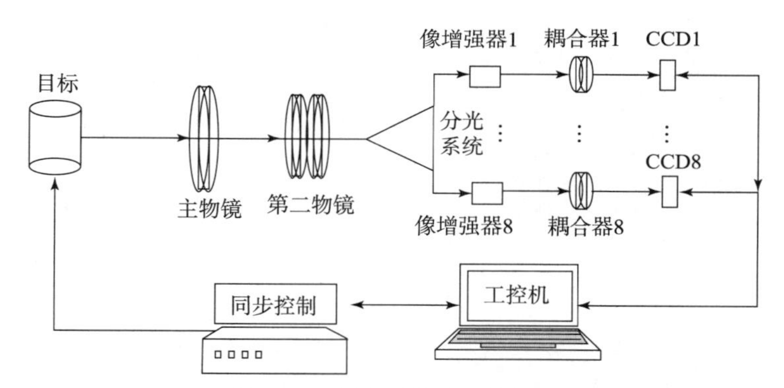

图7.32　超高速摄影系统框图

图7.33　超高速光电分幅相机实物图

表 7.12　超高速光电分幅相机主要性能参数

拍摄帧速	1×10^{8} fps
空间分辨率	30 lp/mm
记录幅数	1～8 幅（可调）
图像间隔	1 nm～10 μm
同步控制精度	幅间时间 ×10%

2）激光触发模块

针对超高速光电分幅相机拍摄速度快，单次拍摄时间过短，拍摄不到整个碰撞冲击过程的问题，实验设计了激光触发模块，以保证超高速光电分幅相机的拍摄和摩擦片与内毂的冲击碰撞同步。激光触发模块示意图如图 7.34 所示，由电源、激光发射器、激光反射薄膜、激光接收器和延时脉冲发生器组成。

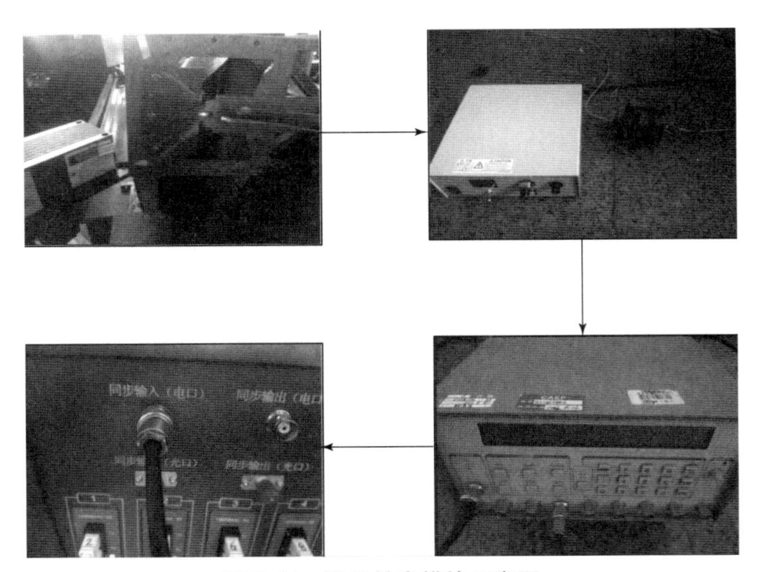

图 7.34　激光触发模块示意图

激光触发模块的工作原理[4]：将激光反射薄膜贴在摩擦片靠近碰撞部位的端面，激光发射器发出激光，经激光反射薄膜反射后，激光探头收到反射激光，产生电信号传输给激光接收器，激光接收器接着向延时脉冲发生器发出电信号，延时脉冲发生器延时 ΔT（可调）后通过超高速光电分幅相机机身背后的同步输入接口向其输入触发脉冲信号，超高速光电分幅相机接收到触发信号后开始同步拍摄。

2. 冲击次数测试

为了分析摩擦片齿部冲击损伤随冲击次数的增加而不断累积的关系，实验需要测试拍摄过程中摩擦片与内毂的冲击碰撞次数。测试仪器选用 DRA－30A 应变仪，配合 PC 进行测试。冲击次数测试装置示意图如图 7. 35 所示，应变片粘贴在摩擦片凸起齿面那侧的齿根部位，利用 DRA－30A 应变仪采集应变片上产生的应变信号，转换成数字信号传输给笔记本电脑，一次冲击碰撞产生一个应变波峰，通过数应变波峰的个数来统计摩擦片凸起齿面与内毂冲击碰撞的次数。实际产生的应变信号如图 7. 36 所示，可以看出 5 s 冲击碰撞过程中，摩擦片凸起齿面与内毂冲击碰撞次数为 30 次。

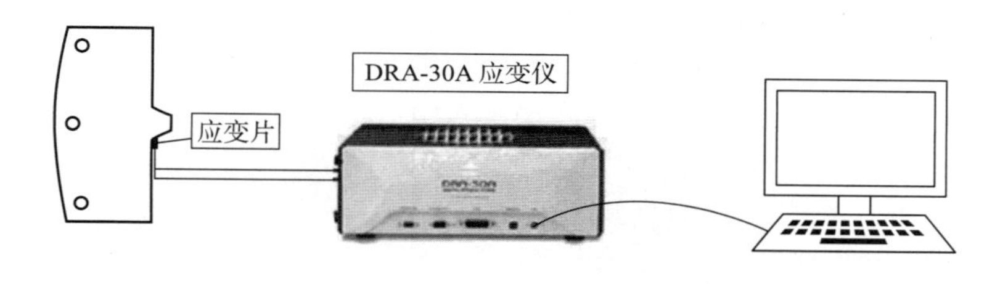

图 7. 35　冲击次数测试装置示意图

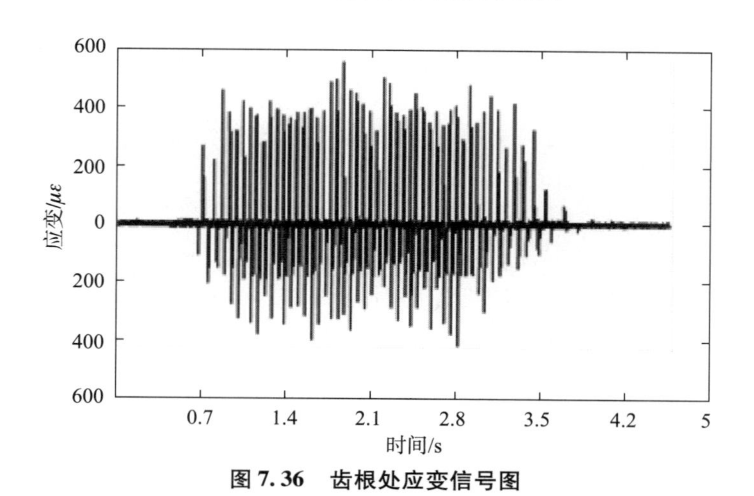

图 7. 36　齿根处应变信号图

3. 试验试件设计及加工

根据试验要求设计摩擦片试件如图 7. 37 所示，摩擦片试件的参数如表 7. 12

所示。采用单齿冲击碰撞模型模拟实车上摩擦片与内毂的碰撞冲击，较之多齿碰撞模型，可以简单可靠的得到当量测试结果，所以摩擦片只设计加工 1 个齿，齿形为短齿制，齿顶高为 5 mm，齿根高为 11 mm，齿顶高系数为 0.8，因实验要求有一定的齿侧间隙，加工时切除 0.75 mm 齿厚。

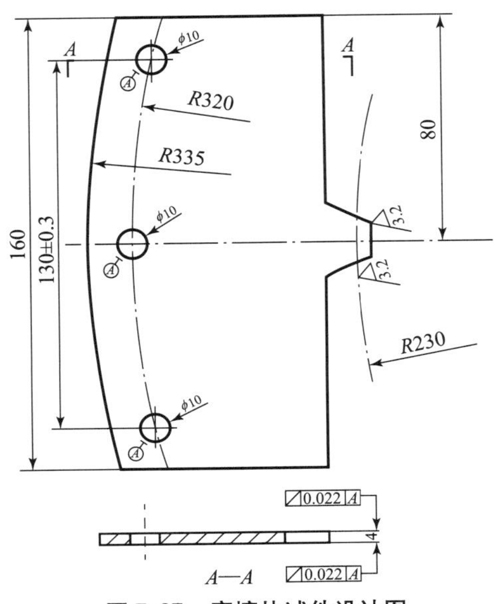

图 7.37　摩擦片试件设计图

因为摩擦片与内毂冲击碰撞后的齿部变形量很微小，为了精细地识别摩擦片齿部冲击变形的过程，超高速摄像机拍摄时需要缩小视场，而当视场较小时，由于摩擦片与内毂的碰撞位置具有不确定性，很容易超出视场范围，超高速摄像机不易捕捉摩擦片齿部碰撞变形过程。为了解决这一问题，笔者将摩擦片的碰撞齿面保留部分凸起，切除其余部分，这样就缩小了碰撞位置范围，降低了碰撞位置的随机性，使超高速摄像机容易拍摄到摩擦片齿部碰撞变形过程。摩擦片齿面切割示意图如图 7.38 所示。

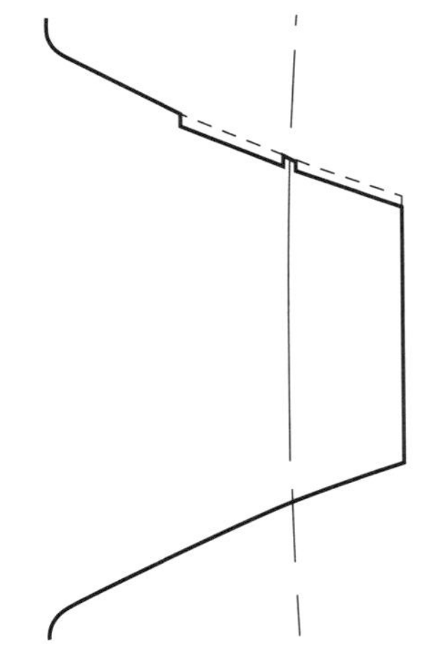

图 7.38　摩擦片齿面切割示意图

4. 摩擦片齿部的边缘轮廓提取流程

高速摄影系统得到摩擦片齿部冲击过程的图像，从图像中可以获得摩擦片齿部冲击过程中齿部变形的信息[5]。运用图像处理方法对拍摄的图像进行处理，更好的提取摩擦片齿部的边缘轮廓，从而为识别和量化摩擦片齿部冲击过程产生的变形奠定基础，图像处理流程如图 7.39 所示。图像中摩擦片与内毂的碰撞过程大致分为三个阶段，分别为内毂轮齿靠近摩擦片轮齿阶段、齿部发生碰撞阶段和碰撞后分离阶段。

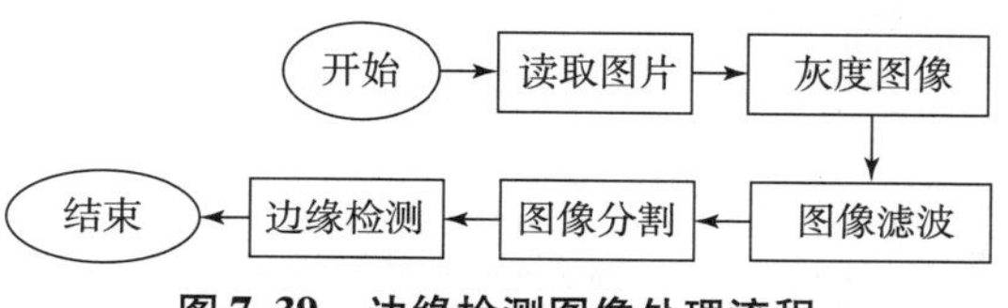

图 7.39　边缘检测图像处理流程

7.3.3　摩擦片齿部累积塑性损伤量化实例

前面介绍了图像边缘轮廓提取，现通过图像处理方法提取摩擦片齿部冲击变形前后的边缘轮廓，并将其转换成对应的坐标数据实现齿部变形的量化。然后根据最小二乘法原理对齿部变形量与对应的冲击次数进行对数函数拟合，拟合出一条齿部累积损伤变形量演变曲线，流程如图 7.40 所示。

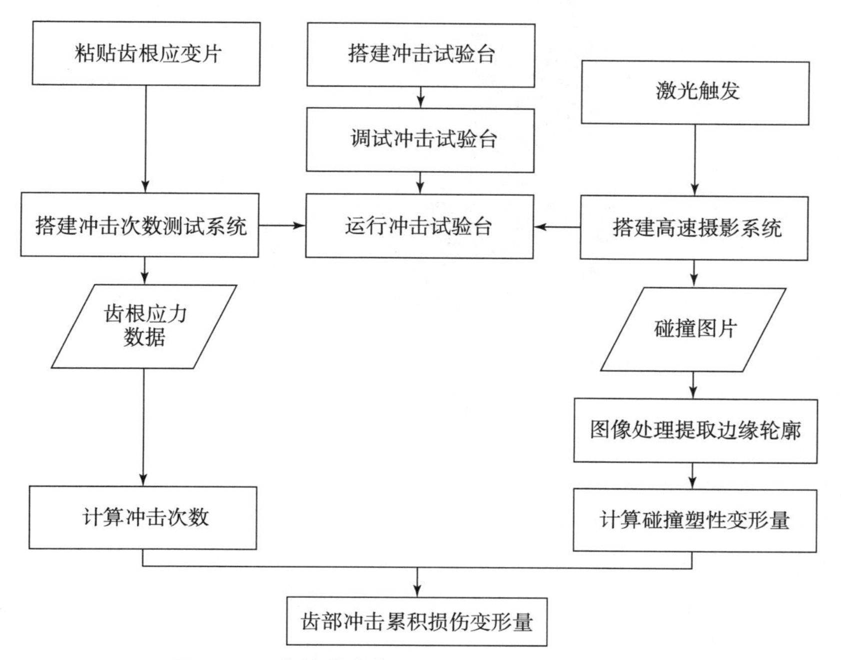

图 7.40　摩擦片齿部累积塑性损伤量化流程图

搭建齿部塑性变形损伤试验系统，试验件参数如表 7.13 所示，在齿的分度圆处采用线切割加工的方法切割出高度都为 0.75 mm，宽度如表 7.14 所示的 5 种不同的凸起齿面的摩擦片。加工后的摩擦片试件实物图如图 7.41 所示。

表 7.13　摩擦片试件参数表

模数/mm	齿数	外圈直径/mm	厚度/mm	材质
10	1	522	4	45 钢

表 7.14　摩擦片凸起齿面的尺寸

编号	1	2	3	4	5
宽度/mm	0.5	0.75	1	1.5	2
高度/mm	0.75	0.75	0.75	0.75	0.75

图 7.41　摩擦片试件实物图

在 10 Hz 冲击频率下摩擦片与内毂进行冲击碰撞试验，超高速摄影系统拍摄碰撞过程如图 7.42 所示[3]。

使用 MATLAB 对所拍摄图像进行图像处理，如图 7.43 所示。

根据小节 7.3.3 冲击次数测试系统获得冲击次数，计算不同冲击次数下的齿部塑性累积变形量。冲击频率为 10 Hz 工况下，1 mm 凸起齿面宽度的试件多次冲击对应的齿部累积变形量如表 7.15 所示。

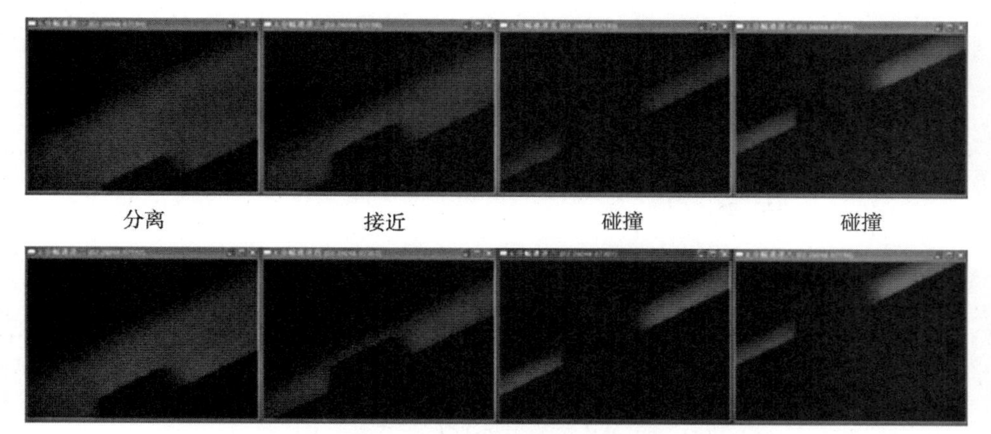

图 7.42　摩擦片与内毂冲击碰撞过程图像（见彩插）

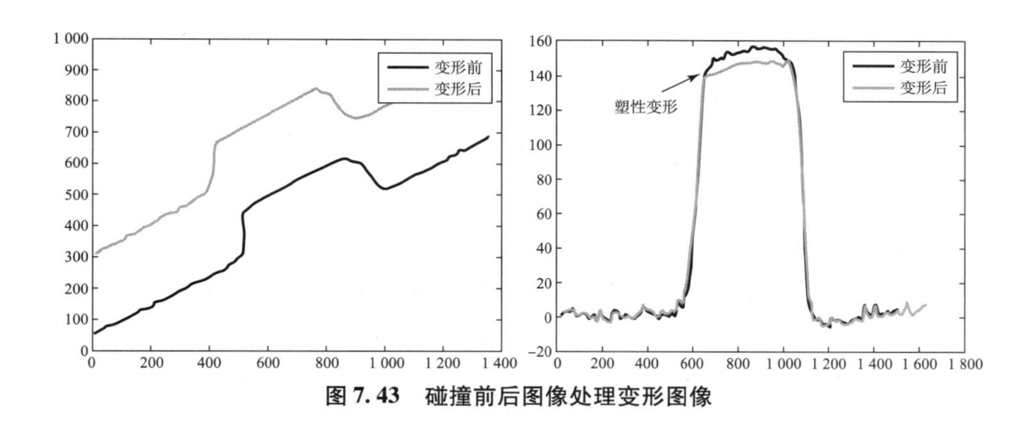

图 7.43　碰撞前后图像处理变形图像

表 7.15　多次冲击下齿部累积损伤变形量

冲击次数	30	60	150	270	450	630
累积变形量/μm	23. 4	27. 3	29. 3	31. 7	32. 5	32. 6

为了描述齿部累积变形量与冲击次数的关系，采用最小二乘法对表 7. 15 中数据进行对数函数拟合，获得齿部冲击累积损伤变形量演变曲线[6]，如图 7. 44 所示。

由摩擦片齿部冲击累积损伤变形量的演变曲线可知，摩擦片在刚开始与内毂冲击碰撞时齿部变形量较大，随着冲击次数的增加，变形量慢慢减小，最后趋于稳定，但累积变形量仍然是在不断增加，积累到一定程度后，摩擦片齿部将发生塑性变形损伤失效。

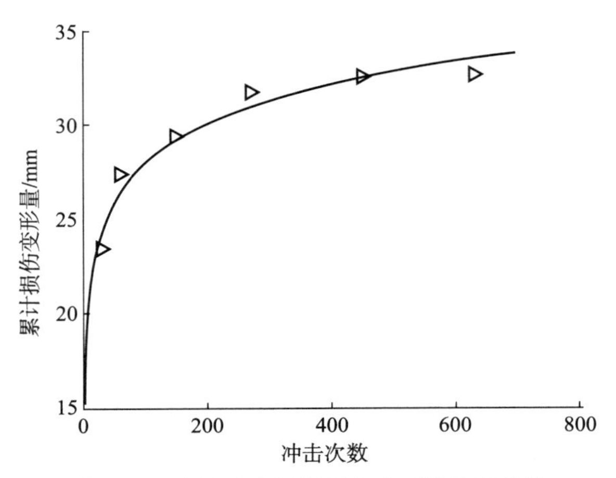

图 7.44　齿部冲击累积损伤变形量演变曲线

参 考 文 献

[1] NING K, ZHANG K, YU D, et al. Investigation of a control method of impact forces for a floated support friction plate; Proceedings of the Power Transmissions: Proceedings of the International Conference on Power Transmissions 2016 (ICPT 2016), Chongqing, PR China, 27 – 30 October 2016, F, 2016 [C]. CRC Press.

[2] 中国北方车辆研究所．一种摩擦片冲击塑变试验系统：中国，201910747630.8 (P). 2019 – 12 – 13.

[3] 重庆大学，中国物理研究院流体物理研究所．机械传动系统高频碰撞的超高速光电摄影系统测试装置：中国，201320693848.8 (P). 2014 – 04 – 16.

[4] LI S L, GAO L, ZHANG H. Research on the Optimization Method of the Friction Plate Backlash; proceedings of the Key Engineering Materials, F, 2014 [C]. Trans Tech Publ.

[5] 重庆大学，中国物理研究院流体物理研究所．机械传动系统高频碰撞的超高速光电摄影系统的触发方法：2013110544131.1 (P). 2014 – 01 – 29.

[6] 王玉，邵毅敏，肖会芳．摩擦片非线性损伤累积计算与寿命预测 [J]. 机床与液压，2017，45 (18): 23 – 26.

第 8 章 摩擦元件动态强度计算方法及软件

摩擦元件是摩擦式离合器、制动器的关键核心部件，其广泛应用于车辆、船舶、航空等领域，其性能直接影响了机械设备的安全性、可靠性、舒适性。随着机械向大功率、高功率密度及碳中和等方向的发展，摩擦片工况越发严苛，面临大功率（>10 000 kW）、高动载（冲击>1 000 *g*）、高线速度（60～110 m/s）、强瞬态（激振频率>200 Hz）等严苛挑战，如我国新一代陆基平台及海上船舶用传动系统。大功率高动载车船用摩擦片关键技术就是传动系统急需突破的技术之一，是制约重大高端装备发展的“卡脖子”技术[1]。传统有限元动态分析方法在浮动支撑摩擦片随机冲击碰撞仿真分析中耗时长且难收敛，计算周期动辄几个月，不利于摩擦片优化设计及更新换代。本章基于第 4 章、第 5 章及第 6 章的核心模型及算法，集成编制摩擦片专用动态强度计算及优化软件，将动力学模型及有限元分析有机结合，可实现摩擦片参数化建模、摩擦片冲击强度分析、摩擦片疲劳分析、摩擦片噪声分析等功能，大大提升了摩擦片动态分析及疲劳寿命分析效率，将摩擦片动态仿真及寿命预测时间缩短到 10 min 内，为摩擦片的动态强度分析与优化设计提供理论基础和数据支撑，形成了摩擦片专用动态强度计算及优化软件，进一步提升了仿真设计计算效率，降低摩擦片的设计难度，方便相关设计人员的工作以及缩短设计周期，形成了干片式制动器齿部冲击仿真软件。

8.1 专用软件的框架与集成

8.1.1 软件框架

摩擦片专用动态强度计算及优化软件是一款集设计、分析、后处理共享于一体的 CAE 软件。该软件能够实现干湿两种浮动支撑摩擦片与其连接部件之间的动态冲击过程中摩擦片冲击强度分析，疲劳寿命分析，并且在连接部件扭振等振动冲击和摩擦片偏心导致的周期冲击加载形式下，该软件的摩擦片分析模型具备齿部强化、整体烧结粉末冶金层、齿部连接表面的镀层等参数设置。具体包括，摩擦片冲击动力学分析，实现宏观冲击载荷的计算。摩擦片结构薄弱环节的强度分析，基于考虑复合强度等优化设计，计算动态冲击导致的应力场分布，确定动态强度的薄弱环节。摩擦片疲劳损伤分析，完成摩擦片动态强度相关的疲劳损伤形式的评估和疲劳寿命的评估。摩擦片齿部碰撞噪声分析，以齿部碰撞为噪声源，分析确定噪声量级和频谱特性。数据管理功能，对模型数据和分析结果数据进行分类整理、存储、管理。支持授权用户下载。对于软件功能的实现，从软件效率和软件架构方面进行了重要的设计，具体内容如下：

软件效率方面考虑到算法设计、架构设计、数据库、性能最佳时间等，其中宏观层面采用升级基础设施、硬件升级、操作系统升级、编程语言升级、编译器升级、结构和流程设计的种种方面进行考虑，微观层面对变量、内存管理、多线程与并发、面向对象、数据结构和算法、IO 和系统调用、编译进行严格把控，在虚拟机内存优化、应用服务器性能优化和数据库性能优三大块作为优化目标进行性能提升。本软件采用 C/S 架构，C 指的是 Client（客户端软件），S 指的是 Server（服务端软件）；可以将一部分的计算机工作放在客户端上，这样服务器只需要处理数据即可；客户端可以使用更多系统提供的效果，做出更为友好的交互效果；其中服务端软件基于 MVC 三层架构：视图层 View、服务层 Service，与持久层 Dao；它们分别完成不同的功能，采用模块化编程设计，有利于软件的模块性维护或迭代二次开发；客户端软件基于 MVVM 架构设计，提升客户使用过程中的效率，DOM 操作使页面渲染性能提高，加载速度变快，提升用户体验。整套软件（服务端和客户端）都是基于 VC2010 开发平台开发完成，具有开发通用性以及延展性，支持在 WindowsXP 及以上操作系统以及多核处理器上实时并行 SSS 运算；运计算过程中数据均统一模块进行调度管理，文件以及输出图片均以技术协议所要求的格式输出，使用搜索引擎提升数据提取效率。

摩擦片动态分析系统客户端部分由八大功能模块组成：项目管理模块、参数化设计模块、摩擦片冲击强度分析模块、摩擦片疲劳模块、摩擦片噪声模块、数据管理模块、数据共享模块以及其他功能模块，如图 8.1 所示。其中核心模块摩擦片冲击动力学分析，实现了宏观冲击载荷的计算，计算了动态冲击导致的应力场分布，疲劳分析完成了疲劳寿命的评估和当量载荷谱的编制，噪声分析确定了声量级和频谱特性，数据管理模块实现了对模型数据和分析结果进行分类整理、存储管理并支持用户下载。软件功能涵盖了摩擦片设计的全部周期，以高效的计算方式对摩擦片设计分析提供了全面的指导。其功能和特点如下。

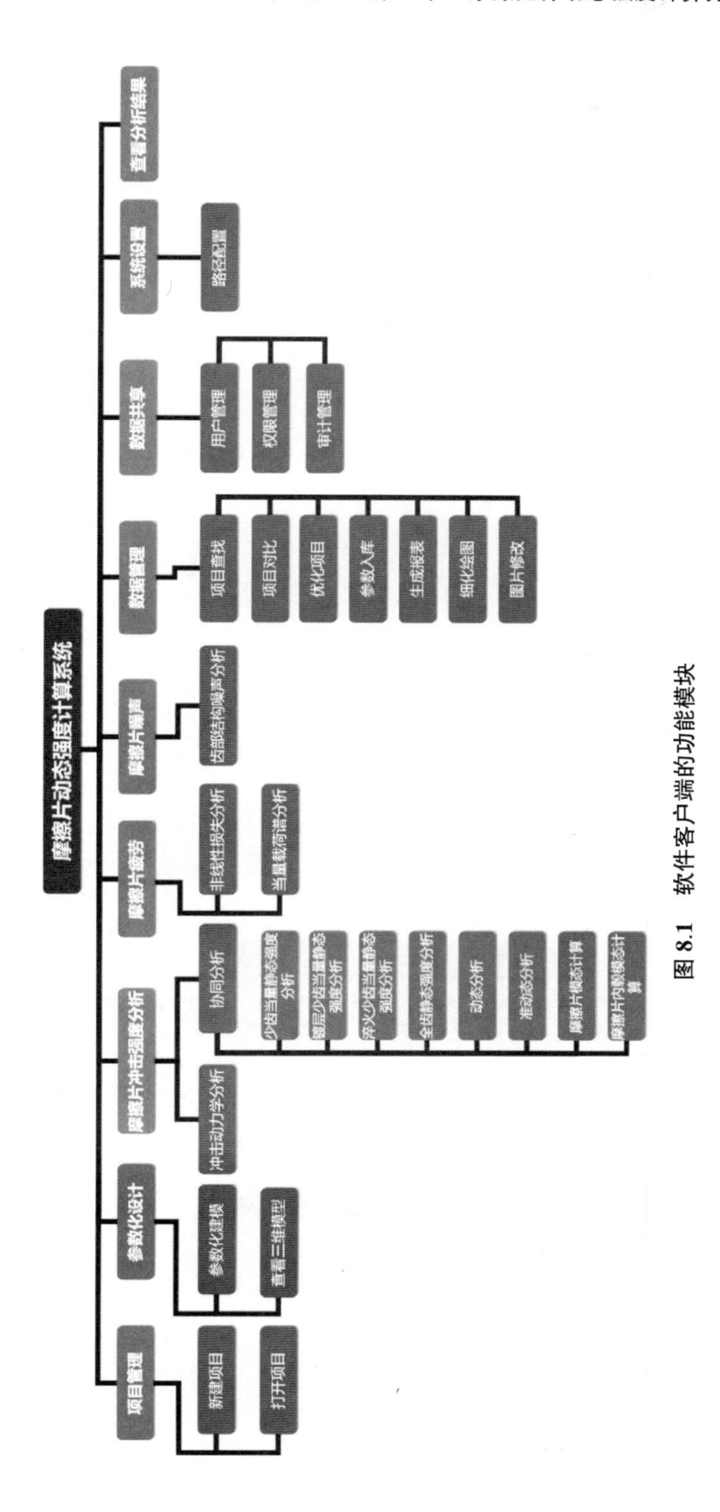

图 8.1 软件客户端的功能模块

（1）能够实现干、湿两种浮动支撑摩擦片与连接部件之间的动态冲击过程中摩擦片冲击强度分析、疲劳寿命分析，并且在连接部件扭振等振动冲击和摩擦片偏心导致的周期冲击加载形式下，该软件的摩擦片分析模型具备齿部强化、整体烧结冶金层、齿部连接表面的镀层等特性设置。

（2）系统具有模块化、可灵活配置的特点。为用户提供二次开发接口。提供系统摩擦片冲击动力学分析、摩擦片疲劳损伤分析模块的求解器。

（3）具备完整的分析监控功能，在分析过程中可实现实时显示关键曲线和图形，便于使用者操纵、控制系统分析过程。允许暂停分析过程和对后续分析参数进行调整。

（4）具有专用的前处理、后处理功能，实现快速参数化仿真分析建模和后处理，根据使用者需求自动绘制图形和图片，按统一格式生成分析报告。运行使用者对报告模板进行调整。

（5）系统能够将必要的输入数据、分析模型、计算结果以文本文件或二进制文件形式导入导出，方便处理和保存。要求软件具备用户友好的图形界面，拓扑建模可以采用图形化编辑器或者脚本编辑器。分析结果同步显示。

（6）能够在系统中直接输入摩擦片材料参数、齿部结构参数、齿部连接表面的镀层等特性参数，用于仿真分析。

摩擦片动态分析系统服务端（数据共享模块）部分利用三员管理模式，实现了用户管理、项目管理、权限管理以及审计管理，如图 8.2 所示，以此满足了系统数据共享与管理功能。软件模块功能与数据流动如图 8.3 所示，通过数据流动，实现了软件中各大功能的交互。

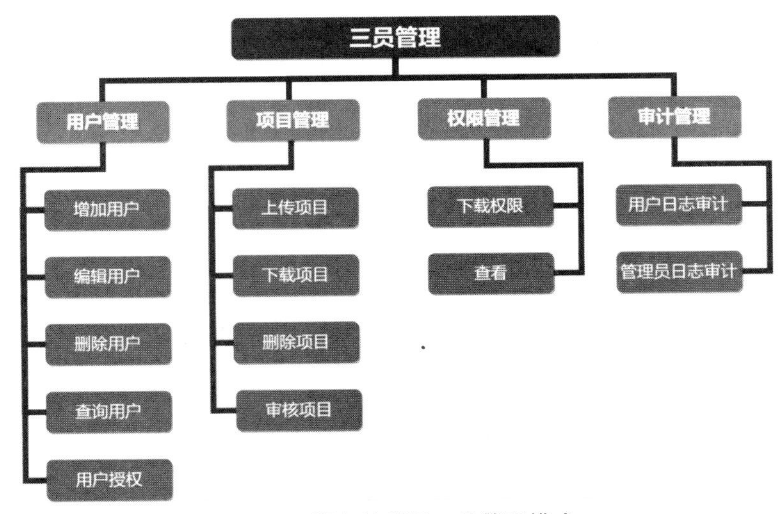

图 8.2　服务端利用三员管理模式

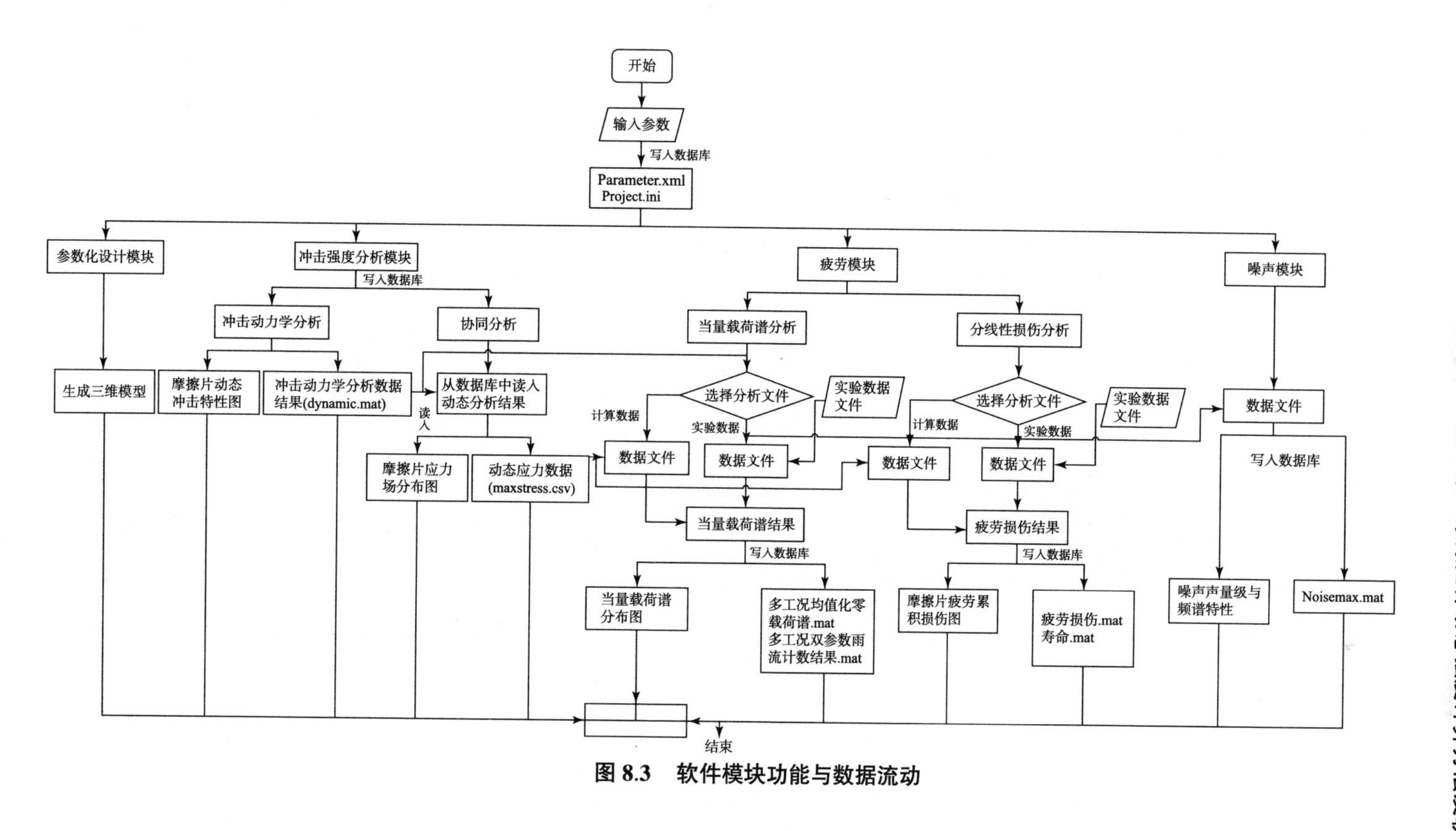

图 8.3　软件模块功能与数据流动

8.1.2 软件用例说明

1. 系统管理员

系统管理员主要是负责用户管理和项目管理，其中用户管理是新增用户（新增的用户没有查看公有空间项目和下载公有空间项目的权限，只有安全管理员授权后才能使用其功能）和删除用户，项目管理主要是下载项目、查看项目、审核项目、查询项目（查询满足条件的项目）、删除项目。

通过系统管理员账号进入服务端后，可以对普通用户进行管理，比如增加新的用户，删除已有的用户，系统管理员还可以对用户上传的项目进行管理。系统管理员的所有操作都会被记录，供安全审计员审计。

2. 安全管理员

安全管理员主要是审查普通用户的操作和对普通用户进行授权。审查的操作有修改密码、上传项目、下载项目、查看项目（公有空间的项目）。授权主要有查看项目（公有空间的）、下载项目（公有空间的）。在没有给普通用户授予查看项目权限时，普通用户不能查看公有空间的项目，但可以查看私有空间的项目。在没有给普通用户授予下载项目的权限时，普通用户不可以下载公有空间的项目，但可以下载私有空间的项目。

安全管理员通过安全管理员账号进入服务端后，可以为普通用户分配权限，比如下载和查看其他用户共享的项目的权限。安全管理员还可以对普通用户的操作行为进行审计。安全管理员的所有操作行为都会被记录，供安全审计员审计。

3. 安全审计员

安全审计员主要是对系统管理员和安全管理员进行操作审计，对系统管理员审计的内容包括增加用户、删除用户、删除项目（系统管理员的操作），对安全管理员的审计包括对用户操作权限的授予与撤销。

安全审计员通过安全审计员账号进入服务端后，可以对系统管理员和安全管理员的操作进行审计。

4. 普通用户

普通用户有上传项目、下载项目、查看项目、共享项目、删除项目、修改密码的功能。

（1）上传项目：在安全管理员授权的情况下，可以上传项目，上传的项目上传到私有空间（项目状态为未共享）。

（2）下载项目：当没有安全管理员授权时，用户只能下载私有空间的项目，当安全管理员授予下载项目权限时，可以下载公有空间的权限。

（3）查看项目：权限与下载项目一样。

（4）共享项目：用户可以将私有空间的项目（自己上传的项目）申请共享到公有空间（需要系统管理员审核通过之后才能共享到公有空间）。

（5）删除项目：用户只能删除自己的项目状态为共享和未通过的项目，不能删除项目状态为已通过和审核之中的项目，但管理员能删除所有项目。

普通用户可以用普通用户账号登录进入服务端，进入服务端后，有个人空间和公共空间两个界面，在个人空间，用户可以对自己上传的项目进行管理，如下载、删除（共享的项目普通用户删除不了）等操作，还可以上传已经分析完成的项目到服务端，共享后，且系统管理员审核通过之后，供安全管理员授权的用户下载。公共空间存放系统管理员审核通过的项目。在这里经安全管理员授权的用户可以下载项目到本地。普通用户的操作行为被记录，供安全管理员审计。

8.1.3　调用 ANSYS 有限元计算功能

ANSYS 可对摩擦片进行有限元仿真计算，得到其应力分布状态，为摩擦片的设计及优化提供依据，其在摩擦片专用动态强度计算及优化软件中可实现少齿当量静态强度分析、镀层少齿当量分析、少齿当量预应力分析、全齿偏心计算等功能。为集成 ANSYS 有限元仿真计算功能，使用 APDL 调用方法，APDL 的全称是 ANSYS Parametric Design Language，也被叫作 ANSYS 参数化设计语言。APDL 不仅是优化设计和自适应网格划分等 ANSYS 经典特性的实现基础，也为日常分析提供了便利。

APDL 的运用主要体现在用户可以利用程序设计语言将 ANSYS 命令组织起来，编写出参数化的用户程序，从而实现有限元分析的全过程，即建立参数化的 CAD 模型、参数化的网格划分与控制、参数化的材料定义、参数化的载荷和边界条件定义、参数化的分析控制和求解以及参数化的后处理。

ANSYS 的集成是利用 WIN32 API 函数 CreateProcess，通过调用启动一个新的进程运行 ANSYSY，进行有限元分析。ANSYS 与 C++ 的交互主要是通过 ANSYS 软件 APDL 命令流实现。C++ 通过写文件流的方式将分析参数写入文件，当输入变量不需要修改时（指的是变量而不是指变量值），修改 APDL 命令流的 . txt 文件，可以实现对 ANSYS 的修改；需要改变参数的个数时，将参数名和参数值按一定的格式写入 . txt 文档中。首先定义一个 ofstream 对象，其次定义参数名和参数值数组。最后向 . txt 文件中写入参数值和参数名，具体参数示例如图 8. 4 所示，通过 CreateProcess 的方式调用 ANSYS 进行分析，其流程如图 8. 5 所示。

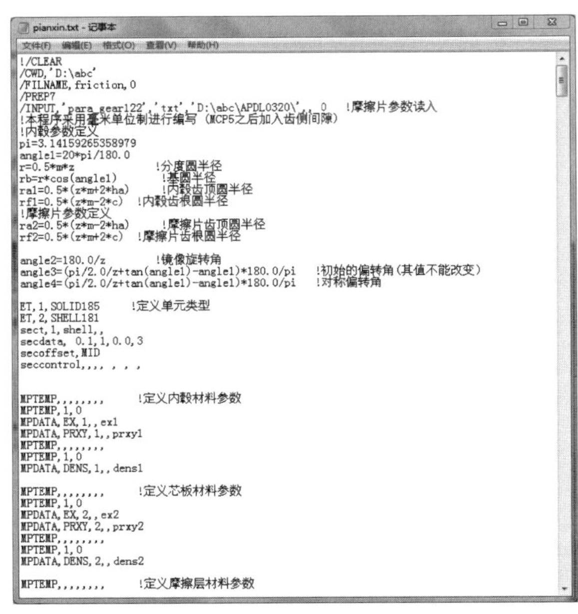

```
pianxin.txt - 记事本
文件(F) 编辑(E) 格式(O) 查看(V) 帮助(H)
!/CLEAR
/CWD,'D:\abc'
/FILNAME,friction,0
/PREP7
/INPUT,'para_gear122','txt','D:\abc\APDL0320\',,0   !摩擦片参数读入
!本程序采用毫米单位制进行编写（MCP5之后加入齿侧间隙）
!内毂参数定义
pi=3.14159265358979
angle1=20*pi/180.0
r=0.5*m*z                 !分度圆半径
rb=r*cos(angle1)          !基圆半径
ra1=0.5*(z*m+2*ha)        !内毂齿顶圆半径
rf1=0.5*(z*m-2*c)   !内毂齿根圆半径
!摩擦片参数定义
ra2=0.5*(z*m-2*ha)        !摩擦片齿顶圆半径
rf2=0.5*(z*m+2*c)   !摩擦片齿根圆半径

angle2=180.0/z            !镜像旋转角
angle3=(pi/2.0/z+tan(angle1)-angle1)*180.0/pi    !初始的偏转角(其值不能改变)
angle4=(pi/2.0/z+tan(angle1)-angle1)*180.0/pi    !对称偏转角

ET,1,SOLID185      !定义单元类型
ET,2,SHELL181
sect,1,shell,,
secdata, 0.1,1,0.0,3
secoffset,MID
seccontrol,,,, , , ,


MPTEMP,,,,,,,,       !定义内毂材料参数
MPTEMP,1,0
MPDATA,EX,1,,ex1
MPDATA,PRXY,1,,prxy1
MPTEMP,,,,,,,,
MPTEMP,1,0
MPDATA,DENS,1,,dens1

MPTEMP,,,,,,,,       !定义芯板材料参数
MPTEMP,1,0
MPDATA,EX,2,,ex2
MPDATA,PRXY,2,,prxy2
MPTEMP,,,,,,,,
MPTEMP,1,0
MPDATA,DENS,2,,dens2

MPTEMP,,,,,,,,       !定义摩擦层材料参数
```

图 8.4　参数示意图

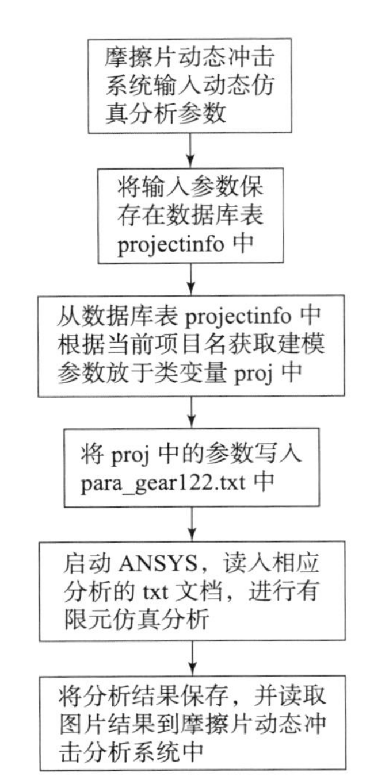

图 8.5　ANSYS 有限元仿真流程图

8.1.3　调用 MATLAB 库函数

MATLAB 是美国 MathWorks 公司出品的商业数学软件，用于数据分析、无线通信、深度学习、图像处理与计算机视觉、信号处理、量化金融与风险管理、机器人，控制系统等领域。本软件所使用的动力学程序由 MATLAB 编制而成，为摩擦片的设计及优化提供依据，其在摩擦片专用动态强度计算及优化软件中可实现冲击动力学分析、协同分析等功能。动力学分析即是将这些参数输入 MATLAB，并调用基于干湿摩擦片动力学模型和湿式摩擦片动力学模型，然后调用 MATLAB 程序，对摩擦片进行动力学仿真分析。编制完成 MATLAB 动力学程序后需要使用 C 语言进行调用，集成方式是用 MATLAB 编译器将算法的 m 文件编译成 DLL 文件，在 VS2010 中导入 DLL 在调用，其流程如图 8.6 所示。

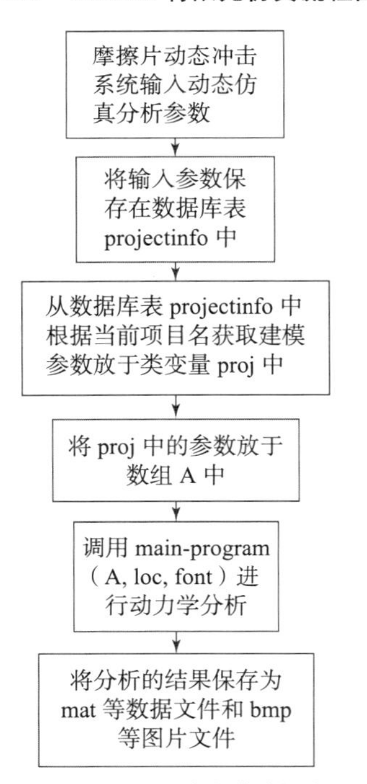

图 8.6　MATLAB 动力学分析流程图

在所要生成的 m 文件中输入：创建状态链接库（在 MATLAB 中使用 mcc 命令）：mcc – W cpplib：inverse – T link：libinverse. m 生成需要的 . lib. h. dll 文件。例如对于 MATLAB 程序，在 MATLAB 命令框中输入以下命令：mcc – W cpplib：myadd2 – T link：lib myadd2. m，在默认路径下（存放对应 . m 文件）生成 myadd2. lib，myadd2. h，myadd2. dll 等文件，将这 3 个文件拷到 VS 的项目目录下。即可在 VS 中对 DLL 进行调用。

8. 1. 4 其他软件的集成方法

摩擦片专用动态强度计算及优化软件具有丰富的功能，集成了非常强大的软件并提供了二次开发，包括 PROE、MYSQL、OFFICE 等。

1. 调用三维仿真软件的 PROE 模型

在摩擦片专用动态强度计算及优化软件中，参数化设计模块基于三维设计软件 PROE，完成了摩擦片的参数化设计，首先利用 PROE 进行摩擦片的参数化建模，通过在 VS 中打开模型，通过传递参数进 PROE 的参数化模型中对 PROE 模型进行参数修改，然后再生出模型，软件界面对摩擦片进行调整修改，PROE 模型定义的参数如图 8.7 所示，其建模流程如图 8.8 所示。

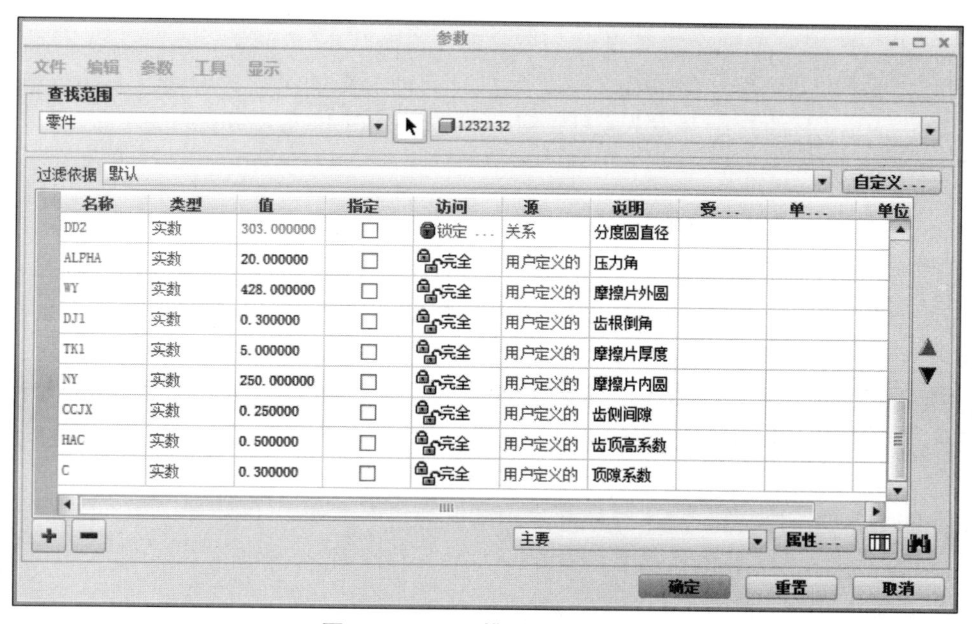

图 8.7 PROE 模型定义的参数

PROE的二次开发：通过PROE二次开发接口，采用异步工作模式。将相关的lib文件和类头文件导入VS2010中，使用提供的接口类去操作PROE，如进行数据交换和模型的生成。

PROE异步模式是指不需要在前台启动PRO/ENGINEER就能单独运行的PRO/TOOLKIT应用程序，在异步模式中开发人员可以使用VS来实验用户界面，通过PRO/TOOLKIT应用程序在后台运行PRO/ENGINEER以调用所需功能。

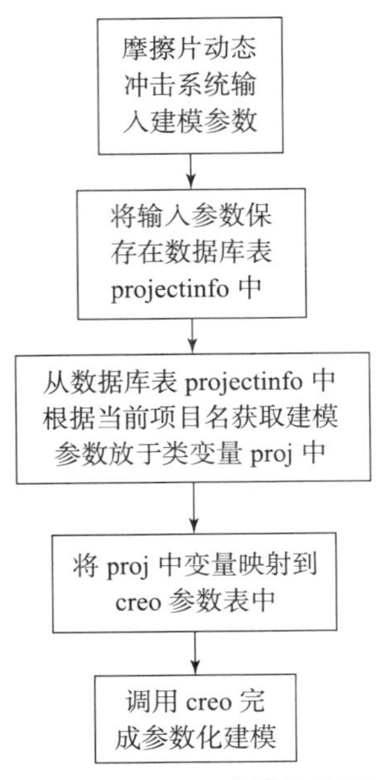

图8.8　PROE建模流程图

2. 调用数据库MYSQL数据

MYSQL数据库是计算机应用系统中的一种专门管理数据资源的系统。数据有多种形式，如文字、数码、符号、图形、图像及声音等，数据库系统便能解决上述问题。数据库系统不从具体的应用程序出发，而是立足于数据本身的管理，它将所有数据保存在数据库中，进行科学的组织，并借助数据库管理系统，以它为中介，与各种应用程序或应用系统接口，使之能方便地使用数据库中的数据，如图8.9所示。

MYSQL是一款安全、跨平台、高效的，并与PHP、Java等主流编程语言紧密结合的数据库系统。该数据库系统是由瑞典的MYSQL AB公司开发、发布并支持，由MYSQL的初始开发人员David Axmark和Michael Monty Widenius于1995年建立的。

3. 调用OFFICE报表功能

OFFICE是一套由微软公司开发的办公软件，它为Microsoft Windows和Apple MAC OSX而开发。软件最初出现于20世纪90年代早期，最初是一个推广名称，指一些以前曾单独发售的软件的合集。当时主要的推广重点是购买合集比单独购买要省很多钱。最初的Office版本包含Word、Excel和Powerpoint；另外一个专业版包含Microsoft Access；随着时间的流逝，Office应用程序逐渐整合，共享一些特性，如拼写和语法检查、OLE数据整合和微软Microsoft VBA（Visual Basic for Applications）脚本语言。本摩擦片专用动态强度计算及优化软件使用OFFICE进行报表生成，将项目的参数和图片结果自动保存在Word中。

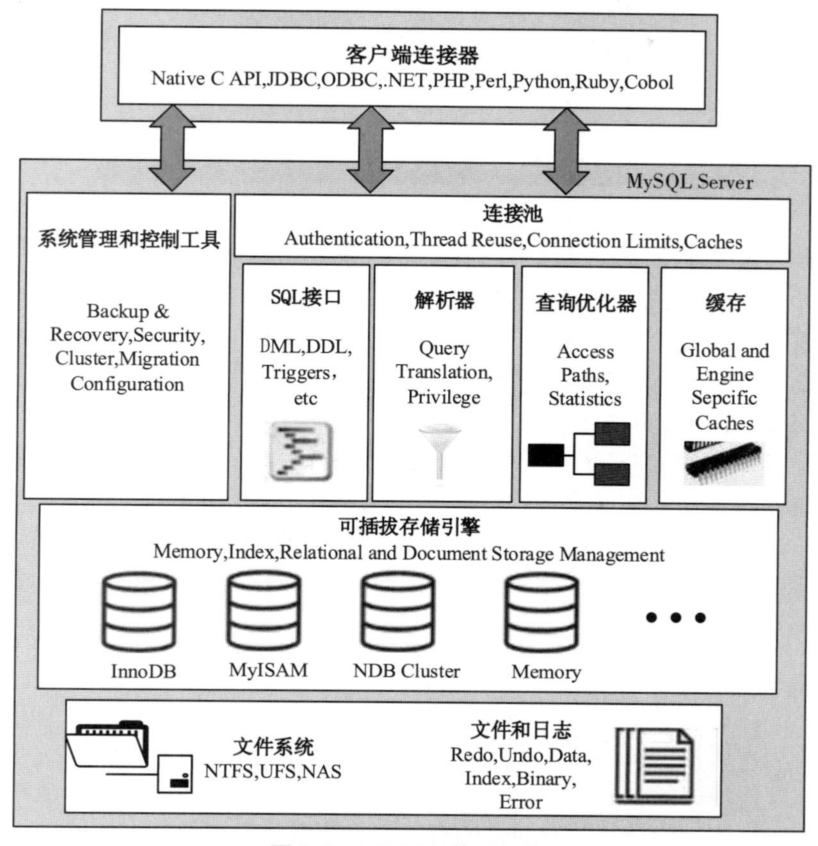

图 8.9　MYSQL 体系架构

8.2　软件核心功能模块简介

8.2.1　参数化建模模块

软件中的参数化设计模块基于三维设计软件 Creo，通过 Creo 二次开发接口，采用异步工作模式，将相关的 lib 文件和类头文件导入 VS2010 中，使用提供的接口类去操作 Creo，进行数据交换和模型的生成，在软件中输入相关参数，通过对 Creo 文件夹下建好的参数化摩擦片、内毂模型进行参数交换，完成参数化建模，完成了摩擦片的参数化设计。用户可通过查看三维模型，验证输入的摩擦片设计参数是否满足设计需要，如图 8.18 和图 8.19 所示。

此模块具有芯板与内毂匹配功能，如果参数错误，能够针对性提示，对芯板和内毂可以调节相关的参数，可设计不同结构参数的摩擦片，为后续的仿真计算和优化设计提供模型基础。

8.2.2 摩擦片冲击强度分析模块

此模块基于冲击动力学模型，对于不同结构参数的摩擦片完成了动态冲击仿真分析[4]。主要包括两个子模块：专有的冲击动力学子模块和基于有限元静态、动态仿真分析的协同分析子模块。冲击动力学相关算法是用 MATLAB 编写的，集成方式是用 MATLAB 编译器将算法的 m 文件编译成 DLL 文件，在 VS2010 中导入 DLL 再调用，实现了摩擦片的动力学响应分析。协同分析子模块基于有限元软件 ANSYS，通过 APDL 参数化建模，通过输入结构参数与材料参数，并考虑了复合强化等优化方法，完成计算了静态与动态冲击导致的应力场分布。通过对摩擦片结构薄弱的环节进行有效的强度分析，结果以数据文件的形式保存在对应建立的文件夹下，用户可从多方案中确定其中的最优结构设计方案。

1. 冲击动力学分析

冲击动力学分析（无节距）是摩擦片冲击强度分析的子功能。无节距误差的摩擦片冲击强度分析通过动力学模型模拟了无节距误差的摩擦片在不同转速和不同间隙等作用下内毂和芯板的碰撞力关系、摩擦片的动力学响应和结构动态响应，实现宏观冲击的载荷计算，通过高效率的参数调节方式，利用赫兹接触刚度[5]与摄动理论，研究了摩擦片齿部变形接触刚度[6]、冲击间隙、模数、转动惯量以及阻尼系数等产生的不同冲击特性，得到了相关的加速度、相对速度、冲击力及频率等关键信息，分析后的结果后文也会提到。

2. 协同分析

协同分析模块是利用 ANSYS 的集成完成的，ANSYS 的集成是利用 WIN32 PI 函数 CreateProcess，通过调用启动一个新的进程运行 ANSYS，进行有限元分析。ANSYS 与 C++ 的交互主要是通过 ANSYS 软件 APDL 命令流实现。C++ 通过写文件流的方式将分析参数写入文件，通过 CreateProcess 的方式调用 ANSYS 进行分析，其具体流程如图 8.10 所示。

利用参数模板输入的参数自动在 ANSYS 里自动参数化建模，根据摩擦片的动态特性分析结果，考虑符合强度等优化方法，完成计算动态冲击导致的应力场

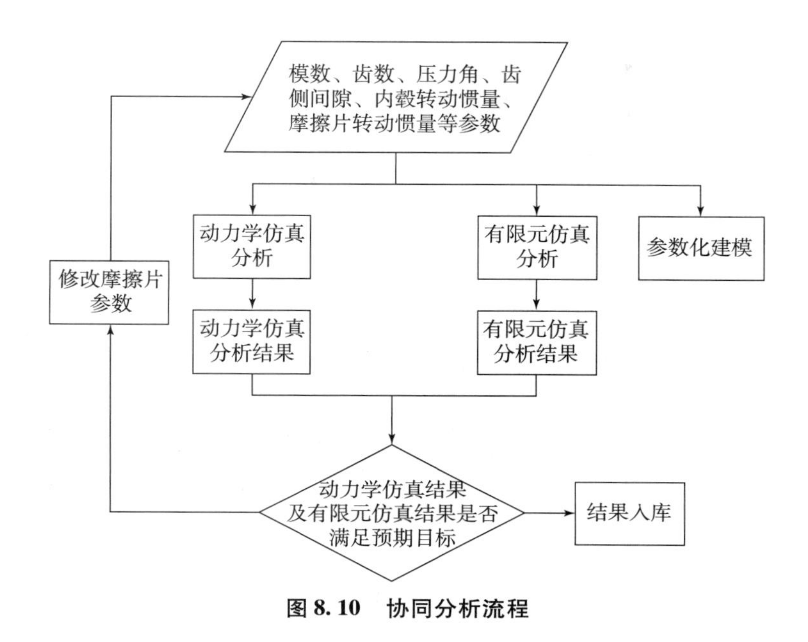

图 8.10　协同分析流程

分布，获得摩擦片危险部位的强度和变形分析结果，确定动态强度的薄弱环节，同时完成基于冲击动力学模型的摩擦片结构设计的验证。通过对摩擦片结构薄弱的环节进行有效的强度分析，从多方案中确定其中的最优结构设计方案，协同分析后的部分结果后文也会提到。

8.2.3　摩擦片疲劳分析模块

此模块基于冲击动力学模型，对于不同结构参数的摩擦片完成了疲劳损伤分析。此模块在摩擦片冲击强度分析模块的基础上，完成了摩擦片动态强度分析的疲劳损伤分析，借助于动力学模型中的计算结果，利用非线性损伤模型对齿部损伤状态进行了评估和分析，实现摩擦片结构的疲劳损伤分析，对于不同的摩擦片的疲劳损伤特性进行仿真分析，预测摩擦片的疲劳寿命，为摩擦片结构强度提供了指导。其输出数据格式保存为 txt、csv、mat 等主要输出格式。主要包括两个子模块：当量载荷谱编制与非线性损伤分析。

1. 当量载荷谱编制

当量载荷谱分析的相关的算法是用 MATLAB 编写，集成方式是用 MATLAB 编译器将算法的 m 文件编译成 DLL 文件，在 VS2010 中导入 DLL 在调用。通过调用外部 CSV 文件（实验文件或仿真结果文件），对摩擦片当量载荷谱分析。

软件中当量载荷谱分析模块基于 Goodman 均值等效与雨流计数算法，对齿部应力状态进行了载荷谱编制。可以读取外部实验数据或基于冲击强度模块所得到的仿真计算数据（准动态结果文件以及动态分析结果文件），分析完成后可得到摩擦片齿根应力的当量载荷谱。

2. 非线性损伤分析

非线性损伤分析的相关的算法是用 MATLAB 编写，集成方式是用 MATLAB 编译器将算法的 m 文件编译成 DLL 文件，在 VS2010 中导入 DLL 在调用。通过调用外部 CSV 文件，对摩擦片非线性损伤进行分析。

软件中非线性损伤分析模块基于非线性冲击疲劳损伤算法[7]，对齿部损伤状态进行评估和分析。可以读取外部实验数据或基于冲击强度模块所得到的仿真计算数据（动态应力计算结果文件以及动态分析结果文件），分析完成后可得到应力时域曲线与频率曲线，可预测出摩擦片在此工况下的寿命，完成疲劳寿命评估，如图 8. 33 所示。

8. 2. 4　数据共享模块

数据共享模块提供一个进入服务端的登录接口，通过这个接口可以进入服务端将确定的模型数据等上传到服务器并支持授权用户下载访问。且对服务端数据的管理采用系统管理员、安全管理员、安全审计员“三员”分立的方式，系统管理员负责创建用户，安全管理员负责为用户分配权限和对用户的行为进行审计，安全审计员对系统管理员和安全管理员的操作行为进行审计。

不同类型的用户进入服务端后，使用的功能不一样。具体有系统管理员、安全管理员、安全审计员和普通户用四种用户类型。

8. 3　大功率高动载摩擦片动态强度软件操作与计算范例

此应用示例，均以齿数为 90，模数为 2 的摩擦片作为算例进行演示操作，具体参数如图 8. 11 所示。

摩擦片参数

摩擦片设计参数

齿数	模数(mm)	压力角(°)	齿顶高(mm)	齿根高(mm)	齿根圆角(mm)	外径(mm)	公法线长度公差（mm)	厚度(mm)	齿侧间隙(mm)
90	2	20	1.5	3.75	0.5	405	0.4	3.9	0.851342

内毂设计参数数

齿数	模数(mm)	压力角(°)	齿顶高(mm)	齿根高(mm)	齿根圆角(mm)	孔径(mm)	公法线长度公差（mm)	厚度(mm)
90	2	20	1.5	3.5	0.5	250	-0.4	4.9

摩擦片强化参数

摩擦层厚度(mm)	摩擦层径宽(mm)	镀层厚度(mm)	
0.75	25	0.003	

材料参数

摩擦片	弹性模量(GPa)	材料密度(kg/m^3)	泊松比	抗拉强度极限(MPa)	疲劳极限(MPa)		
	210	7850	0.3	676	252		
内毂	弹性模量(GPa)	材料密度(kg/m^3)	泊松比				
	210	7850	0.3				
摩擦层	弹性模量(GPa)	材料密度(kg/m^3)	泊松比				
	600	4950	0.28				
镀层	弹性模量(GPa)	材料密度(kg/m^3)	泊松比				
	175	9000	0.3				

仿真参数

初始条件	内毂初始角位移(rad)	内毂初始速度(rad/s)	摩擦片初始角位移(rad)	摩擦片初始速度(rad/s)	油膜厚度(mm)	油膜黏度(Pa.s)	温度(°C)
	0	0	0	0	0.03	289.1	25

计算条件	实际接触齿数	反弹系数	内毂转速(r/min)	内毂振幅(rad/s)	内毂振频(Hz)	结构阻尼(N/(m/s))	摩擦片转动惯量(kg*m^2)	内毂转动惯量(kg*m^2)	接触区径向长度(mm)
	60	0.8	1598	5.702	160	0	0.05134	0.54	10

计算条件	接触区轴向长度(mm)	阻尼槽长(mm)	阻尼槽宽(mm)	阻尼槽半径(mm)	启动时间(s)	增速时间(s)	稳定时间(s)	停止时间(s)
	4	0	0	0	0.01	0.11	0.25	0.5

误差条件	偏心距(mm)	节距最大误差(mm)	节距最小误差(mm)
	0	0.025	0

实验数据标定与转换系数

采样频率(Hz)	应力应变转换系数
10000	0.2

图 8.11　摩擦片参数

8.3.1　项目建立范例

新建项目，建立一组对摩擦片参数分析所需的项目文件夹，这些项目文件夹包括：参数文件夹、动力学分析文件夹、协同分析文件夹、噪声分析文件夹、当量载荷谱分析文件夹和非线性损伤分析文件夹。其中参数文件夹中存放着摩擦片的分析参数文件（parameter. xml）。分析状态文件（project. ini）。项目说明文件（项目说明 . txt）。同时将摩擦片参数保存到本地数据库中。在系统设置中设置的结果文件夹下建立一个以项目名为文件名的项目文件夹用于保存中间结果。

（1）单击新建项目菜单项或者快捷按钮，如图 8. 12 所示。

（2）填入项目名和项目的保存路径，单击“确定”（项目路径可以在系统设置选项里面设置）。

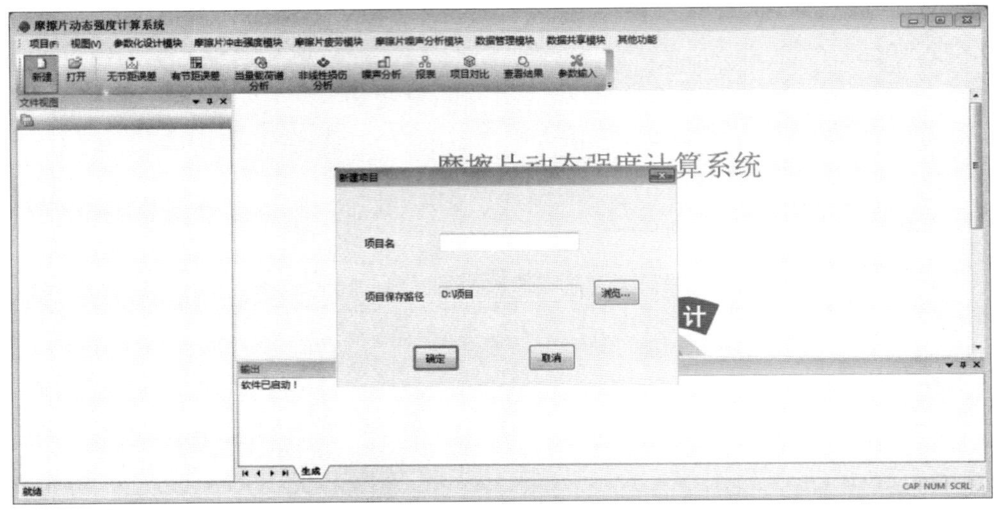

图 8.12　新建项目

（3）单击确认，完成新建项目。

完成新建项目之后，在数据库中可以看到一条项目信息的记录。

在刚才选择的路径下可以看到生成了许多文件夹，其中根文件夹为项目名命名的文件夹，如图 8.13 所示。

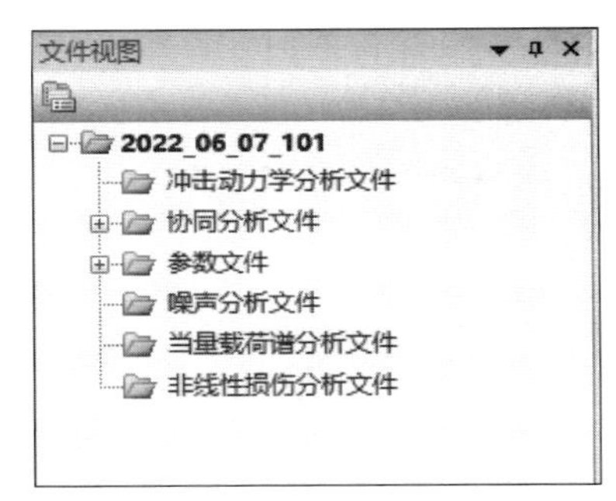

图 8.13　新建项目文件组成

在系统设置中的设置的选择文件路径下创建了一个以项目名命名的文件夹，此文件夹用于存放项目的结果图片和中间计算文件。这个文件夹也称为项目的结果文件夹，保存了项目计算中的生成的所有结果。

这些文件夹称为项目文件夹，用于存放项目的参数文件，结果数据文件，如图 8.13 所示。

8.3.2　摩擦片参数化设计范例

在参数输入界面中输入摩擦片参数［影响参数有：摩擦片和内毂的齿数，模数，压力角，齿顶高，齿根高，齿根圆角，公法线长度公差（齿侧间隙），厚度，摩擦片外径，内毂孔径，摩擦层厚度以及摩擦层径宽］。

然后单击菜单栏参数设计模块下查看三维模型选项，如图 8.14 所示。

如果参数界面所输入的对应参数合理，则在 CREO 中生成此参数下的三维模型，如图 8.15 所示。

若输入的相应参数不合理，则系统会自动弹出提示信息。

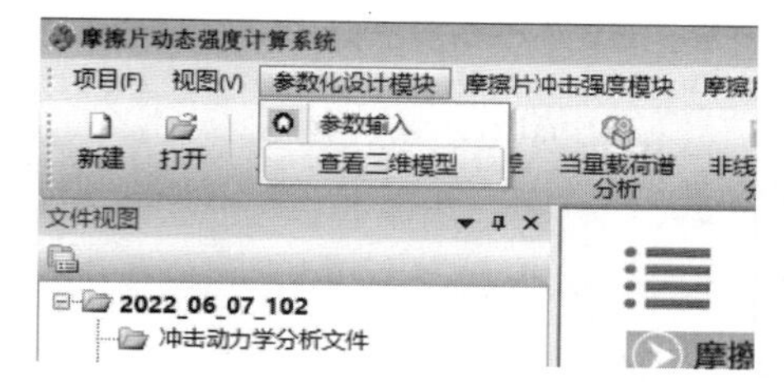

图 8.14　参数设计模块菜单栏

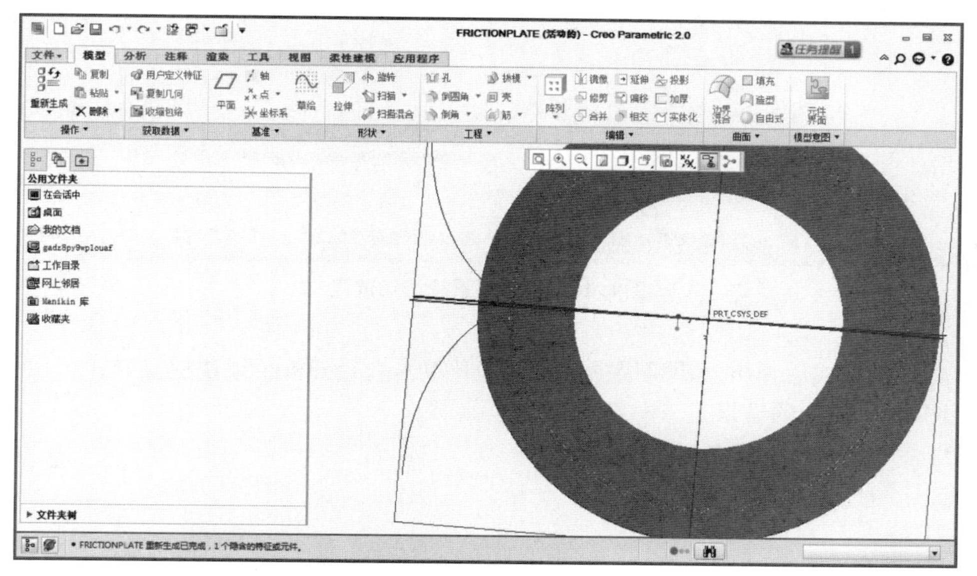

图 8.15　摩擦片三维模型

8.3.3　摩擦片冲击强度计算范例

1. 冲击动力学分析

本节只演示冲击动力学分析的无节距误差功能，有节距误差操作与之相似，读者可以参考此实例操作。

对在 8.3.2 节所创建的摩擦片模型进行无节距误差的动力学分析，单击无节距快捷菜单按钮或者单击冲击动力学分析下的无节距菜单项；之后系统就会启动一个线程进行分析计算，有一个时间进度条显示分析所用时间，分析的同时还会显示计算的迭代过程，如图 8.16 所示。

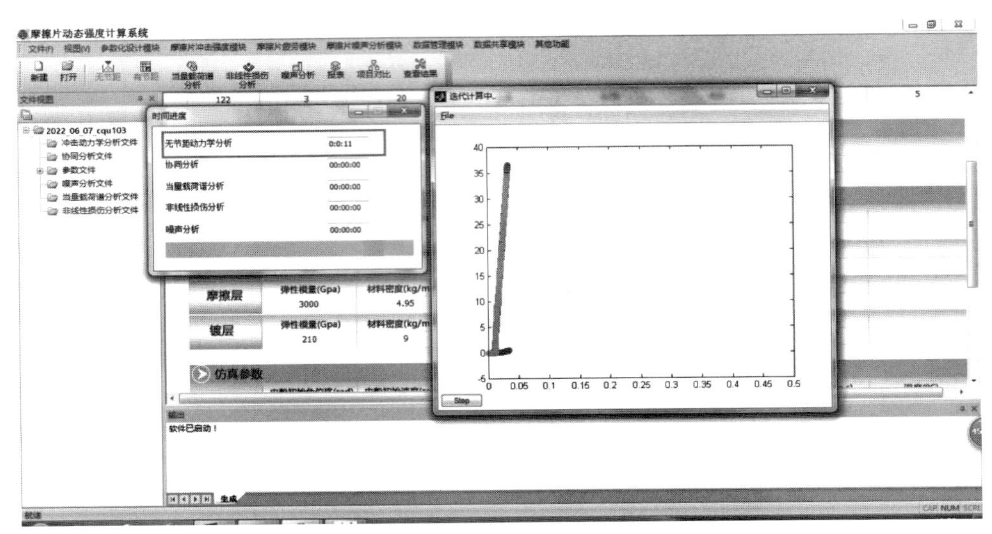

图 8.16　无节距误差迭代过程

分析完成后弹出分析完成提示对话框，单击查看分析结果快捷按钮，可以得到图 8.17 所示的结果。

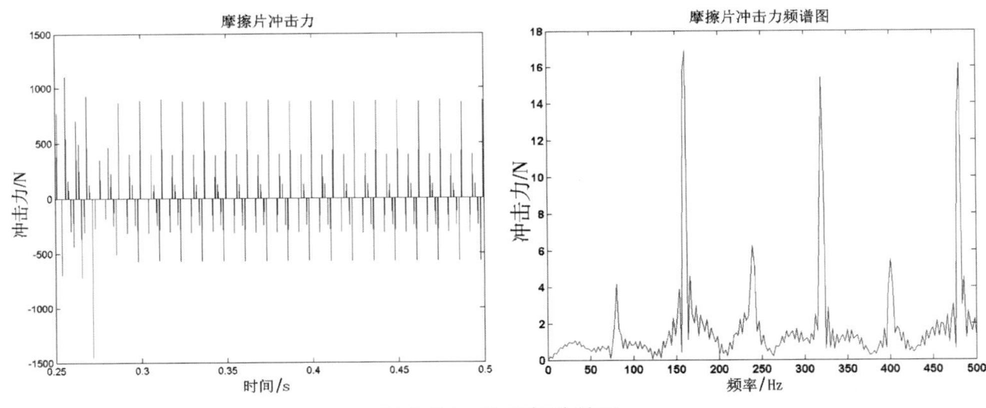

图 8.17　分析部分结果

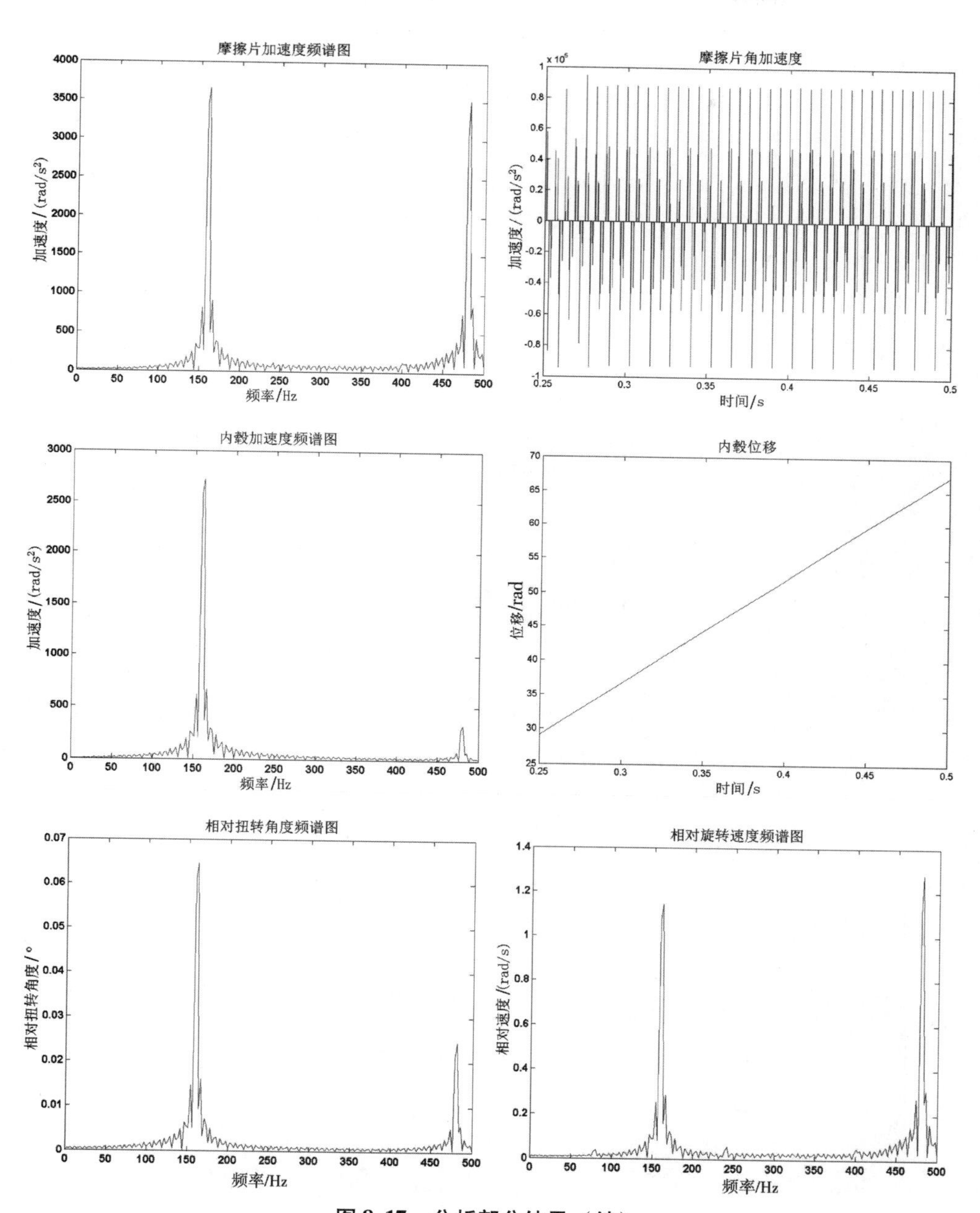

图 8.17　分析部分结果（续）

2. 协同分析

本节只演示协同分析的少齿当量静态强度分析功能，其他功能操作与之相似，读者可以参考此实例操作。

少齿当量静态强度分析为摩擦片冲击强度分析的子模块：通过 APDL 参数化建模，在软件中输入相关参数，利用 ANSYS 软件对摩擦片单齿进行有限元分析。如果输入的参数不合理，提示参数不合理，分析失败。如输入参数合理，则利用有限元分析少齿当量静态强度分析成功。当强制停止协同分析时，需要删除软件下 file. lock 这个文件。

对在 8. 3. 2 节所创建的摩擦片模型进行少齿当量静态强度分析，单击少齿当量静态强度分析，如图 8. 18 所示。

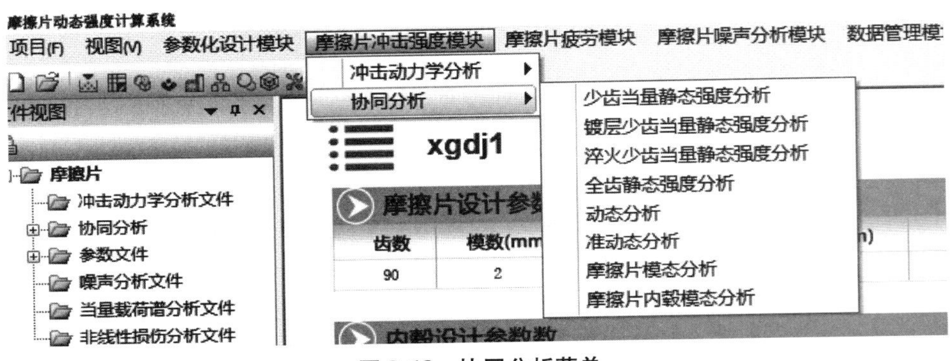

图 8. 18　协同分析菜单

之后弹出冲击力输入对话框，输入冲击力，如图 8. 19 所示。

单击确定之后程序就会启动一个线程，调用 ANSYS 进行单齿静态强度分析，如图 8. 20 所示。

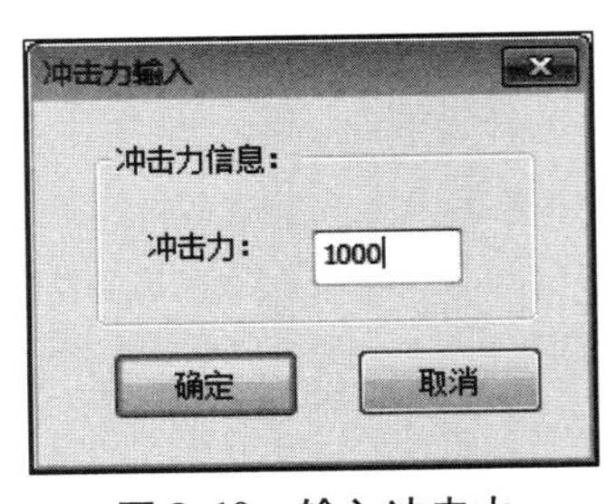

图 8. 19　输入冲击力

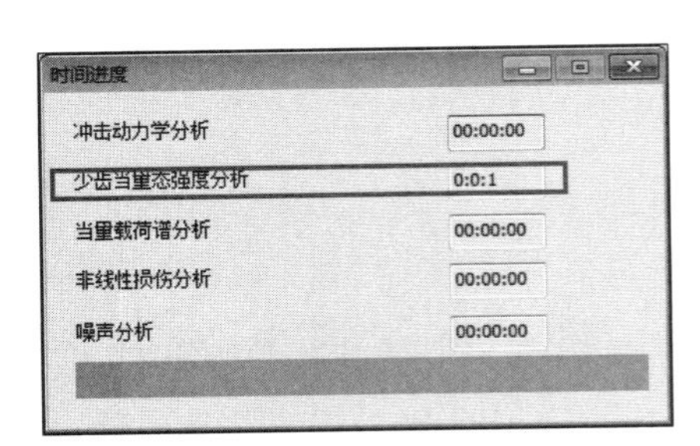

图 8. 20　分析时间进度显示框

分析完成之后可以在查看分析结果中查看少齿当量应力云图，如图 8. 21 所示。

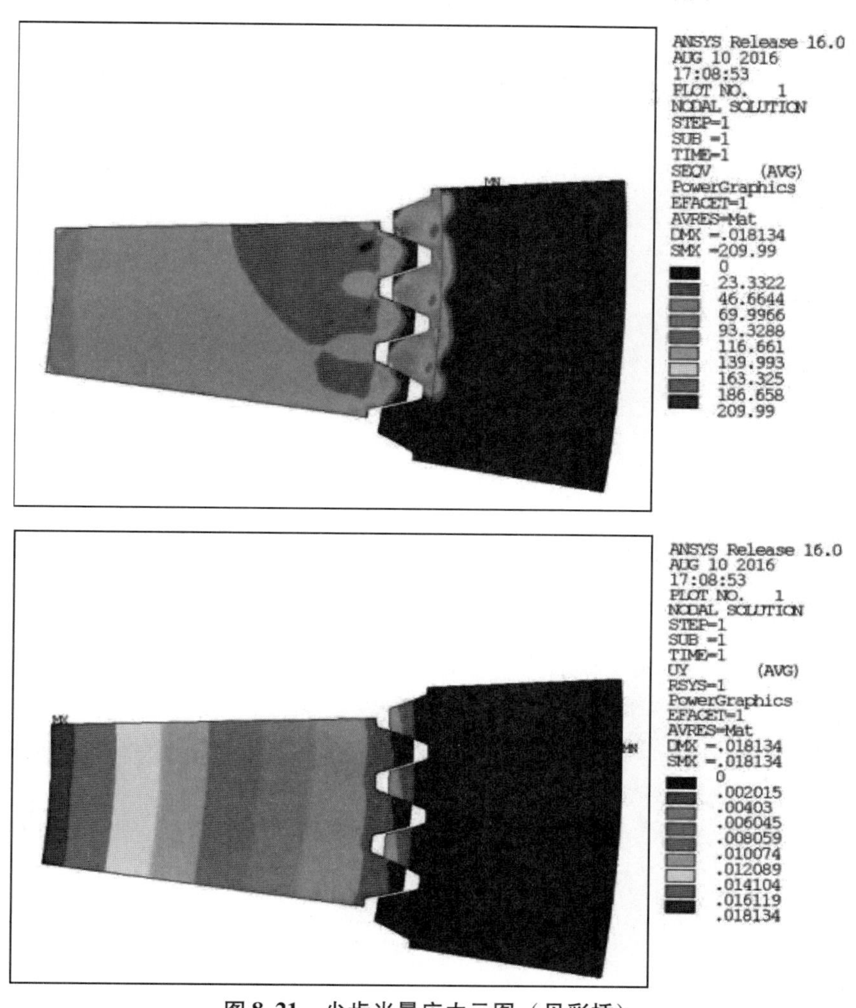

图 8.21　少齿当量应力云图（见彩插）

8.3.4　摩擦片疲劳分析与计算范例

1. 当量载荷谱分析

零部件在疲劳载荷作用下，每次直接测得的载荷 - 时间历程（即工作谱或使用谱）都不相同，由于这种不确定性，无法将实测结果直接应用于理论分析与工程实践，通过对其进行概率统计处理，处理后得到的载荷 - 时间历程，遵循损伤等效的原则，代表性地、本质地反映出零部件在各种工况下所受到的工作载荷随时间而变化的情况。

对在 8.3.2 节所创建的摩擦片模型进行少齿当量静态强度分析（若分析的为实验数据文件，则影响参数有：摩擦片抗拉强度极限，采样频率与应变转换系数，若分析的为计算文件，则影响参数只有摩擦片抗拉强度极限），单击当量载荷谱分析菜单项弹出计算文件选择对话框，如图 8.22 所示。如果要选择实验数据文件就选中实验数据文件单选按钮，如果要选择计算文件就选中计算文件单选按钮。

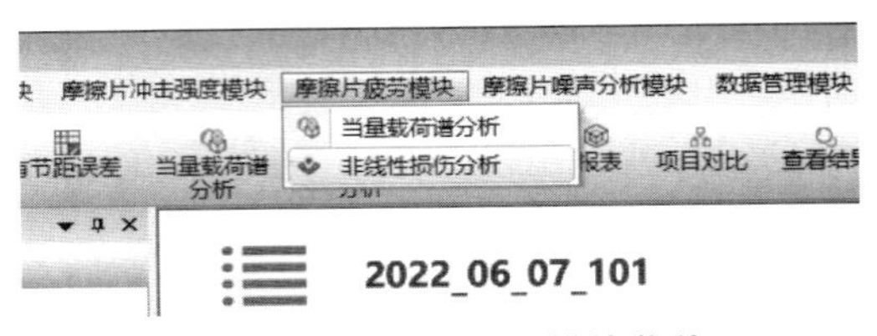

图 8.22　摩擦片疲劳模块菜单

文件选择完毕之后，单击确定：

（1）若用户是选择的动态分析得到的计算文件（为协同分析中动态应力计算得到的应力与时间的数据），因为软件中动态分析所得出的计算文件的格式是固定的，用户不需选择计算文件中行和列信息。

（2）若用户是选择的实验文件，则弹出数据选择对话框，需要用户根据实验数据文件的内容输入所需读取的行和列信息，并输入选择分析通道数（应变数据测试中一般会有多个通道，选取不同通道可以得到不同测点的结果）。

单击之后，弹出通道选择和强化系数选择对话框。

填写强化系数，单击确定，添加文件按钮，选择外部数据文件，可以选择多个文件，直到单击文件选择完毕按钮，如图 8.23 所示。

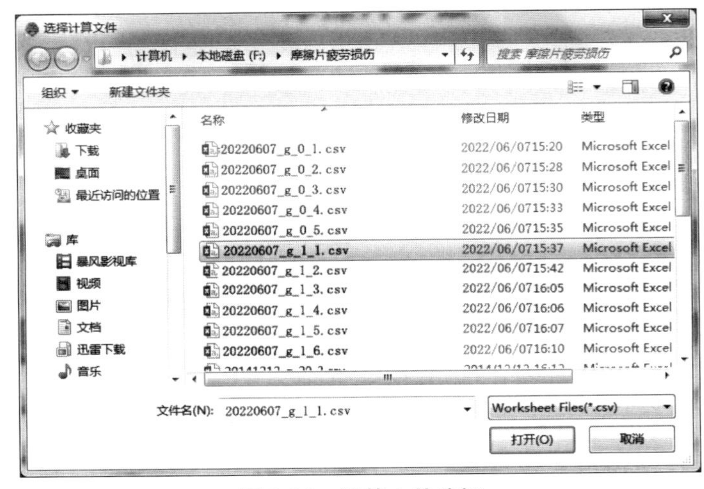

图 8.23　计算文件选择

之后软件就会开启一个线程进行当量载荷谱分析，如图 8. 24 所示。

时间进度
出图　0:0:20
协同分析　00:00:00
当量载荷谱分析　0:0:13
非线性损伤分析　0:0:8
噪声分析　00:00:00

图 8. 24　分析时间进度框

分析完成之后，会弹出提示信息。通过查看分析结果可以得到当量载荷谱图形与雨流计数结果，如图 8. 25 所示。

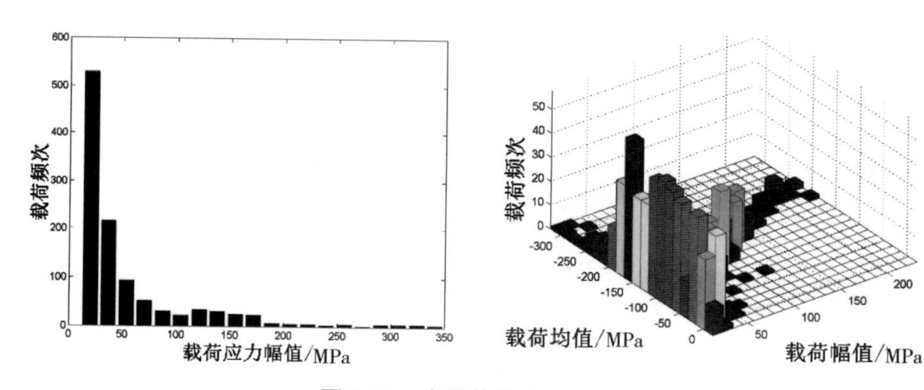

图 8. 25　当量载荷谱分析结果

2. 非线性损伤分析

软件中非线性损伤分析模块基于非线性冲击疲劳损伤算法，可以读取外部实验数据和仿真计算数据（动态应力计算结果文件以及动态分析结果文件）。

对在 8. 3. 2 节所创建的摩擦片模型进行非线性损伤分析，单击当量载荷分析或者非线性损伤分析菜单按钮，如图 8. 26 所示。

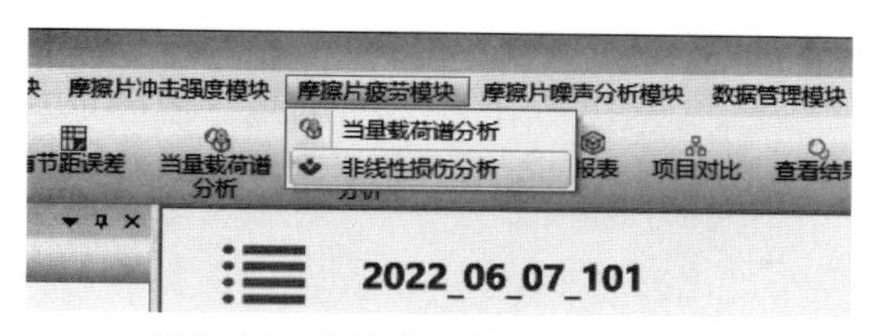

图 8. 26　非线性损伤分析菜单按钮

弹出计算文件选择对话框。如果要选择实验数据文件就选中实验数据文件单选按钮，如果要选择动态应力计算文件就选中计算文件单选按钮，如果要选择动态应力计算文件就选中计算文件单选按钮。

选择完毕后，单击确定。弹出 CSV 文件选择对话框。选择文件进行非线性损伤分析，如图 8.27 所示。

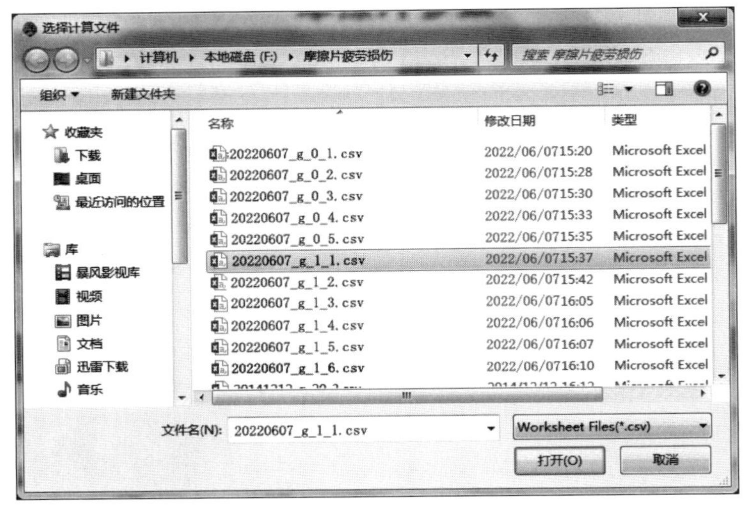

图 8.27　计算文件选择

文件选择完毕之后

（1）若用户选择的是动态应力计算（为协同分析中动态应力计算得到的应力与时间的数据）得到的计算文件，因为软件中动态分析所得出的计算文件的格式是固定的，用户不需选择计算文件中行和列信息。

（2）若用户选择的是实验文件（通过实验实测得到的数据），则弹出数据选择对话框，需要用户根据实验数据文件的内容输入所需读取的行和列信息，并输入选择分析通道数（应变数据测试中一般会有多个通道，选取不同通道可以得到不同测点的结果）。

（3）若用户选择的是动态结果文件（为协同分析中动态分析完毕后，通过 LE - Pre - post 出应力与时间对应的数据），则弹出数据选择对话框：需要用户根据实验数据文件的内容输入所需读取的行和列信息。选择完毕之后软件就会开启一个线程进行非线性损伤分析，并会弹出进度提示框显示分析进度，如图 8.28 所示。

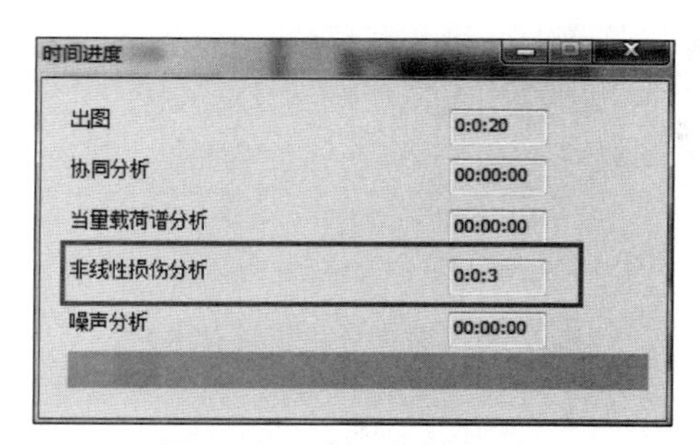

图 8. 28　时间进度提示框

分析完成之后，弹出提示信息，通过查看分析结果可以得到摩擦片齿根应力时域波形与摩擦片累积损伤图形，如图 8. 29 所示。

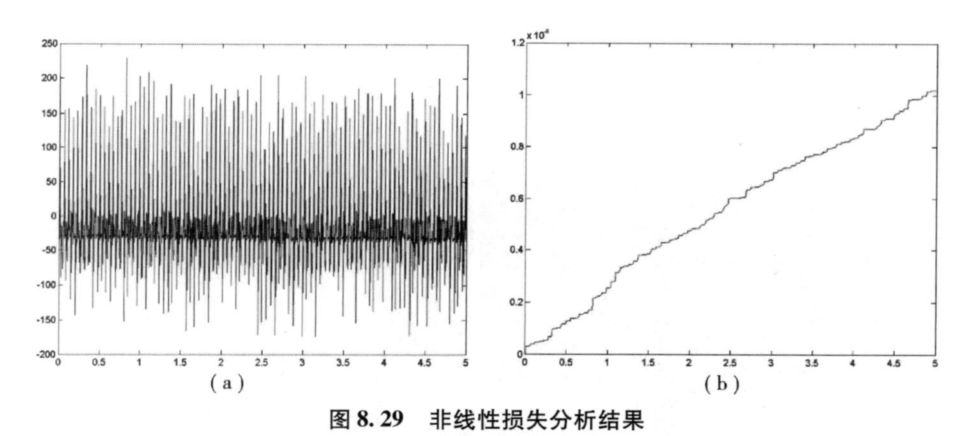

图 8. 29　非线性损失分析结果

(a) 摩擦片齿根应力时域波形；(b) 摩擦片累计损伤

8. 3. 5　摩擦片噪声分析范例

噪声分析是以齿部碰撞为噪声源，借助声学分析软件，利用动力学仿真的动态数据作为激励边界，建立摩擦片周围声场分布模型，对摩擦片冲击机构噪声进行仿真和分析，分析确定了噪声等级和频谱特性。

采用结构噪声来判断摩擦片的冲击振动大小[8]。通过对摩擦片冲击振动加速度时域曲线进行傅立叶变换，得到其频域响应曲线。分析确定噪声声量级和频谱特性，并提供了相应的噪声评估和优化方案的参考。

单击噪声分析菜单项或者噪声分析快捷菜单按钮，如图 8. 30 所示。

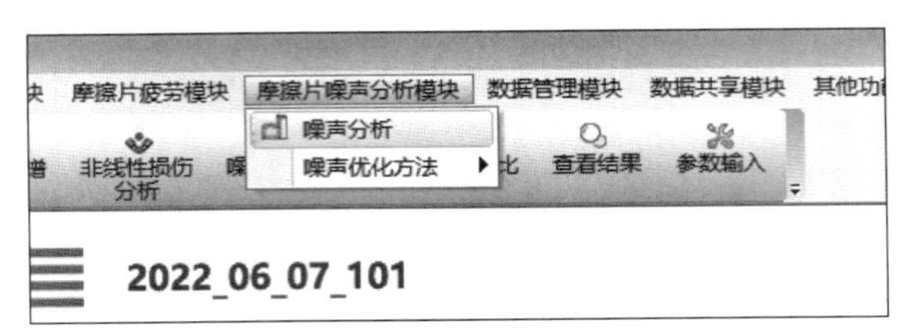

图 8.30　噪声分析模块菜单栏

由于此模块是建立在冲击动力学分析的基础上，如果没有进行冲击动力学分析，软件会提示：还未进行冲击动力学分析，不能进行噪声分析。此时需先进行冲击动力学分析以后才能进行分析。

之后软件就会开启一个线程进行噪声分析，分析完成单击查看结果。可以查看分析的图形化结果，如图 8. 31 所示。

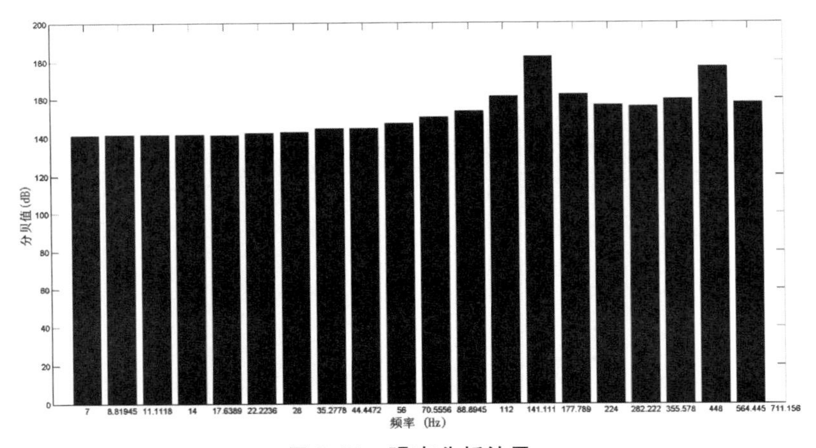

图 8.31　噪声分析结果

8. 3. 6　数据管理范例

1. 项目对比

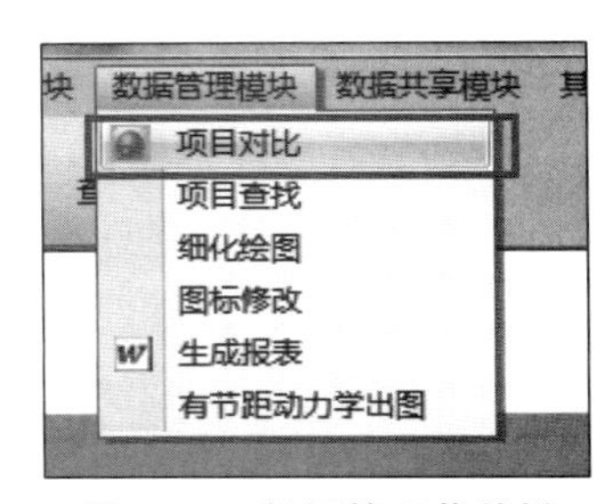

图 8.32　数据管理菜单栏

对几个项目的参数和图形化结果进行对比，以打开的第一个项目为参考。如果参数不同，高亮显示不同的参数，这可以使得用户清楚地查看各个项目的异同。

先单击项目对比菜单按钮，如图 8. 32 所示，然后会弹出选择项目文件的界面，用户自行选择需要对比的项目，选择完之后单击“确定”按钮即可查看不同的项目，如图 8. 33 所示对比分析结果如图 8. 34 和图 8. 35 所示。

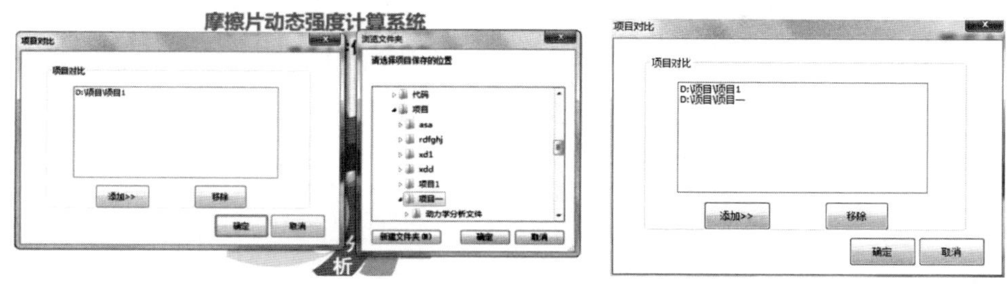

图 8. 33　选择对比的项目

	项目1						项目一					
参数信息	齿数	模数	压力角	阻尼槽长度	阻尼槽宽度	摩擦层厚度	齿数	模数	压力角	阻尼槽长度	阻尼槽宽度	摩擦层厚度
	90	2	20	0	0	0.75	90	2	20	0	0	0.75
	镀层厚度	内毂转动惯量	齿侧间隙	内毂孔径	芯板外径	顶隙系数	镀层厚度	内毂转动惯量	齿侧间隙	内毂孔径	芯板外径	顶隙系数
	0.3	0.57	0.25	250	428	0.75	0.3	0.57	0.25	250	428	0.75
	齿顶高系数	齿根圆角	芯板厚度	芯板转动惯量	摩擦层弹性模量	摩擦层密度	齿顶高系数	齿根圆角	芯板厚度	芯板转动惯量	摩擦层弹性模量	摩擦层密度
	0.5	0.3	5	0.086	3000	4.95	0.5	0.3	5	0.086	3000	4.95
	摩擦层泊松比	摩擦层拉伸强度极限	摩擦层塑性强度极限	镀层弹性模量	镀层材料密度	镀层泊松比	摩擦层泊松比	摩擦层拉伸强度极限	摩擦层塑性强度极限	镀层弹性模量	镀层材料密度	镀层泊松比
	0.28	0	0	210	9	0.3	0.28	0	0	210	9	0.3
	芯板弹性模量	芯板材料密度	芯板泊松比	芯板疲劳极限	内毂弹性模量	内毂材料密度	芯板弹性模量	芯板材料密度	芯板泊松比	芯板疲劳极限	内毂弹性模量	内毂材料密度
	205	7.85	0.3	237	205	7.85	205	7.85	0.3	237	205	7.85
	内毂泊松比	油液粘度	油膜厚度	回弹系数	温度	实际接触齿数	内毂泊松比	油液粘度	油膜厚度	回弹系数	温度	实际接触齿数
	0.3	0	0.01	0.8	25	122	0.3	0	0.01	0.8	25	122
	节距最大误差	节距最小误差	偏心距	结构阻尼	采样频率	碰撞频率	节距最大误差	节距最小误差	偏心距	结构阻尼	采样频率	碰撞频率

图 8. 34　参数对比结果

2. 项目查找

在本地数据库中查找以前分析过的项目，双击项目可以将项目导入系统中。如果不输入查询条件，单击查询。默认查询出所有项目。

单击项目查找按钮，再输入查询条件即可，双击图 8. 36 中右边查询出来的项目就可以将项目导入系统中。

3. 细化绘图

细化绘图，就是查看选择图片的具体细节，将选择的图片保存为其他格式的

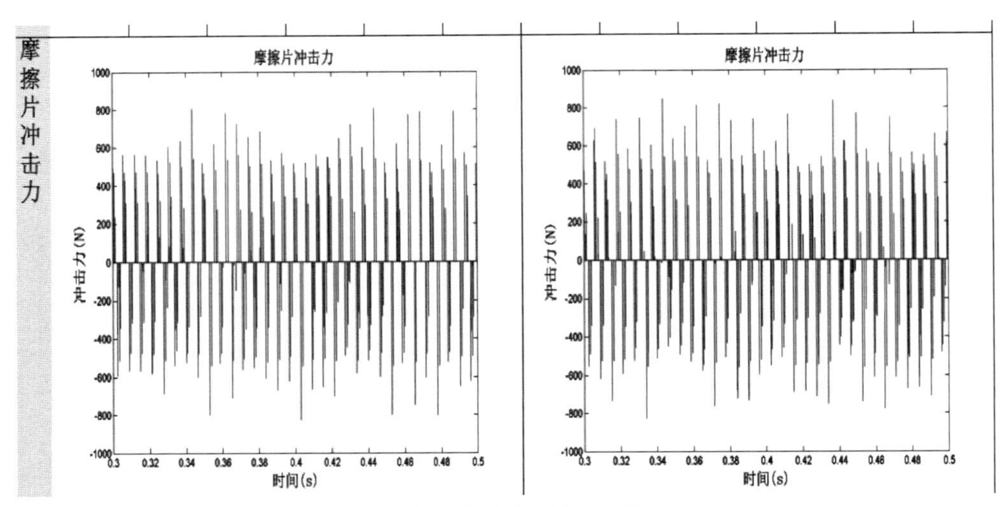

图 8.35　项目分析结果对比

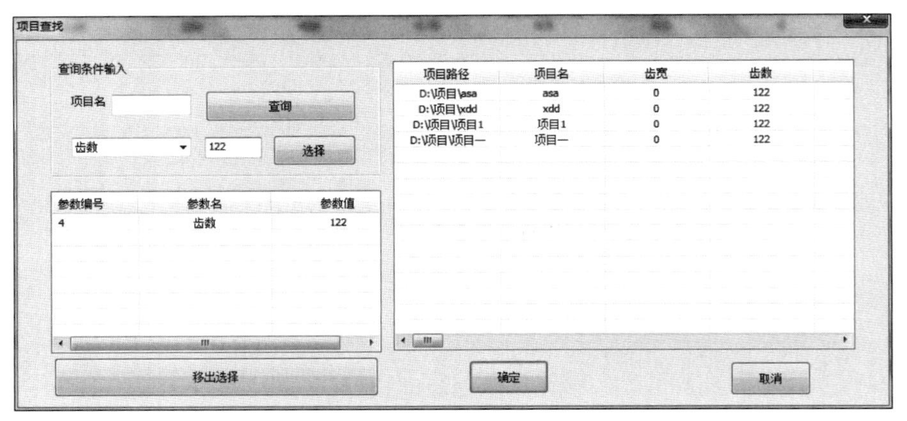

图 8.36　项目查找界面

图片。如果没有进行冲击动力学分析的情况下，单击细化绘图，会给出提示消息。

单击细化绘图菜单按钮，再选择需要细化绘图的图形名称，如图 8.37 所示。

单击绘图后，如图 8.38 所示。

可以使用 MATLAB 工具对其进行局部放大、缩小，查看坐标值，还可以将其保存为其他类型的图片。

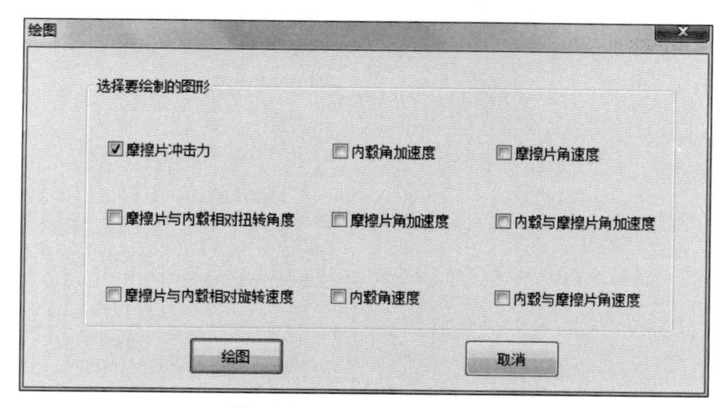

图 8.37　细化绘图菜单栏

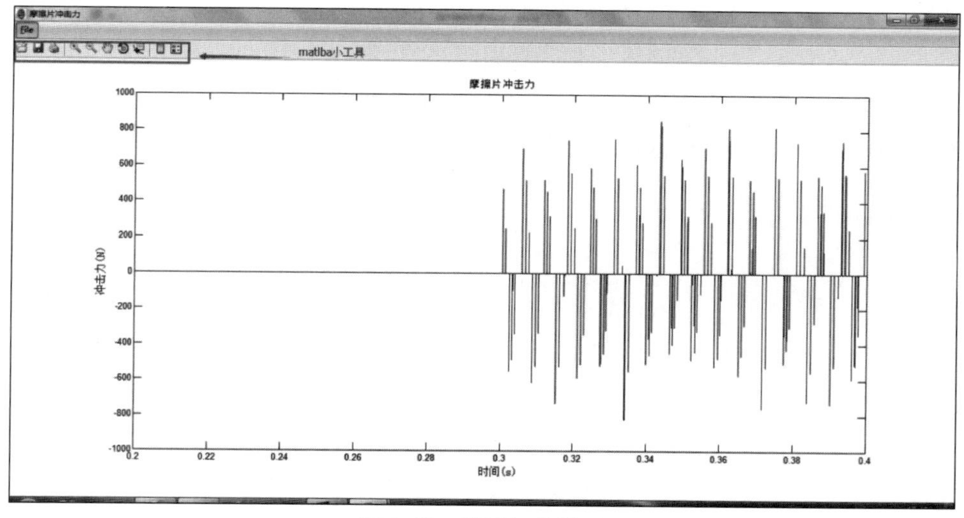

图 8.38　所要细化的图

4. 图片修改

图片修改就是对选择的图片进行区间段截取，线条颜色的改变，横纵坐标字体大小颜色的改变，最终得到一张满足用户自定义要求的图片。这张图片可以用到报表中。

单击图标修改菜单按钮。选择需要修改的图片，输入修改的信息，线条颜色大小，横纵坐标字体大小，颜色，截取的区间范围，如图 8.39 所示。

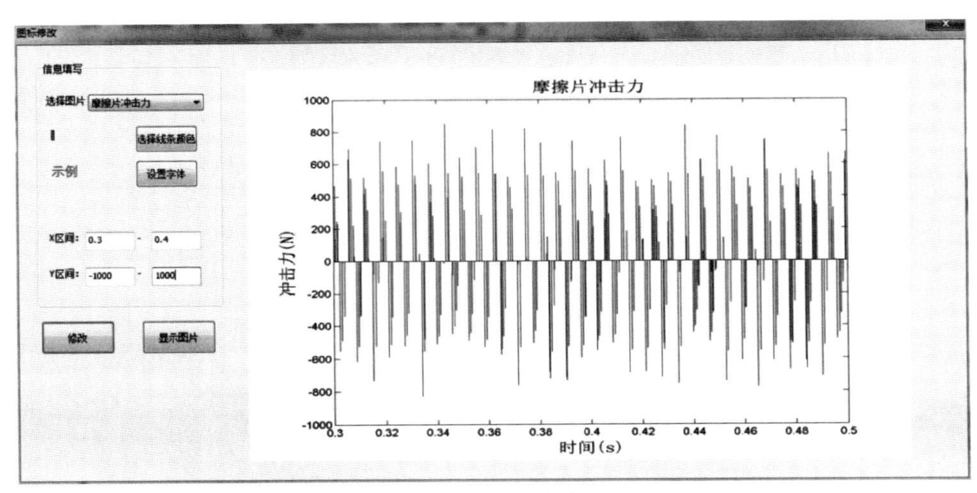

图 8.39　修改前的图

单击修改，修改之后就会得到一张图片，如图 8.40 所示。

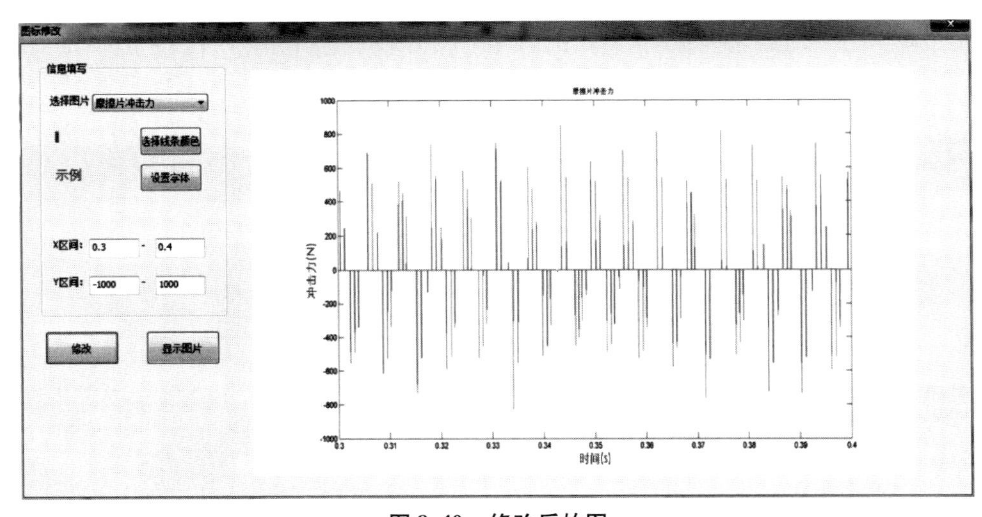

图 8.40　修改后的图

5. 生成报表

生成报表就是，将项目的参数和图片结果自动保存在 word 中。

单击生成报表菜单按钮，如图 8.41 所示。

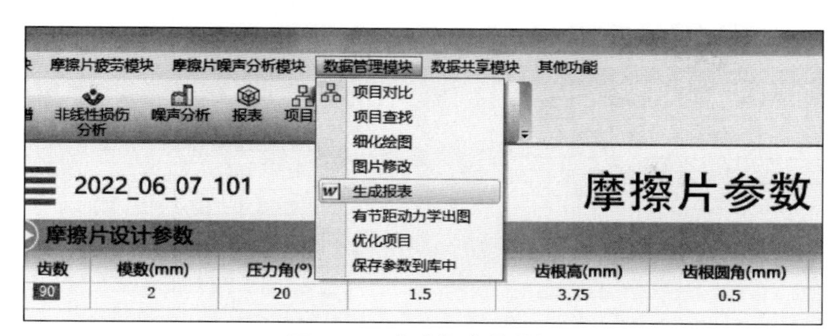

图 8.41　生成报表菜单栏

输入生成 word 的文件名，选择 word 的保存路径，单击确定，如图 8.42 所示。

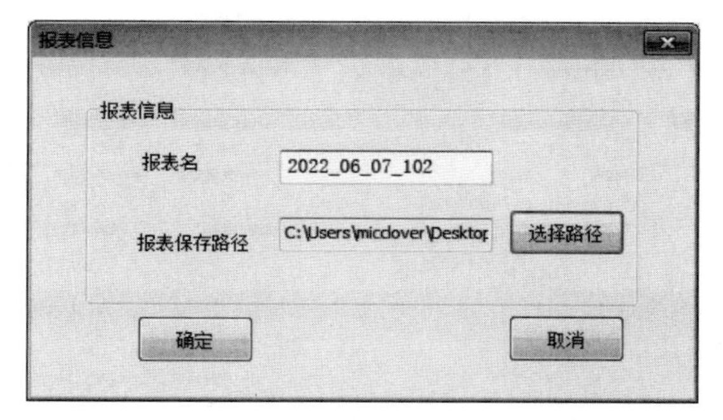

图 8.42　输入报表名称及保存路径

在刚才选择的路径下，生成了一个以刚才输入的报表名为文件名的 word 文档，里面的内容如图 8.43 所示。

8.3.7　结果查看与系统设置范例

1. 查看结果

查看结果就是查看分析的结果。按照要求不同可以分为查看模态结果、查看分析结果两类。模态分析结果需要用户选择那一阶的结果。冲击动力学结果如果是有节距出图，需要在有节距动力学出图中，选择某一个齿上的结果。结果如图 8.44 所示。

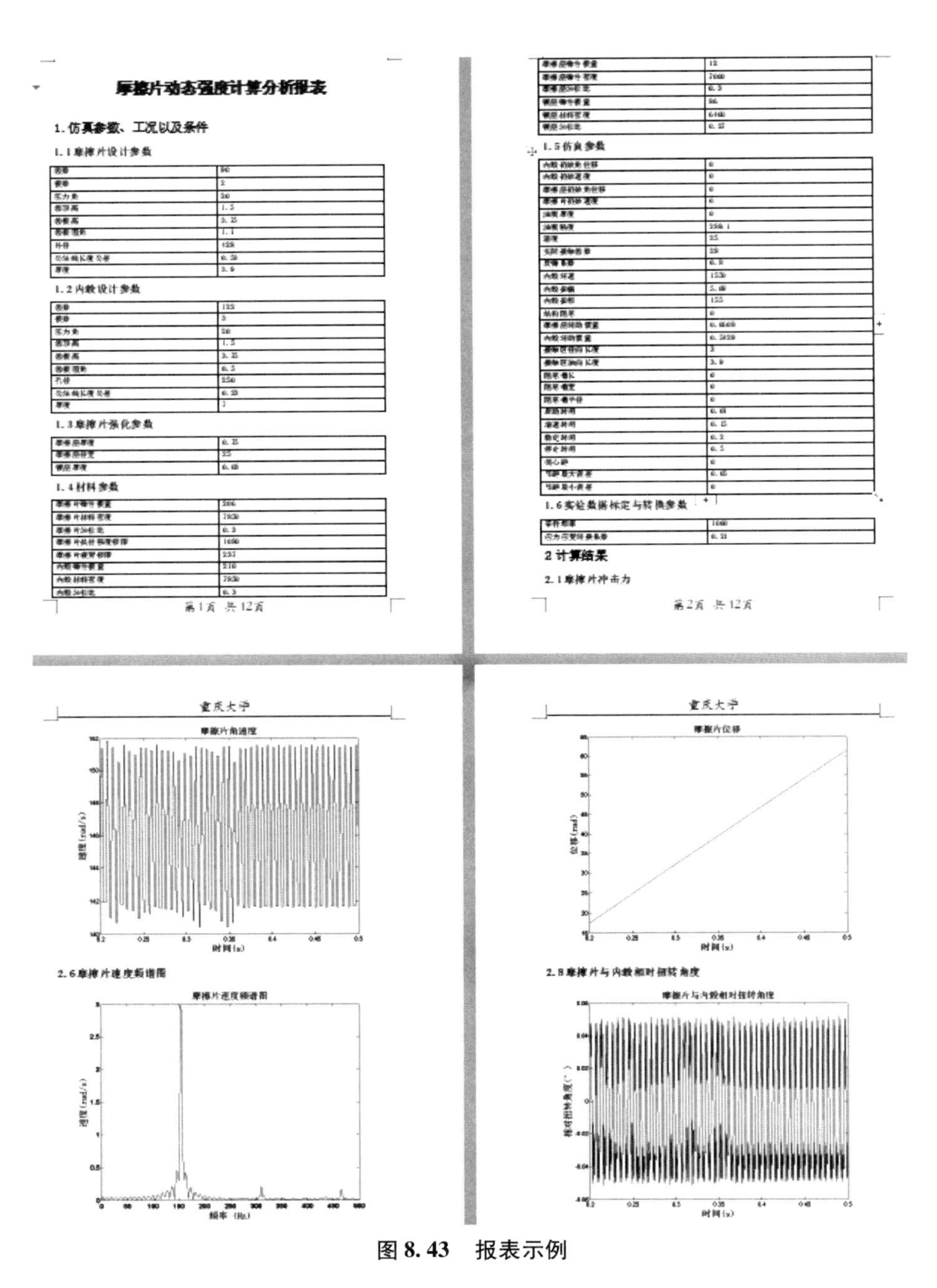

摩擦片动态强度计算分析报表

1. 仿真参数、工况以及条件

1.1 摩擦片设计参数

齿数	90
模数	2
压力角	20
齿顶高	1. 5
齿根高	3. 25
齿根圆角	1. 1
外径	428
公法线长度误差	0. 28
厚度	3. 9

1.2 内毂设计参数

齿数	122
模数	3
压力角	20
齿顶高	1. 5
齿根高	3. 25
齿根圆角	0. 5
孔径	250
公法线长度误差	0. 25
厚度	7

1.3 摩擦片强化参数

摩擦层厚度	0. 35
摩擦层硬度	25
钢层厚度	0. 68

1.4 材料参数

摩擦片弹性模量	206
摩擦片材料密度	7930
摩擦片泊松比	0. 3
摩擦片抗拉强度极限	1690
摩擦片疲劳极限	237
内毂弹性模量	210
内毂材料密度	7930
内毂泊松比	0. 3

第1页 共12页

摩擦层弹性模量	12
摩擦层材料密度	7000
摩擦层泊松比	0. 3
钢层弹性模量	96
钢层材料密度	6400
钢层泊松比	0. 37

1.5 仿真参数

内毂初始角位移	0
内毂初始速度	0
摩擦层初始角位移	0
摩擦片初始速度	0
油膜厚度	0
油膜粘度	3396. 1
温度	25
实际接触齿数	29
负载系数	0. 8
内毂转速	1530
内毂振幅	5. 00
内毂振频	155
结构阻尼	0
摩擦层转动惯量	0. 0609
内毂转动惯量	0. 5039
摩擦层径向长度	3
摩擦层轴向长度	3. 9
附加槽长	0
附加槽宽	0
附加槽半径	0
启动时间	0. 08
加速时间	0. 15
稳定时间	0. 2
停止时间	0. 5
偏心距	0
齿隙最大误差	0. 05
齿隙最小误差	0

1.6 实验数据标定与转换参数

采样频率	1000
应力应变转换系数	0. 21

2 计算结果

2.1 摩擦片冲击力

第2页 共12页

重庆大学

2.6 摩擦片速度频谱图

重庆大学

2.8 摩擦片与内毂相对扭转角度

图 8.43　报表示例

图 8.44　查看结果菜单栏

2. 系统设置

单击系统设置菜单按钮。可以设置项目的默认保存路径，CREO 的启动路径，ANSYS 的启动路径。结果文件路径用于设置项目的中间结果保存路径。APDL 文件路径用于设置 APDL 分析代码的根路径，如图 8.45 所示。

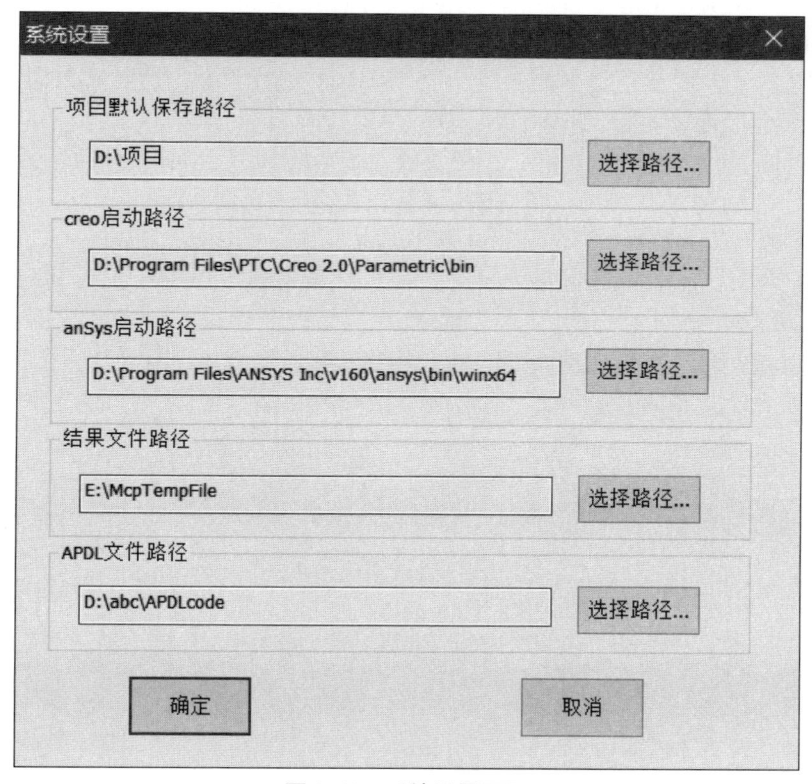

图 8.45　系统设置页面

说明：结果文件路径，在某个磁盘空间满了的时候，可以切换保存位置。将以后的结果文件保存到另一个磁盘上。

参 考 文 献

[1] 重庆大学，中国北方车辆研究所．干片式制动器齿部冲击仿真软件：中国，2010SR063411 [CP]. 2010 – 11 – 26.

[2] 重庆大学，中国北方车辆研究所．关键结构件热状态评估软件：中国，2010SR050490 [CP]. 2010 -09 -24.

[3] 宁克焱，李洪武，张洪彦．干片式制动器的研究与发展 [J]. 车辆与动力技术，2004 (1)：16 -22.

[4] NING K, WANG Y, HUANG D, et al. Impacting load control of floating supported friction plate and its experimental verification [J]. Journal of Physics Conference Series, 2017, 842: 012070.

[5] 胡夏夏，宋斌斌，戴小霞，等．基于 Hertz 接触理论的齿轮接触分析 [J]. 浙江工业大学学报，2016，44 (1)：19 -22.

[6] 陈再刚，智云胜，宁婕妤．齿根裂纹对齿轮轮体及齿间耦合刚度的影响研究 [J]. 机械传动，2022，46 (5)：1 -8.

[7] WANG Y, SHAO Y M, XIAO H F. Non - linear impact damage accumulation and lifetime prediction of frictional plate [J]. Machine Tool & Hydraulics, 2017, 45 (18): 23 -26.

[8] 邹国峰．基于摩擦片切向偏磨的盘式制动器制动噪声研究 [D]. 广州：华南理工大学，2018.

彩　　插

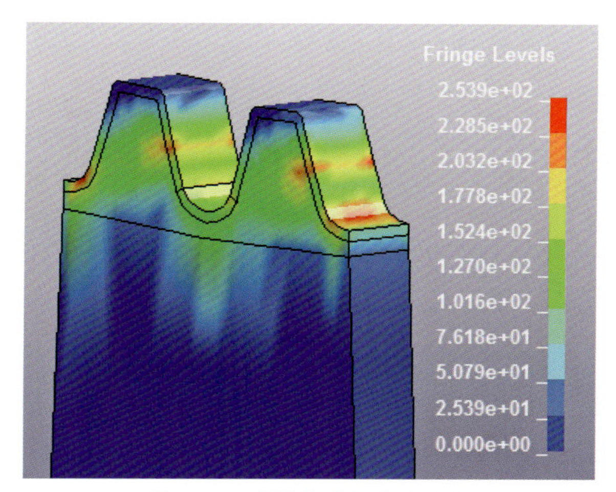

图 5.19　摩擦片齿部应力分布

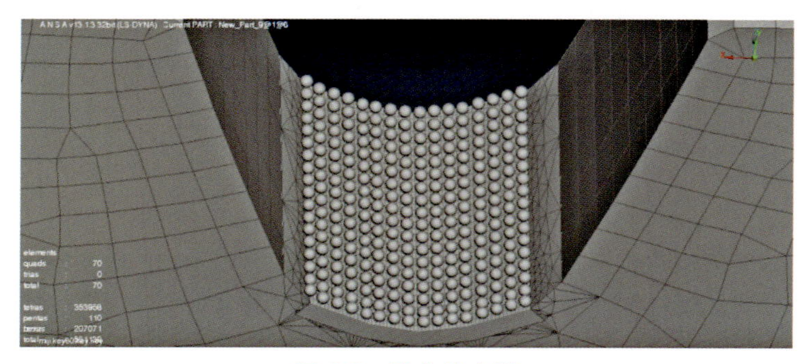

图 6.2　弹丸分布图

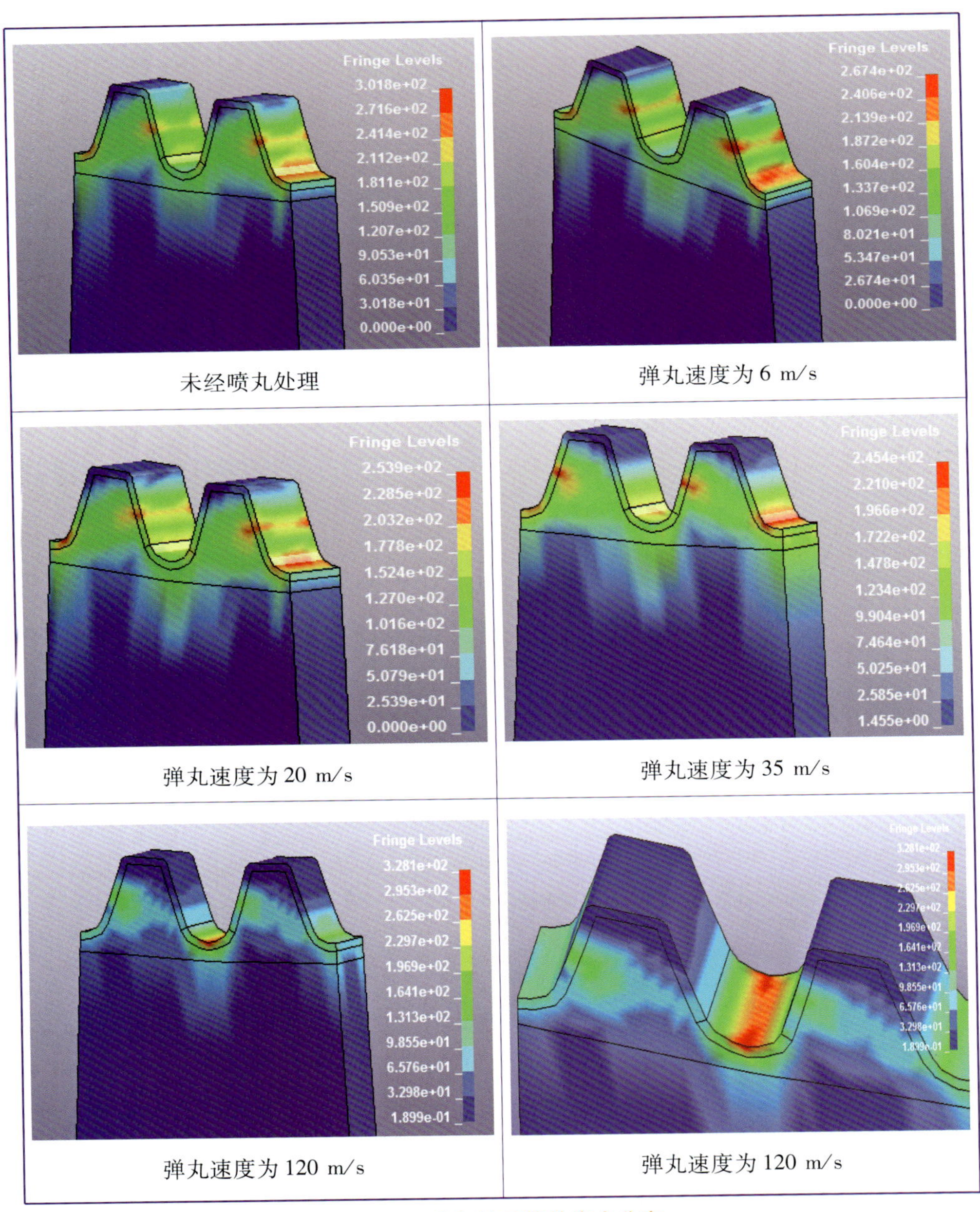

图 6.3　喷丸处理等效应力分布

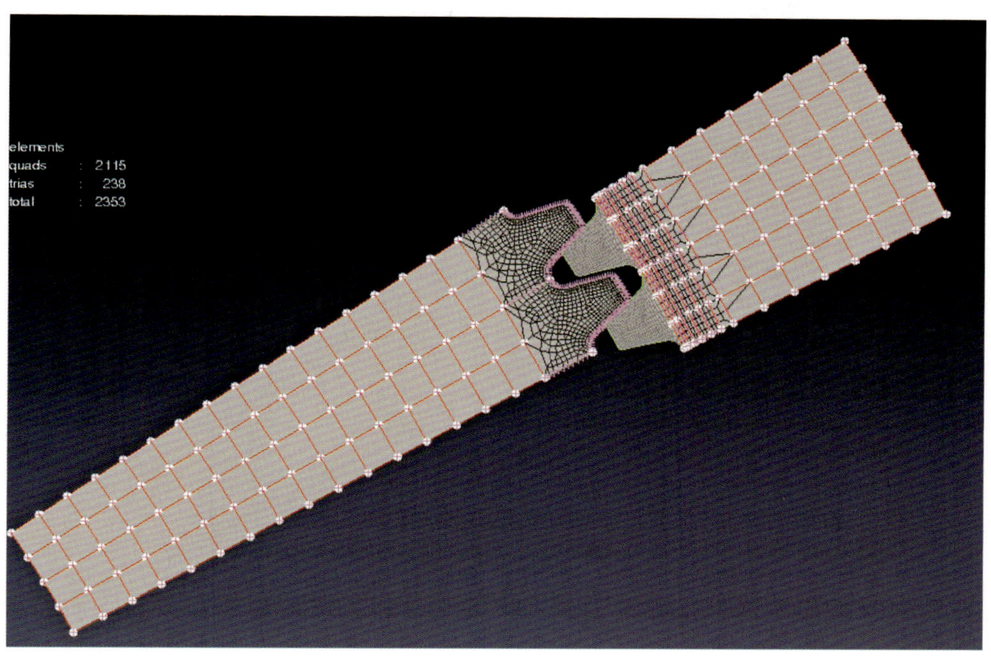

图 6.8　有限元模型

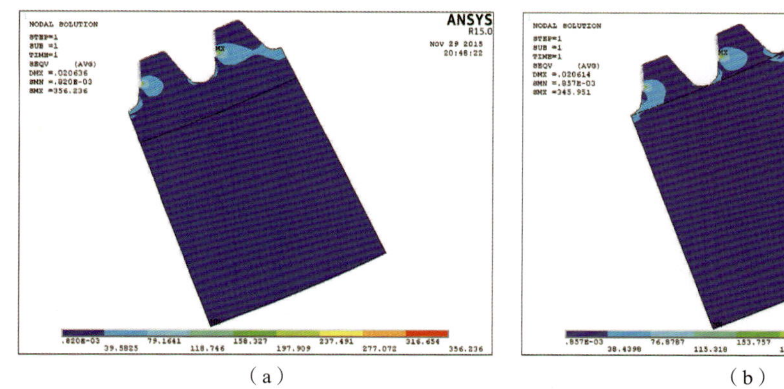

(a)

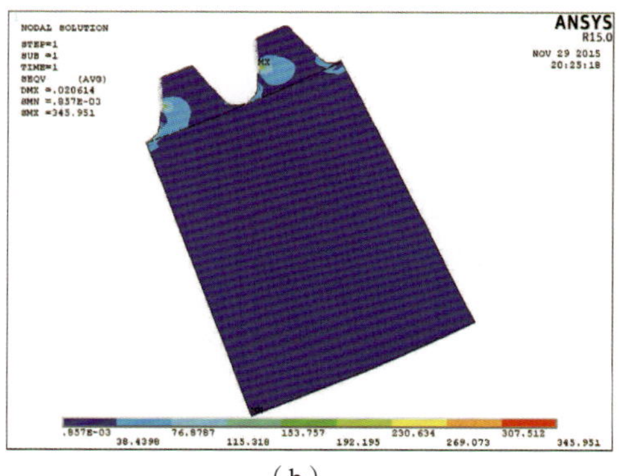

(b)

图 6.10　淬火等效应力分布

(a) 无强化；(b) 淬火深度 0.1 mm

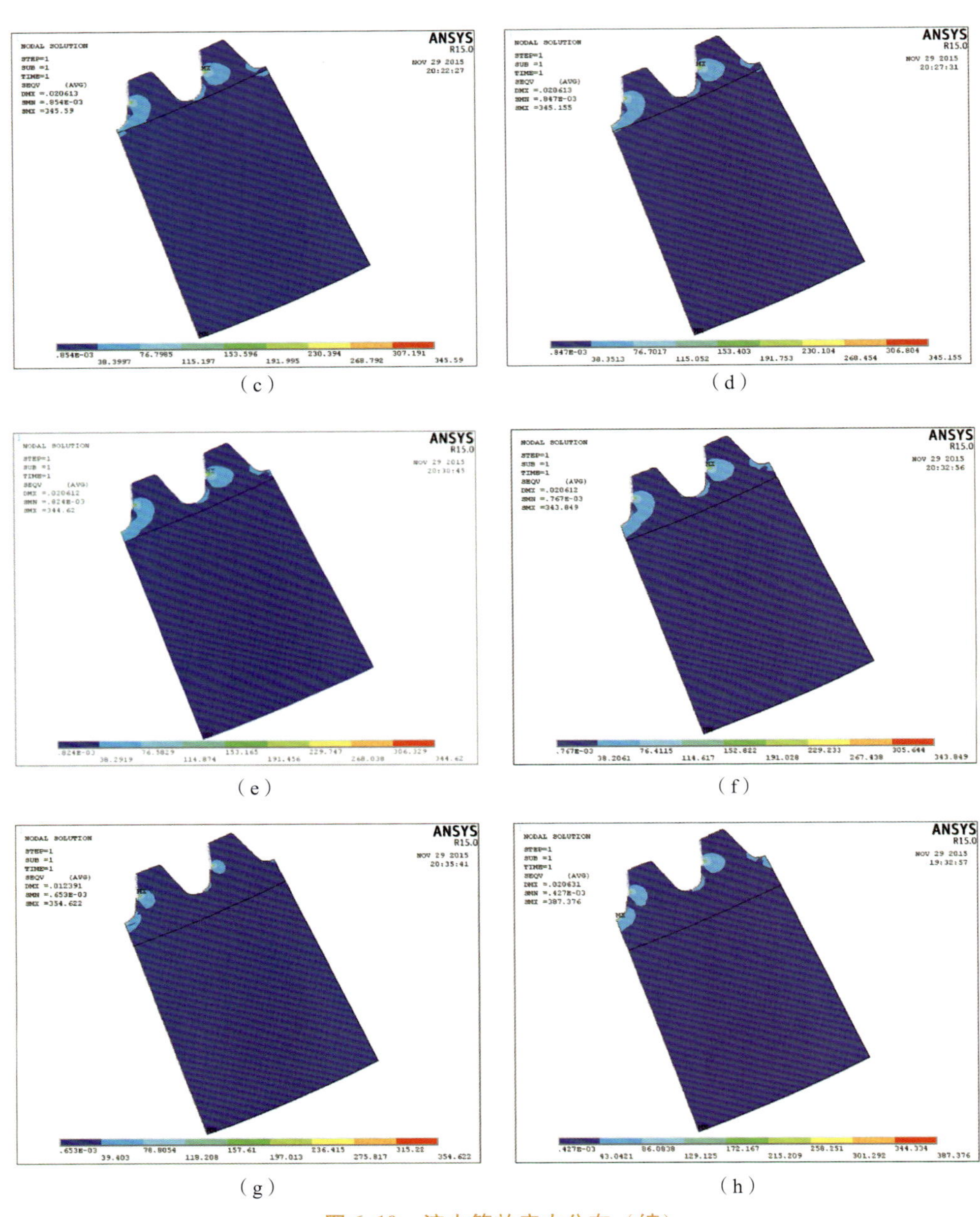

图 6.10 淬火等效应力分布（续）

（c）淬火深度 0.4 mm；（d）淬火深度 0.7 mm；（e）淬火深度 1.2 mm；（f）淬火深度 2 mm；（g）淬火深度 3 mm；（h）淬火深度 4 mm

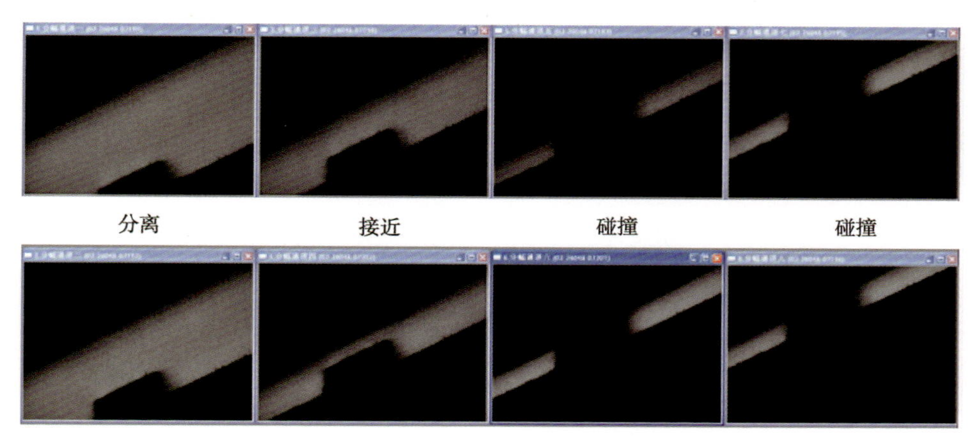

图 7.42　摩擦片与内毂冲击碰撞过程图像

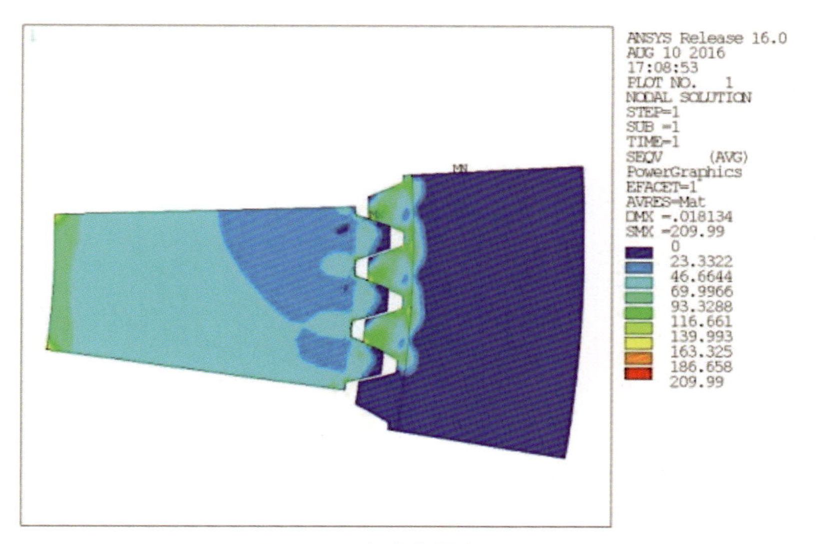

图 8.21　少齿当量应力云图

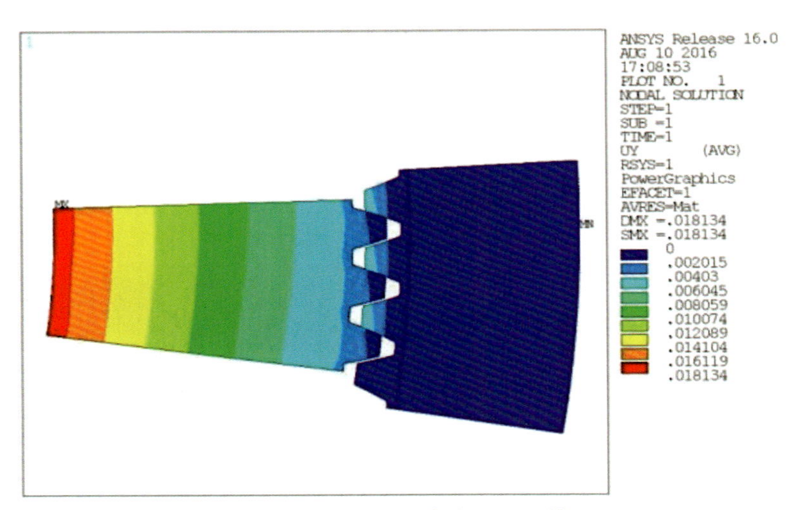

图 8.21　少齿当量应力云图（续）